全国电力行业"十四五"规划教材

高等教育新型电力系统系列教材

电力系统储能技术

主编　王育飞

编写　涂轶昀　于艾清　刘　春

主审　李建林　韦　钢

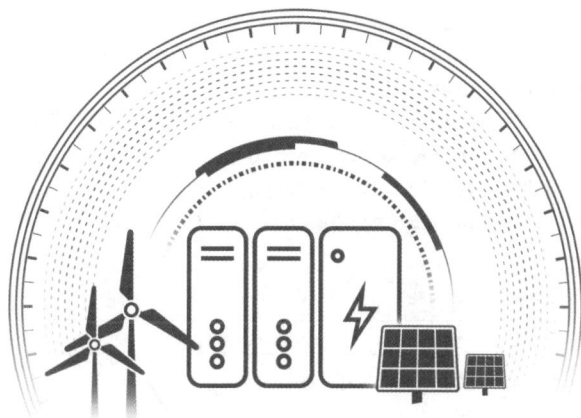

中国电力出版社

CHINA ELECTRIC POWER PRESS

内 容 提 要

本书为全国电力行业"十四五"规划教材。

本书介绍了电力储能技术、电力储能系统的规划配置和电力储能系统的运行控制三部分,共分为6章,主要内容包括概述、电力系统与储能技术的应用、电力储能系统的组成及工作原理、电力储能系统的规划配置、电力储能系统的接入与运行控制、电力储能系统的性能检测与评估。本书以储能技术在电力系统中的应用为主线,将电力系统知识与储能技术知识交叉融合,并配以相关工程案例分析。

本书既可作为电气类、储能科学与工程专业的本科教材,也可作为电气工程学科研究生的参考教材,同时可作为相关工程技术人员的参考用书。

图书在版编目(CIP)数据

电力系统储能技术 / 王育飞主编. -- 北京:中国电力出版社,2025. 6. -- ISBN 978-7-5198-9796-3

I. TM7

中国国家版本馆 CIP 数据核字第 20254S7J69 号

出版发行:中国电力出版社

地　　址:北京市东城区北京站西街 19 号(邮政编码 100005)

网　　址:http://www.cepp.sgcc.com.cn

责任编辑:雷　锦(010-63412530)

责任校对:黄　蓓　常燕昆

装帧设计:赵姗姗

责任印制:吴　迪

印　　刷:三河市万龙印装有限公司

版　　次:2025 年 6 月第一版

印　　次:2025 年 6 月北京第一次印刷

开　　本:787 毫米 ×1092 毫米　16 开本

印　　张:12.5　插　页:1 张

字　　数:280 千字

定　　价:52.00 元

前　言

　　电力储能技术指电能的存储技术，是利用物理或者化学等方法将电能存储起来，并在需要时以电能形式释放出来的技术。电力储能技术对于全球节能减排与优化能源结构的目标实现有着积极的推动作用，其应用贯穿于电力系统的发、输、配、用各个环节。在发电环节，电力储能技术可联合火电机组调峰调频、平抑新能源输出功率波动；在输配电环节，电力储能技术可支撑电网调峰调频，在系统发生故障或异常情况下保障电网运行安全；在用电环节，电力储能技术可在实现用户冷热电气综合供应的同时，充分调动负荷侧资源弹性，支撑电网需求侧响应。

　　当前，储能技术快速发展，在能源、电力、交通、电信等领域获得了广泛应用。储能技术的持续创新，不仅使电化学储能的成本逐年下降，还出现了诸如重力储能、氢储能、金属空气电池、超临界压缩空气储能等新型高性能储能技术。随着应用场景不断拓展，我国加快构建以可再生能源为主体的新型电力系统，调峰调频、电网扩容、临时应急、新能源消纳等储能应用场景不断多元化；市场机制逐步完善，国家能源局发布《关于促进新型储能并网和调度运用的通知》（国能发科技规〔2024〕26号）中强调，以市场化方式促进新型储能调用，促进新型储能"一体多用、分时复用"。储能技术作为战略性新兴领域，是推动全球能源格局革命性、颠覆性调整的重要引领技术。加强电力储能领域人才培养是推动我国实现"双碳"目标的必然要求。

　　本书涵盖电力储能技术、电力储能系统的规划配置和电力储能系统的运行控制三方面。第1章介绍电力储能技术的定义、发展历程及其应用；第2章介绍电力系统的运行特点和要求、储能技术在电力系统中的典型应用；第3章讲述电力储能系统的组成及工作原理；第4章讲述电力储能系统的选址定容方法；第5章讲述电力储能系统的运行控制策略与案例；第6章讲述电力储能系统的性能检测与评估。相对于其他储能技术教材，本书突出了储能技术在电力系统中的应用，体现了工程技术、基础理论与应用技术并重的特点。本书力求概念清晰、结构严谨、深入浅出、内容新颖，将电力系统知识与储能技术知识交叉融合，并配以相关工程案例分析，做到理论联系实际，突出行业特点和实用性。

本书由上海电力大学王育飞教授主编并统稿，第1章由王育飞编写，第2、5章和6.1.2节由涂轶昀编写，第3章和6.1.1节由刘春编写，第4章和6.2节由于艾清编写。在编写过程中得到了许多同仁的关怀和支持，特别是南方电网电力科技股份有限公司和杭州智光一创科技有限公司提供了相关案例数据，并承蒙北方工业大学李建林教授和上海电力大学韦钢教授审阅了全稿，提出了许多宝贵的意见和建议，在此一并表示感谢。

由于时间仓促、作者水平所限，书中错误在所难免，敬请同行和广大读者批评指正。

编者

2025 年 6 月

目 录

电力系统储能技术
综合资源

第1章 概　　述

本章主要介绍电力储能技术的定义，简述国内外电力储能技术的发展历程，并结合新型电力系统发展存在的问题，分析其对储能技术的需求，介绍了储能技术在电力系统中不同环节的应用，并且对本书的使用作了简要介绍。

1.1　什么是电力储能技术

储能技术指能量存储技术，是通过某种装置或介质，把一种形式的能量用同一种或者转化成另一种形式的能量存储起来，在需要时以特定能量形式释放出来的技术。电力储能技术指电能的存储技术，是利用物理或者化学等方法将电能存储起来，并在需要时以电能形式释放出来的技术。

电力储能技术对于节能减排与优化能源结构有着积极的推动作用，应用贯穿于电力系统的发、输、配、用各个环节。其具体作用包括用于提高新能源发电利用率与接入能力，实现绿色节能目标；缓解高峰负荷供电需求，提高现有电网及其设备的运行效率，延缓和减少电源与电网建设；提高电能质量和用电效率，保障电网的优质、安全、可靠供电和高效用电的需求，促进电网的结构形态、规划设计、调度管理、运行控制与使用方式等的优化与改善。

1.2　电力储能技术的发展

电能可以转换为势能、动能、电磁能、化学能等形式存储，电力储能按照具体形式主要可分为机械储能、电磁储能、电化学储能、氢储能、热储能五大类型。其中，机械储能包括抽水蓄能、压缩空气储能、飞轮储能和重力储能；电磁储能包括超导磁和超级电容储能；电化学储能包括锂电池、铅酸电池、钠硫电池和液流电池储能；热储能包括潜热储热（或称为相变储热）、显热储热和热化学反应储热。

电能存储不是新技术，早在18世纪末，意大利科学家伏特发明了现代电池，随着第一块电池——"伏特电堆"的出现，人们开始把储能与"电"紧紧地联系在一起；到19世纪80年代，纽约市的直流供电系统中，在夜间采用了铅酸蓄电池为路灯提供照明用电，逐渐揭开了工业储能的序幕；进入20世纪，电力行业的高速发展、电子产品的快速普及以及可再生能源的大规模应用驱动着储能产业向前发展，各种新型储能技术不断出现，储能向着大型化、高效率、低成本的方向发展。

1. 抽水蓄能

抽水蓄能（Pumped Storage，PS），利用水作为储能介质，通过电能与势能相互转化，实现电能的储存和释放，是目前技术最成熟、经济性最优、最具大规模开发条件的储能方式。抽水蓄能技术是电力系统中得到最为广泛应用的一种储能技术，主要用于电力系统的削峰填谷、调频、调相、紧急事故备用、黑启动和提供系统的备用容量。世界上最早的抽水蓄能电站建于 1882 年，是瑞士苏黎世的奈特拉电站，扬程 153m，功率 515kW，是一座季节型抽水蓄能电站。到 20 世纪 50 年代，世界上已有 50 余座抽水蓄能电站投入运行。从 20 世纪 60 年代开始，抽水蓄能电站进入了一个高速发展的时期。

我国已实现了抽水蓄能电站从起步、完善到蓬勃发展的历史性跨越。1968 年，河北省岗南混合式抽水蓄能电站在华北电网投入商业运营，承担电网调峰功能，拉开了我国抽水蓄能电站建设的序幕。20 世纪 80 年代中后期，我国经济社会快速发展，电力供需和电网调峰矛盾突出。以 1984 年潘家口电站开工建设为标志，我国抽水蓄能电站建设进入探索发展期，也是抽水蓄能电站发展的第一个建设高峰期。到 2003 年底，潘家口、广州、十三陵和天荒坪等 4 座大型抽水蓄能电站建成投运，抽水蓄能电站理论探索逐渐深入，工程建设实践经验不断丰富，奠定了我国抽水蓄能完善发展的基础。

以 2004 年明确电网企业为主的建设管理体制为标志，我国抽水蓄能建设进入完善发展期。到 2024 年，我国抽水蓄能产业发展规划、产业政策和技术标准基本完善，设备制造实现完全国产化，抽水蓄能产业呈现健康有序发展的良好局面，在运装机容量居世界第一。我国在设计施工、装备制造及电站运行等方面已达到世界先进水平。抽水蓄能电站按调节性能可分为日调节、周调节、季度调节；而限制抽水蓄能电站更广泛应用的重要制约因素仍是选址困难、建设工期长、工程投资较大。

我国为北京冬奥绿电工程配建了世界上最大的抽水蓄能电站——丰宁抽水蓄能电站，如图 1-1 所示。电站总装机规模 360 万 kW，相当于给电网配备了一个"超级充电宝"，其巨大的库容一次蓄满可储存电量近 4000 万 kWh。丰宁抽水蓄能电站建设首次实现抽蓄电站接入柔性直流电网，有效实现新能源多点汇集、风光储多能互补、时空互补、源网荷协同，为破解新能源大规模开发利用难题提供了宝贵的"中国方案"。

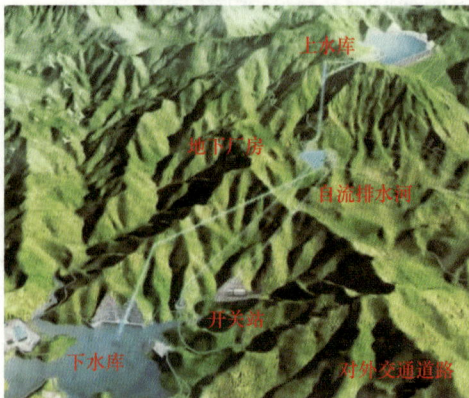

图 1-1　丰宁抽水蓄能电站

2. 压缩空气储能

压缩空气储能（Compressed-Air Energy Storage，CAES）是指在电网负荷低谷期将电能用于压缩空气，在电网负荷高峰期释放压缩空气推动汽轮机发电的储能方式。第一个投入商用运行的压缩空气储能是 1978 年建于德国亨托夫的一台 290MW 机组。

我国压缩空气储能技术起步较晚但发展迅速,目前国内的技术研发团队主要来自中国科学院工程热物理研究所、清华大学等。

从2014年开始,中国科学院工程热物理研究所先后建成了国际首套1.5MW级超临界压缩空气储能系统集成实验与示范平台;完成了10MW先进压缩空气储能系统示范运行,开展了相关实验;完成了100MW级压缩空气储能系统方案设计及系统集成测试。我国首个60MW/300MWh盐穴绝热压缩空气储能电站于2022年5月在江苏金坛正式并网运行。江苏金坛盐穴压缩空气储能项目如图1-2所示。2023年7月,江苏淮安2×300兆瓦级大容量盐穴压缩空气储能项目进入工程实施阶段,该电站建成后将成为世界上容量最大的压缩空气储能电站,年发电量可达7.92亿kWh。

图1-2 江苏金坛盐穴压缩空气储能项目

3. 铅酸电池

铅酸电池是最古老、也是最成熟的蓄电池技术,由法国普兰特于1859年发明,当时蓄电池仅是实验室的一种新事物,直到1873年,直流发电机问世,引入铅酸电池进行负载调峰,铅酸电池才逐步走向实用化。1910年起,铅酸电池生产受到两项大的推动力,一是汽车蓄电池作为启动电源;二是电话业采用铅酸电池作为备用电源。从此以后,铅酸电池用于汽车、摩托车、铁道、矿山、通信等领域。由于铅酸电池是一种低成本的通用储能技术,可用于电能质量调节和不间断电源(UPS)等,所以在电化学储能领域长期占有绝对优势。

近年来,铅蓄电池在储能领域的发展以度电成本更低的铅炭电池为主。铅炭电池是传统铅酸电池的升级产品,通过在负极加入特种炭材料,弥补了铅酸电池循环寿命短的缺陷,其循环寿命可达到铅酸电池的4倍以上,是目前成本最低的电化学储能技术。同时,由于铅炭电池安全性好,适合在各种规模的储能领域应用。在国际上,美国桑迪亚国家实验室、国际先进铅酸电池联合会、澳大利亚联邦科学与工业研究组织等机构均开展了铅炭电池的研发工作,并成功将该技术应用在兆瓦级以上的储能系统中,可满足中小规模储能和大规模储能市场的需求。

中国在铅炭电池研究、开发、生产与示范应用方面也取得了长足的进步,在国内成功实施了多个示范应用项目。2023年8月,总投资2.24亿元、占地11亩的江苏长强钢铁公司用户侧储能电站并网投运，该电站是国内用户侧单体最大的铅炭电池储能项目，投运后年放电量约为 5720 万 kWh，每年可为用户节约近 471 万元的用电成本。目前，尽管铅炭电池的循环寿命比铅酸电池大幅提高，但是比起锂离子电池来说还有明显不足。如何进一步提高铅炭电池寿命，以及如何进一步降低铅炭电池成本，成为其后续发展亟待解决的关键问题。

4. 液流电池

20 世纪 80 年代初期澳大利亚新南威尔士大学率先研制出全钒液流电池（Vanadium Redox Flow Battery，VRB），之后经技术转让和发展，在澳大利亚、日本和加拿大得到深入研究。在中国，中国科学院大连化学物理研究所的技术最具代表性，其在 2008 年将该技术转入大连融科储能技术发展有限公司（以下简称"融科储能"）进行产业化推广。融科储能于 2012 年完成了当时全球最大规模的 5MW/10MWh 商业化全钒液流电池储能系统，已经在辽宁法库 50MW 风电场成功并网并安全稳定运行了多年，该成果奠定了我国在液流储能电池领域的世界领先地位。2014 年，融科储能开发的全钒液流电池储能系统成功进军欧美市场。2016 年，国家能源局批复融科储能建设规模为 200MW/800MWh 的全钒液流储能电池调峰电站，用于商业化运行示范。目前，全钒液流储能电池依然存在能量密度较低、初次投资成本高的问题，正在通过市场模式和技术创新予以完善。

5. 锂电池

1970 年，美国埃克森公司的惠廷汉姆采用硫化钛作为正极材料，金属锂作为负极材料，利用锂释放最外部电子的极大驱动力，制成首个锂电池。1982 年伊利诺伊理工大学发现锂离子具有嵌入石墨的特性，过程快速并且可逆。首个可用的锂离子石墨电极由贝尔实验室试制成功。1991 年索尼公司发布首个商用锂离子电池。1996 年具有橄榄石结构的磷酸盐被发现，如磷酸铁锂（$LiFePO_4$），比传统的正极材料更具优越性，已成为当前主流的正极材料。1997 年古迪纳夫采用磷酸铁取代氧化钴，开发了低成本的磷酸铁锂正极材料，加快了锂离子电池的商业化。随着近年来锂离子电池的成本下降，铅酸电池在储能领域的主导地位逐步被磷酸铁锂电池替代。近年来，我国各地大型锂离子电池储能项目加速落地，如华润电力鄄城源网储一体化示范项目一期 50MW/100MWh 磷酸铁锂储能系统，锂离子电池已经进入规模化发展阶段。

电力储能技术的研究和发展受到各国能源、电力、交通、电信等部门的重视，在技术性和经济性上都得到了快速的提升。近年来，美国、日本、欧洲各国的政府都将储能技术列入了国家发展规划中，并相继开展了多项储能系统的示范应用，展现了很大的应用潜力。根据中国能源研究会储能专委会/中关村储能产业技术联盟（CNESA）全球储能项目库的不完全统计，截至 2023 年底，全球已投运电力储能项目累计装机规模 289.2GW。其中，抽水蓄能的累计装机规模占比首次低于 70%；新型储能累计装机规模达 91.3GW，锂离子电池仍占据绝对主导地位，市场份额超过 96%。储能正在成为当今许多国家用于推进碳中和目标进程的关键技术之一，2023 年全球储能市场依然保持着高速增长态势。2023 年，全球新增投运电力储能项目装机规模 52.0GW，其中，新型储能的新增投运规模最大，达到 45.6GW。中国、欧洲和美国继续引领全球储能市场的发展，三者新增装机规模合计占全球市场的 88%。

中国电力储能市场累计装机规模占比如图 1-3 所示。根据 CNESA 全球储能项目库的不完全统计，截至 2023 年底，中国已投运电力储能项目累计装机规模 86.5GW，占全球市场总规模的 30%。其中，抽水蓄能的累计装机规模最大，为 51.4GW；市场增量主要来自新型储能，累计装机规模达到 34.5GW/74.5GWh。2023 年，中国新增投运新型储能项目装机规模达到 21.5GW/46.6GWh，功率和能量规模同比增长均超 150%；新型储能中，锂离子电池占据绝对主导地位，比重达 97%；此外，压缩空气储能、液流电池、钠离子电池、飞轮、超级电容等非锂储能技术逐渐实现应用突破，为新型电力系统建设和多元用户侧场景提供了更多的技术选择。

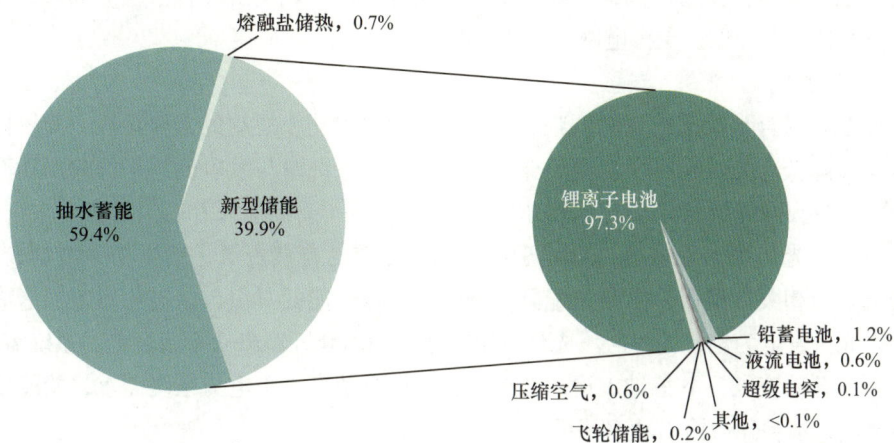

图 1-3 中国电力储能市场累计装机规模占比（截至 2023 年底）

储能已成为许多国家重点发展的新兴产业，我国已将大规模储能技术列入国家"十四五"能源规划，正在积极引导促进储能产业发展。储能技术持续创新，不仅出现了诸如重力储能、氢储能、金属空气电池、超临界压缩空气储能等新型高性能储能技术，而且电化学储能的成本也在逐年下降，应用场景不断拓展，随着我国加快构建以可再生能源为主体的新型电力系统，调峰调频、电网扩容、临时应急、新能源消纳等电力系统储能应用场景将不断多元化。市场机制逐步完善，2024 年 4 月国家能源局发布《关于促进新型储能并网和调度运用的通知》，文件中强调了以市场化方式促进新型储能调用，促进新型储能"一体多用、分时复用"，进一步丰富新型储能的市场化商业模式。

1.3 储能技术在电力系统中的应用

我国提出了力争 2030 年前碳达峰、2060 年前碳中和的"双碳"目标，可以预见未来数十年，在"双碳"目标引领下，我国能源电力供应体系将发生根本变革，绿色低碳能源特别是可再生能源发电将逐渐成为电力供应的主体。太阳能、风能等新能源具有清洁低碳、资源丰富、分布广泛的优点，同时也具有能量密度低、波动性大等自然属性所带来的缺点。大力开发调动储能等灵活性资源以实现电力和电量平衡，是新型电力系统未来发展的重要内容和本质要求。

随着我国能源转型的不断深入，大规模随机波动新能源的并网给电网运行带来挑战。电力峰谷差日益加大，按照高峰负荷需求扩建增容将影响电力资产利用率。随着电力系统中能源种类的增加，多种能源之间的强相关和紧密耦合关系将更突出，多能系统的灵活性和可靠性亟待提升。应用储能技术，可打破原有电力系统发输配用必须实时平衡的瓶颈。在电源侧，储能技术可联合火电机组调峰调频、平抑新能源输出功率波动；在电网侧，储能技术可支撑电网调峰调频，在系统发生故障或异常情况下保障电网运行安全；在用户侧，储能技术可在实现用户冷热电气综合供应的同时，充分调动负荷侧资源弹性，支撑电网需求侧响应。

1. 电源侧

储能是联合常规机组调峰调频、平抑新能源输出功率波动的重要手段。配置储能可以有效降低弃光、弃风率，避免弃电损失。储能系统参与发电侧的平抑输出功率波动，可从源头降低新能源发电并网功率的波动，大幅提升新能源并网消纳能力。

风电、光伏由于发电输出依赖于可预测性较差的自然资源，输出功率波动较大，与用电负荷相关性很低，需要搭配具有调频、调峰性能的机组，以避免对电网造成冲击。以光伏发电为例，中午时段光伏输出功率达到高峰，输出功率超过电力系统需求，储能系统开始充电；下午进入输出功率低谷，输出功率小于电力系统需求，储能系统开始放电，填补光伏输出功率不足。

储能系统接入新能源发电场（风电场或光伏电站）的出线母线，平滑风电场或光伏电站等新能源发电场的输出功率，提高大容量新能源发电场的并网接入能力，为新能源的大规模发电外送与应用提供技术支撑。

2. 电网侧

储能是电网调峰调频、保障电网运行安全的重要支撑。配置储能提供系统惯量支撑，补充电网调频能力。保障短时尖峰负荷供电，大幅节省电网投资。促进新能源消纳，灵活调度电网容量。

我国电网的灵活性装机容量较低、居民用电比例不断上升的特征，决定了电网提升灵活性将成为接下来发展的刚需。而储能凭借着其极快的响应速率、灵活的配置方式，在电网灵活性提升中作用愈发突出，配置储能可以实现以下功能。

（1）提供系统惯量支撑，补充电网调频能力。传统火电、水电、核电、燃气等发电方式都通过发电机输出电能，当电网出现频率波动时，凭借着汽轮机组的转动惯量可以延缓频率波动趋势。但风电机组转速慢、转动惯量较小，而光伏发电无转动设备，不具备转动惯量，当电网频率突变时，响应能力大幅下降。未来新能源占比提升，将使系统转动惯量不断降低。储能具有出色的响应速率，可以在电网频率波动时提升电网惯量支撑，并且自动响应进行一次、二次调频。

（2）保障短时尖峰负荷供电，大幅节省电网投资。传统电网投资需建设能够满足尖峰负荷的容量，但尖峰往往持续时间非常短，例如 2019 年江苏最大负荷为 1.05 亿 kW，超过 95% 最高负荷的持续时间只有 55h，在全年运行市场占比仅有 0.6%，但满足此尖峰负荷供电所需投资高达 420 亿元。而如果采用 500 万 kW/2h 的储能系统来保障尖峰负荷供电，所需投资约 200 亿元，投资额大幅节省。

（3）促进新能源消纳，进行电网容量灵活调度。传统发电方式输出功率与燃料供给相关，也就意味着可以人为控制，而风电、光伏输出功率与资源相关，可预测性较差，而且无法控制，新能源占比的提升，降低了电网灵活性。从负荷特性来看，居民用电晚上负荷最高，而随着居民用电占比提升，光伏发电白天输出功率高、夜间为零的特点与负荷之间的背离将愈发明显，增加储能系统，实现白天发电量向夜晚用电高峰转移，促进了新能源消纳，也为电网调峰增加了手段。

3. 用户侧

储能是调动负荷侧资源弹性、支撑电网需求侧响应的重要手段。储能应用在电力系统用户侧，主要用于电力自发自用、峰谷价差套利、容量电费管理和提升供电可靠性等方面。电力用户主要是工商业和家庭用户，通过储能可以降低用电成本，并提高用电的稳定性，实现低碳化、智能化的目标。

削峰填谷是用户侧储能的重要应用之一。将储能应用于电网中，使其在电网负荷低谷时充当负荷，以谷时电价购买电能并吸收储存；在电网负荷高峰时充当电源，以峰时电价向电网释放电能。储能个人或企业可以通过"低储高发"模式获取收益。用户侧削峰填谷的经济性主要取决于峰谷电价差，我国部分地区已经具备盈利空间。2023 年，工商业及其他用电方面，北京峰谷价差达到 0.98 ～ 1 元 /kWh；大工业用电方面，上海峰谷价差夏季达到 0.8 ～ 0.83 元 /kWh。

储能装机降低度电成本和容量电价支出，具备一定的经济性。部分省份针对大工业用电采用两部制电价，即电度电价和容量电价。电度电价计价由用户的用电量决定，容量电价由用户最大用电需求功率或最大变压器功率决定。当前我国各地按最大需量基本电价平均约为 35.1 元 /(kW·月)，按变压器容量平均约为 24.4 元 /(kW·月)。安装储能设备后，用户可以降低最大需量及变压器容量配置，由储能补充部分功率，降低容量电价成本。

1.4　本教材的内容简介和使用说明

本教材内容除第 1 章概述外，可分为五大部分。

第一部分是电力系统与储能技术的应用，即第 2 章。主要介绍电力系统的基本概念，电力系统的特点与要求，储能技术在电力系统中的典型应用，如削峰填谷、频率调节、辅助新能源接入、电压暂降治理、黑启动等。

第二部分是电力储能系统的组成及工作原理，即第 3 章。主要介绍抽水蓄能电站的组成及工作原理，新型电力储能系统主要组成及工作原理，包括能量存储设备、功率转换系统（Power Conversion System，PCS，也叫储能变流器）、监控系统等。

第三部分是电力储能系统的规划配置，即第 4 章。主要介绍抽水蓄能电站的选址定容方法，新型储能系统在电源侧、电网侧、用户侧的容量配置方法及经济性分析。

第四部分是电力储能系统的接入与运行控制，即第 5 章。主要介绍：电力储能系统的接入方案、电力储能系统的运行控制策略和工程案例分析。

第五部分是电力储能系统的性能检测与评估，即第 6 章。主要介绍：储能设备的性能检测、储能系统接入电网的测试和储能系统的性能评估。

本教材所对应的课内教学学时为 32 ～ 40h。对本课程设置学时较少的院校，课堂教学内容可适当删减。

电力系统储能技术有很强的实践性，因此实验在教学中占据着十分重要的位置。有条件的院校最好开设配套的教学实验，以使学生对电力储能系统有一定的感性认识，并锻炼学生的动手能力。

在学习本课程前，学生应学过"电力电子技术"和"自动控制原理"两门课程，最好也学过"电力系统分析"，并能熟练掌握示波器等电子仪器的使用方法。

思考题

1-1 什么是储能技术？什么是电力储能技术？电力储能技术对于节能减排与优化能源结构有着哪些具体推动作用？

1-2 按照能量存储形式，储能技术主要分为哪几类？各种类型的典型储能技术有哪些？

1-3 简述抽水蓄能技术的发展历程。

1-4 从电源侧、电网侧和用户侧分别说明储能技术在电力系统中的作用。

第2章 电力系统与储能技术的应用

本章首先介绍电力系统的基本概念，包括电力系统的组成、基本参数、接线方式和大容量电力系统的优越性等；然后，介绍电力系统的运行特点、基本要求、功率平衡与经济分配要求和稳定性要求；最后，介绍储能技术在电力系统中的典型应用，包括削峰填谷、频率调节、辅助新能源接入、黑启动服务、电压暂降支撑和支持微电网运行等。

2.1 电力系统的基本概念

2.1.1 电力系统的组成

电力工业发展初期，发电厂都建在用户的附近，不仅规模小，而且只能孤立运行。社会发展到一定程度后，发电用的动力资源与发电厂和大部分的用户越来越远，往往不在同一地区，如水能资源集中在河流的水位落差较大的偏远山区，燃料资源则集中在产煤、石油、天然气的矿区，而大部分用户都在距离遥远的大城市、大工业区，这使得通过输电线路连接电厂和用户成为一种趋势。高压输电技术的进一步发展促进了这种电源和负荷连接方式的普及与扩张，使得发电厂、线路、变压器和负荷逐步联系起来，形成规模越来越大的系统。

发电厂把各种形式的能量转换成电能，电能通过变压器和输电线路输送并分配给用户，再通过各种用电设备转换成适合用户需要的其他能量。这些生产、变换、输送、分配和消费电能的各种电气设备连接在一起组成的整体称为电力系统。火电厂的汽轮机、锅炉、热力网、水电厂的水轮机和水库属于与电能生产相关的动力部分。电力系统中输送和分配电能的部分称为电力网，它包括升压变压器、降压变压器和各种电压等级的输电线路。

图 2-1 为电力系统和电力网的示意图。

2.1.2 电力系统的基本参数

用来描述电力系统的基本参数有总装机容量、年发电量、最大负荷、额定频率、最高电压等级等。

1. 总装机容量

电力系统的总装机容量是指该系统中所有发电机组的额定有功功率之和，常用单位有瓦（W）、千瓦（kW）、兆瓦（MW）、吉瓦（GW）。

2. 年发电量

电力系统的年发电量是指该系统中所有发电机组全年所发电能的总和，常用单位有千瓦时（kWh）、兆瓦时（MWh）、吉瓦时（GWh）等。

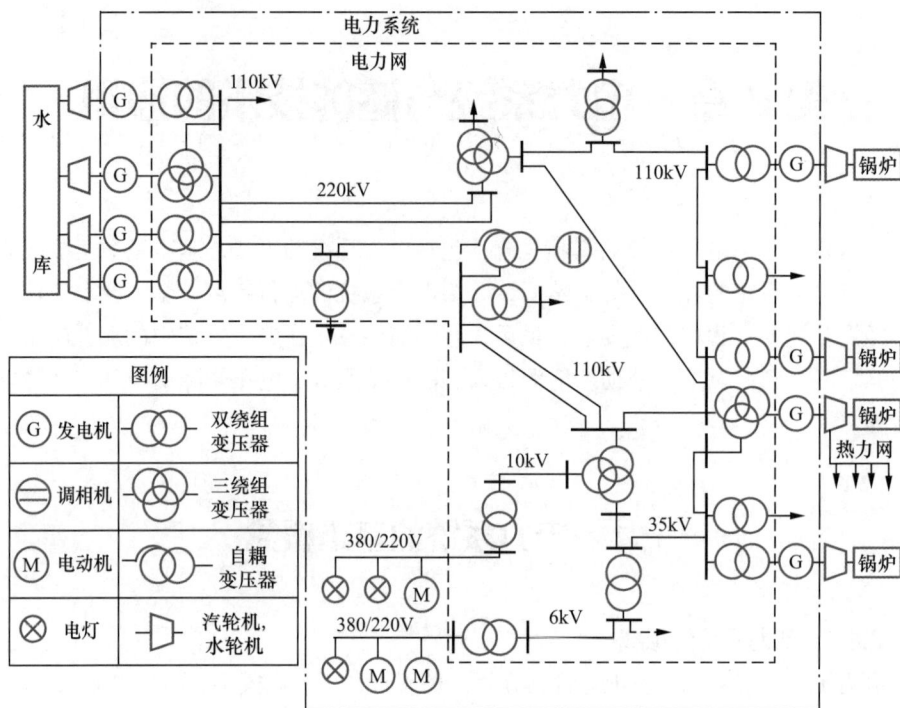

图 2-1　电力系统和电力网的示意图

3. 最大负荷

电力系统的最大负荷是指该系统中规定时间（如一天、一月、一年等）内总有功功率负荷的最大值，单位与装机容量相同。

4. 额定频率

我国规定，电力系统的额定频率为 50Hz。实际运行时，电力系统的频率在 50Hz 上下波动。

5. 最高电压等级

最高电压等级是指该系统中电力线路的最高额定电压等级，常用单位有伏（V）、千伏（kV）。

2.1.3　电力系统的接线方式

电力系统的接线方式对于保证安全、优质和经济地向用户供电具有非常重要的作用。电力系统的接线包括发电厂的主接线、变电站的主接线和电网的接线。这里只对电网的接线方式作简略的介绍。

电力网的接线方式通常按供电可靠性分为无备用和有备用两类。

无备用接线方式如图 2-2 所示，包括单回路的放射式、干线式和链式，其特点是每一个负荷只能依靠一条线路获取电能。无备用接线方式接线简单、经济、运行方便，但供电可靠性差，任一线路发生故障或检修时，都要中断部分用户的供电。

有备用接线方式如图 2-3 所示，包括双回路放射式、双回路干线式、双回路链式、环式和两端供电式，其特点是一条线路故障仍能保证向所有负荷供电。有备用接线方式供电可靠性高，但投资大，且运行调度较复杂。

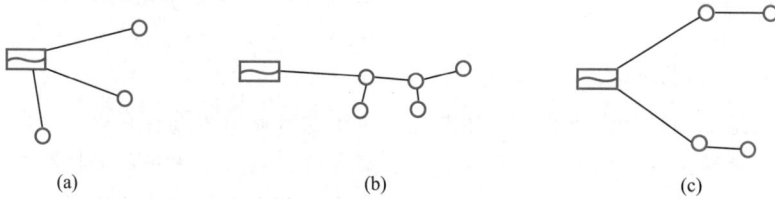

图 2-2　无备用接线方式
（a）放射式；（b）干线式；（c）链式

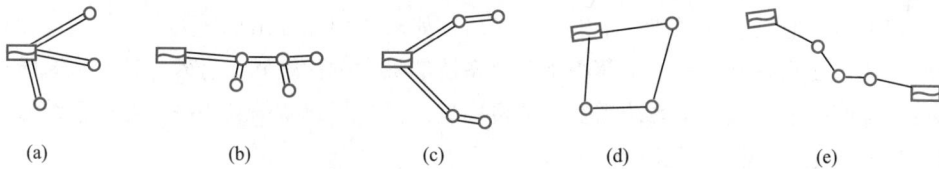

图 2-3　有备用接线方式
（a）双回路放射式；（b）双回路干线式；（c）双回路链式；（d）环式；（e）两端供电式

电力网按其职能可以分为输电网络和配电网络。

输电网络的主要任务是将大容量发电厂的电能可靠经济地输送到负荷集中地区。输电网络通常由电力系统中电压等级最高的一级或两级电力线路组成。对输电网络接线方式的要求是，电压等级要与系统的规模（容量和供电范围）相适应，应有足够的可靠性，要满足电力系统运行稳定性的要求，要有助于实现系统的经济调度，要具有对运行方式变更和系统发展的适应性等。

一般来说，用于连接远离负荷中心地区的大型发电厂的输电干线和向缺乏电源的负荷集中地区供电的输电干线，常采用双回路或多回路。位于负荷中心地区的大型发电厂和枢纽变电站一般是通过环形网络互相连接。

配电网络的任务是分配电能。配电线路的额定电压一般为 0.4 ～ 35kV，有些负荷密度较大的大城市也采用 110kV，或者 220kV。

配电网络采用哪一类接线，主要取决于负荷的性质。无备用接线只适用于向停电影响不大的负荷供电。对于重要的、停电影响大的负荷，应由有备用网络供电。

实际电力系统的配电网络比较复杂，往往是由各种不同接线方式的网络组成的。在选择接线方式时，必须考虑的主要因素是满足用户对供电可靠性和电压质量的要求，运行要灵活方便，要有好的经济指标等。一般都要对多种可能的接线方案进行技术经济比较后才能确定。

2.1.4　大容量电力系统的优越性

电力系统将各种电源和负荷通过电网连接起来，尤其是形成大容量电力系统，在技术和经济上都具有十分明显的优越性，主要体现在以下几个方面。

1. 提高能源利用率

组建大容量的电力系统后，系统中的各种电源特点不同，可以联合运行和互为补充，最大限度地提高能源利用率。例如，在丰水期可以让水电厂多发电，火电厂少发电并适当安排机组检修；在枯水期可以让火电厂多发电，水电厂少发电并安排检修。这样可以扬长避短，最大限度发挥水电、火电的优势，充分利用水能资源，减少煤炭消耗。

2. 降低总负荷峰值

不同的地区在经济发展程度、生产生活水平及气候等方面存在差异，因此不同地区最大用电负荷出现的时间也不尽相同。一般来说，系统最大负荷的持续时间是有限的，因此，系统的最大负荷总是小于各用户最大负荷之和，也就是说系统中有一部分装机容量大部分时候是空闲的。

如果两个系统是孤立运行的，那么空闲装机容量会增加，进一步降低设备的利用率。如果两个地区电网联成一个电力系统后，如果两个地区出现最大负荷的时间是错开的，那么互联系统的最大负荷小于单个系统的最大负荷之和，有效降低了大系统的总负荷峰值，进而减少了系统需要的装机容量，提高了设备的利用率。互联系统容量越大时，这种效益就越明显。

3. 提高供电可靠性

电力系统中有大量的发电机、变压器、输电线路和负荷等电力设备，这些设备在运行过程中难免发生故障。对孤立运行的发电厂来说，当设备出现故障时，势必会造成停电并产生经济损失。但是，系统中所有发电厂同时发生事故的概率远比单一发电厂发生事故的概率小得多。组成大容量电力系统后，各个发电厂可以互为备用，降低了用户的停电时间，提高了系统的供电可靠性。

正是由于电力系统比孤立电厂具有诸多优势，所以世界上不少工业发达国家都建立了全国性的统一电力系统，甚至相邻国家间的电力系统也用联络线连接起来，组成互联系统，如欧洲大陆电网、北美联合电网、南部非洲电网等。

2.2 电力系统的运行特点和要求

2.2.1 电力系统的运行特点

电力系统是由电能的生产、变换、输送、分配和消费的各环节组成的一个整体。与其他工业系统相比，电力系统的运行具有如下的特点。

1. 电能不能大量储存

电能的生产、变换、输送、分配和消费形成一个不可分割的整体，且必须保证这一整体中各环节运行的连续性。因此，电力系统在运行时必须时刻保持功率平衡，包括有功功率平衡和无功功率平衡。发电和用电同时进行，使得电力系统的各个环节具有十分紧密的联系，这个整体中的任何一个环节出现故障，都可能影响电力系统的正常运行。

2. 暂态过程非常短暂

由于电是以光速传播的，所以电力系统从一种运行状态到另一种运行状态的过渡过程非常迅速。因此，无论是正常运行时所进行的调整和切换等操作，还是故障时切除故障设备恢复供电的一系列操作，通过人工操作是难以达到运行要求的，必须采用各种自动装置才能迅速而准确地完成。电力系统的这个特点，给运行操作带来了许多复杂问题。

3. 与国民经济各部门及人民生活关系密切

由于电能与其他能量之间的转换方便，便于大量生产、集中管理、远距离输送和自动控制等，现代工业、农业、交通运输业及居民生活等都广泛地利用电能作为能量来源。供电的中断或不足，不仅将直接影响工业生产和人民生活，甚至会造成极其严重的社会性灾难。如 2021 年 2 月，极寒天气导致美国得克萨斯州发生大停电事故，超过 430 万户家庭断电，1400 万人停水，电价飙升近 200 倍，数十人因严寒而冻死，经济社会陷入紊乱。

2.2.2　电力系统的基本要求

根据电力系统运行的特点，电力系统在运行中要满足以下几个方面的要求。

1. 保证供电可靠性

中断用户供电，会使生产停顿、生活混乱，甚至危及人身和设备的安全，给国民经济和社会生活造成极大损失。因此，电力系统运行的首要任务是满足用户对供电可靠性的要求。

对用户停止供电的原因可能是电力系统的设备（如发电机、变压器、线路等）发生了故障，也可能是电力系统运行中的全面瓦解（如系统稳定性的破坏）。前者属于局部事故，停电范围和造成的损失较小；后者则是全局性事故，停电范围较大，重新恢复供电需要很长时间，引起的损失也很大。

根据用户对供电可靠性的不同要求，目前我国将负荷分为一级、二级、三级负荷。对第一级负荷中断供电的后果是极为严重的；对第二级负荷中断供电将造成大量减产，使城市中大量居民的正常活动受到影响；不属于第一、二级的，停电影响不大的其他负荷都属于第三级负荷。对于不同级别的负荷，可以根据不同的具体情况分别采取适当的技术措施来满足它们对供电可靠性的要求。

保证供电可靠性，首先要求系统中设备的运行具有足够的可靠性，设备发生事故不仅直接造成供电中断，而且可能发展成为全局性的事故。其次需要提高电力系统运行的稳定性，增强抗干扰能力，保证不发生或不轻易发生造成大面积停电的系统事故。为此，除了要不断提高运行人员的技术水平和责任心外，还应该采用现代化的电网运行监测、保护和自动控制设备等。

2. 保证电能质量

电能质量以电压和频率质量来衡量。

电压质量对各类用电设备的安全经济运行都有直接影响。当电压降低时，异步电动机的定转子电流将显著增大，导致温度上升，甚至可能烧坏电动机。反之，当电压过高时，对于电动机、变压器类具有励磁铁芯的电气设备而言，铁芯磁密会增大甚至饱和，也会使电动机过热，效率降低，损害电气设备的绝缘，产生有害的高次谐波，影响电子设备的正常工作，造成对通信的干扰以及其他不良后果。

因此,在电力系统正常运行时,供电电压必须保证在允许的变化范围之内。根据 GB/T 12325—2008《电能质量 供电电压偏差》规定:35kV 及以上供电电压正、负偏移的绝对值之和不超过额定电压的 10%,如供电电压上、下偏移同号时,按较大的偏移绝对值作为衡量依据;10kV 及以下三相供电电压允许偏移为额定电压的 ±7%;220V 单相供电电压允许偏移为额定电压的 +7% 和 -10%。

同时,对电压正弦波形畸变率也有限制。波形畸变率是指各次谐波有效值平方和的方根值与其基波有效值的百分比,对于 6 ～ 10kV 供电电压,波形畸变率不允许超过 4%;对于 0.38kV 电压,波形畸变率不允许超过 5%。

频率偏差是衡量电能质量的另一个指标。电力系统中许多用电设备的运行状况都与频率有密切的关系。频率变化时,电动机的转速和输出功率随之变化,因而影响到产品的质量。现代工业、国防和科学研究部门广泛应用各种电子设备,系统频率不稳定,也将会影响这些电子设备的精确性。

频率偏移过大不仅会影响用户的生产和生活,还会对整个电力系统的安全稳定运行带来严重威胁。因此,维持频率在允许范围内是确保电力系统正常运行的重要措施。我国电力系统采用的额定频率为 50Hz。根据 GB/T 15945—2008《电能质量电力系统频率偏差》规定:电力系统正常运行条件下频率偏差限值为 ±0.2Hz;当系统容量较小时,偏差限值可以放宽到 ±0.5Hz。

频率主要取决于系统中的有功功率平衡,系统发出的有功功率不足,频率就偏低。电压则取决于系统中的无功功率平衡,无功功率不足时,电压就偏低。因此,要保证良好的电能质量,关键在于系统发出的有功功率和无功功率都应满足在额定频率和额定电压下的功率平衡。当功率平衡被打破导致频率和电压偏移过多时,需要采取适当的调整手段,使得频率和电压恢复到额定频率和额定电压。

同时,随着电力电子技术的发展,接入系统的电力电子设备的增多,谐波比重日益增加,电压电流波形达不到规定标准,如不采取滤波措施,将对用户产生不利影响,因此检测和控制谐波已经成为维持电能质量的重要一环。

3. 提高运行经济性

在电力系统中电能生产的规模很大,消耗的能源在国民经济能源总消耗中占的比重很大,而且电能又是国民经济大多数生产部门的主要动力。为了提高电力系统运行的经济性,必须尽量降低发电厂的煤耗率(水耗率)、厂用电率和电力网的损耗率,降低发电过程中的能源消耗;要合理发展电力网,降低电能在输送、分配过程中的损耗;采用高效率低损耗设备,实行经济调度;水、火混合系统中充分发挥水电能力,有效利用水资源,使发电成本最小等。

同时,还要尽量注意环保和生态要求,如减少输电线路的高压电磁场、变压器噪声等。

2.2.3 电力系统的功率平衡和经济分配要求

1. 有功功率平衡

电力系统运行中,所有发电厂发出的有功功率的总和,在任何时刻都应与全系统的有功功率需求相等,即电力系统的有功功率在任何时刻都应是平衡的。

$$P_G - (P_{LD} + P_L) = 0 \qquad (2\text{-}1)$$

式中：P_G 为发电厂发出的总有功功率；P_{LD} 为系统中所有用户的有功功率负荷，P_L 为电网中的有功功率损耗（主要是变压器和线路的损耗）。

为保证安全和优质的供电，电力系统的有功功率平衡必须在额定运行参数下确立，而且还应具有一定的备用容量。备用容量按其作用可分为负荷备用、事故备用、检修备用和国民经济备用，按其存在形式可分为热备用（亦称旋转备用）和冷备用。

（1）负荷备用：为满足一日中计划外的负荷增加，适应系统中的短时负荷波动而留有的备用称为负荷备用。负荷备用容量的大小应根据系统总负荷大小、运行经验以及系统中各类用户的比重来确定，一般为最大负荷的 2% ～ 5%。

（2）事故备用：部分机组由于本身发生偶然事故退出运行，为使用户不受到严重影响，维持系统正常运行而增设的容量。其大小可根据系统中机组的台数、容量、故障率及可靠性指标等确定，一般取最大负荷的 5% ～ 10%，但不能小于最大一台机组的容量。

（3）检修备用：当系统中发电设备计划检修时，为保证对用户供电而留有的备用容量。

（4）国民经济备用：为满足工农业生产的超计划增长对电力的需求而设置的备用称为国民经济备用。

上述四种备用有的处于运行状态，称为热备用或旋转备用；有的处于停机待命状态，称为冷备用。一般检修备用、国民经济备用及部分事故备用采用冷备用状态，而负荷备用及部分事故备用处于热备用状态。

2. 有功功率经济分配

电力系统中有功功率的最优分配有两个内容，即有功功率电源的最优组合和有功功率负荷的经济分配。有功功率电源的最优组合指的是在电力系统中，通过合理选择和配置发电设备或发电厂，以实现系统运行的经济性和可靠性，具体包括以下几个方面：

（1）机组的最优组合顺序：根据各类发电厂的特点，如凝汽式火力发电厂的矿物能源、环境污染和燃料及运输费用等因素，确定各发电机组的启动顺序，以达到最低的运行成本和最高的效率；

（2）机组的最优开停时间：对各发电机组的启停时间进行优化安排，以确保在不同时间段内能够有效地利用各种发电资源，同时减少不必要的运行费用和损耗；

（3）机组的最优组合数量：如何选择合适的发电机组数量进行组合，以达到最佳的经济效益和运行效率。

有功功率负荷的经济分配指的是在保证用户用电需求的前提下，合理分配各个发电机组或发电厂的运行工况，使系统发电所需的总费用或所消耗的总能源耗量达到最小。这一过程通常遵循等耗量微增率准则，即在满足系统有功平衡约束条件下，使各发电机组的能源消耗微增率相等。同时，有功功率负荷的经济分配不仅需要考虑各发电机组的燃料消耗成本，还需考虑网损、发电设备的技术特性以及系统的整体运行效率，以实现总运行成本最小化的目标。

3. 无功功率平衡

电力系统的运行电压水平和无功功率平衡密切相关。为了确保系统的运行电压处于正常水平，电力系统中无功功率电源所发出的无功功率应与系统中无功功率需求相平衡，同时还应有一定的无功功率备用容量。

电力系统无功功率平衡的基本要求是：系统中的无功电源可能发出的无功功率应该大于或至少等于负荷所需的无功功率和网络中的无功损耗之和，即

$$Q_{GC} - Q_{LD} - Q_L = Q_{res} \tag{2-2}$$

式中：Q_{GC} 为无功电源供应的无功功率的总和；Q_{LD} 为无功负荷的总和；Q_L 为无功损耗的总和；Q_{res} 为无功功率备用容量。

电力系统中的无功电源有发电机、同步调相机、静电电容器、静止无功补偿器等。

电力系统中的用电设备很多，其中异步电动机在无功负荷中所占的比重很大。

电力系统的无功损耗是指电网中变压器和线路产生的无功损耗。变压器中的无功损耗分为两部分，即励磁支路损耗和绕组漏抗中的损耗。对于一台变压器或一级变压器的电网而言，变压器中的无功功率损耗并不大，但对于多电压等级的电网，变压器中的无功损耗就相当可观了。

电力线路上的无功损耗也分为两部分，即并联电纳和串联电抗中的无功损耗。并联电纳中的损耗与线路电压的平方成正比，呈容性；串联电抗中的损耗与负荷电流的平方成正比，呈感性。因此，线路作为电力系统的元件，究竟是吸收无功功率，还是发出无功功率不能确定。

系统的无功电源充足，就能满足较高电压水平下的无功平衡的需要，系统就有较高的运行电压水平；反之，无功不足就反映为运行电压水平偏低。同时，从改善电压质量和减少网损考虑，无功功率不宜长距离输送，负荷所需的无功功率应尽量做到就地供应，不仅应实现整个系统的无功功率平衡，还应分别实现各区域的无功功率平衡。

4. 无功功率经济分配

电力系统的无功功率经济分配与电力系统调压密切相关。当系统中无功电源不足时，会引起电压水平下降。为了提高电压水平，需要增加无功补偿电源；而无功补偿电源的装设既要考虑容量大小，又要考虑其合理分布。

无功功率的生产及分布一般不直接影响燃料的消耗，但对电网的有功功率损耗有较大影响，而有功功率损耗直接影响系统运行的经济性。因此，当系统无功电源充足时，电力系统无功功率经济分配的总目标是在满足系统最大无功负荷需求的同时，合理安排各无功电源的输出功率，使电网的有功功率损耗最小。一般，无功电源的经济分配遵循等网损微增率准则，即在满足无功需求的条件下，使电网有功功率损耗对各无功电源功率的微增率相等时，电网的有功功率损耗达到最小。

2.2.4 电力系统的稳定性要求

电力系统是众多同步发电机并联在一起运行的，电力系统正常运行的必要条件是所有同步电机必须同步地运转，即具有相同的电角速度。电力系统稳定性，通常是指电力系统受到微小的或大的扰动后，所有的同步电机能否继续保持同步运行的问题，又称为功角稳定性。

通常，电力系统稳定性分为静态稳定性和暂态稳定性。

电力系统静态稳定性是指电力系统在运行中受到小干扰后，独立地恢复到它原来运

行状态的能力。小干扰一般是指正常运行时负荷或参数的正常变动，如少量电动机负荷的接入或切除、架空输电线因风吹摆动引起线间距离（影响线路电抗）的微小变化等。

电力系统暂态稳定性是指电力系统在运行中受到大干扰后，能从初始状态不失去同步地过渡到新的运行状态，并在新状态下稳定运行的能力。大干扰主要包括发生短路故障或断线故障，大负荷的突然变化，主要元件切除或投入（如发电机、变压器、输电线）等。

近年来，新能源发电大规模接入电网带来了新的电力系统稳定性问题。这些问题源于新能源发电与传统同步发电机在动态特性上的显著差异，主要体现在控制系统交互、系统惯量减小和故障期间变流器接口发电（CIG，converter interfaced generation technologies）设备对短路电流贡献有限等方面。鉴于此，IEEE（Institute of Electrical and Electronics Engineers，电气与电子工程师协会）和 CIGRE（Conference International des Grands Reseaux Electriques，国际大电网会议）成立的联合工作组，于 2020 年 4 月发布了"含高渗透率电力电子接口设备电力系统的动态行为特征与稳定性定义"的技术报告，扩展出两种新的稳定性分支——谐振稳定性和变流器驱动稳定性。

谐振稳定性包括电气谐振和扭振两类，前者是指 CIG 设备与电网在纯电气意义上动态相互作用引发的电磁振荡，典型的如感应发电机效应和电力电子装置参与的次同步控制相互作用。后者主要指旋转机组的机械系统与含交流串补、直流环节、SVC/STATCOM 等的电网之间相互作用引发的振荡稳定性，包括经典的次同步谐振和设备型次同步振荡。

变流器驱动稳定性包括慢互作用和快互作用两类。CIG 设备的多时间尺度控制特性会导致机、网之间既有机电暂态又有电磁暂态的耦合互动，从而引发宽频率范围的振荡现象。基于频率大小，划分为慢互作用和快互作用两个子类，前者频率较低，典型如小于 10Hz；后者频率相对较高，典型如数十到数百赫兹，乃至上千赫兹。

电力系统稳定性的破坏，将造成大量用户供电中断，甚至导致整个系统的瓦解，后果极为严重。因此，保持电力系统运行的稳定性，对于电力系统安全可靠运行，具有非常重要的意义。

在电力系统的规划设计和实际运行中，都必须进行稳定性校验，在不满足要求时，应采取必要的措施，确保系统具有符合规定的稳定性。

提高电力系统稳定性大致上可以采取以下几个方面的措施。

（1）改善电力系统基本元件的特性和参数。原动机及其调节系统、发电机及其励磁系统、变压器、输电线路、开关设备和保证电力系统无功平衡的补偿设备，是电力系统的基本元件。这些基本元件的特性和参数，对电力系统的稳定性有直接的、重要的影响。如采用自动励磁调节系统，减小变压器或线路的电抗，快速切除短路故障以改善继电保护的特性，提高输电线路的额定电压等。

（2）采用附加装置提高电力系统稳定性。装设专门用于提高电力系统稳定性和输送能力的附加装置。例如输电线路设置中间开关站、输电线路采用串联电容补偿或设置一些 FACTS 装置和对发电机实行电气制动等。

（3）改善电力系统运行方式及其他措施。对于运行中的电力系统，如能充分发挥现有系统的作用和工作人员的能动性，也可以使运行稳定性得到提高。例如合理选择电力系统运行接线方式、正确安排潮流、提高系统运行电压，以及故障后切除部分发电机和部分负荷等，都是很有效的措施。

此外，当电力系统遭受极严重的故障而使稳定性受到破坏时，也应采取措施，尽可能减少因系统失去稳定而带来的影响和损失，尽快地恢复电力系统同步运行和正常供电。例如，允许发电机短时异步运行，采取措施促使再同步或系统解列等。

2.3 储能技术的典型应用

传统电力系统中，电能的生产、输送、分配和消费是同时进行的，功率必须时刻保持平衡，暂态过程非常短促，这些特点给运行操作带来了许多复杂问题。同时，随着风力发电、光伏发电等新能源发电的大力发展和广泛应用，其随机性和间歇性容易影响电力系统的功率平衡，给电力系统的安全稳定和经济运行带来不小的挑战。电力储能技术的应用为传统电力系统增加了存储电能的环节，为电力系统及时提供有功功率或无功功率，同时，储能技术与新能源配合能起到平滑新能源输出功率，跟踪计划输出功率的作用，辅助新能源顺利接入电网，大大提高了电力系统的安全性、灵活性和可靠性。储能技术在电力系统各环节应用的示意图如图 2-4 所示。

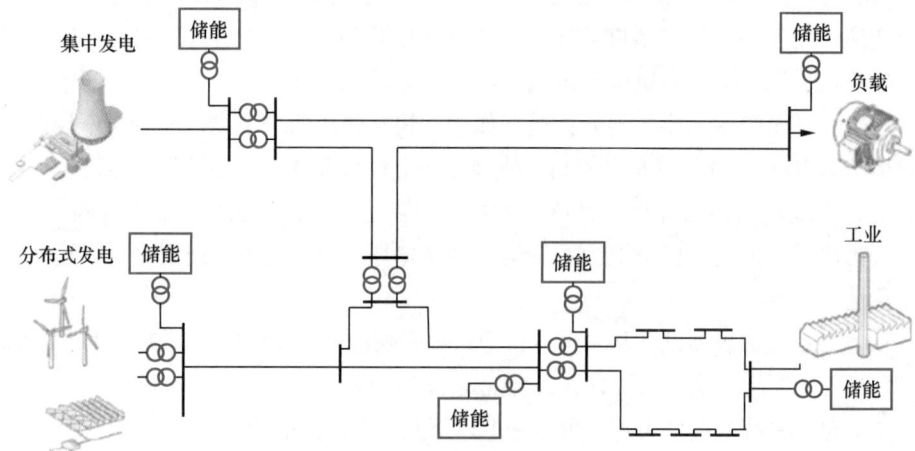

图 2-4　储能技术在电力系统各环节应用的示意图

在电力系统中，储能技术可以起到削峰填谷、频率调节、辅助新能源接入、黑启动服务、电压暂降支撑和支持微电网运行等多种储能协同应用功能。如储能系统可以同时提供频率调节和黑启动服务，电力系统正常运行时储能系统起到辅助调频的作用，电力系统停电时储能系统起到黑启动服务的作用。

2.3.1 削峰填谷

满足负荷的供电可靠性和电能质量需求是电力系统长期努力的方向。由于负荷的不可控性和随机性，随着时间的变化，负荷功率会出现高峰、平段和低谷，造成系统负荷存在较大的峰谷差，而新能源发电接入比例的不断增大，将进一步加剧这种现象，这使得电力系统必须为满足峰值负荷而预留更大的备用容量，导致电力设备运行效率降低。降低负荷的峰谷差，提高负荷率，是提升电力系统资产利用率的重要手段。

电力系统传统的削峰填谷方式是采用调峰电源或可调节负荷来降低负荷的峰谷差，如采用火电机组、水电机组、负荷管理等。通过火电机组的输出功率调节仍然是电力系统中最主要的峰谷调节方式。但是，火电机组存在经济性能差、调节速度慢和故障概率高的缺点。同时，单纯依靠火电机组进行削峰填谷会增加装机容量，造成系统闲置容量过大，资产利用率低。相对于火电机组而言，水电机组具有启停速度快、经济性好、污染少的特点。但是，水电机组有一个明显的缺点就是丰、枯水期发电能力差别大，水电站弃水调峰现象时有发生，因此造成很大浪费。通过负荷管理可以实现对电力系统峰谷差的调节，采用分时电价的方法可以使用户主动改变用电习惯，调节电力需求，但目前应用效果有限。

应用储能系统进行削峰填谷是指储能系统在负荷低谷时段吸收电能，此时储能系统等效为负荷，增加整个系统的等效负荷功率；在用电高峰时释放电能，此时储能系统等效为电源，减少整个系统的等效负荷功率。这样可以平衡区域负荷，降低负荷的峰谷差，避免电网发生阻塞现象。

电网侧的储能系统可以大大减少电网建设的投资需求。当负荷快速增长时，如果采用电网扩容的方式来解决，由于电力设施是按照标准化的序列设计制造的，相应的容量增加通常会在短期内远大于实际需求，这就造成了新建电力资产在很长一段时间内利用率偏低。而电网侧储能系统的投运，可以减少负荷的波动，降低负荷的峰谷差，从而暂缓负荷增长引起的扩容投资，提高电力资产的利用率。

用户侧的储能系统，首先具有响应快的特点，储能装置具有双向功率调节功能，其充放电转换速度可以达到毫秒级，远快于传统电源。其次，储能系统效率高，各类电力储能系统的充放电循环效率较高，用于削峰填谷的电量损失小。最后，储能装置可以分散布置于用户侧，直接与邻近负荷进行时空匹配，避免远距离输送的网络损耗。储能系统削峰填谷示意图如图 2-5 所示。储能系统在负荷高峰期释放电能，负荷低谷期吸收电能，从而起到降低负荷峰谷差的作用。

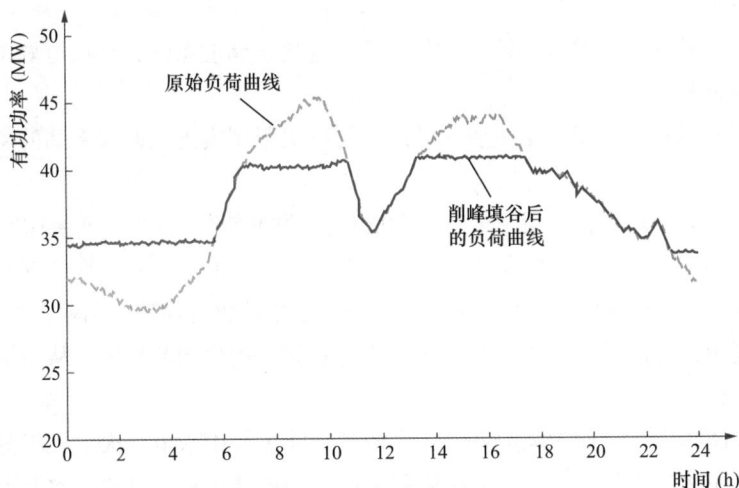

图 2-5　储能系统削峰填谷示意图

2.3.2 频率调节

频率调节主要是通过实时调节电网中的调频电源的有功输出功率，实现对电网频率及联络线功率的控制，以解决区域电网的功率不平衡问题。显然，调节速度快、调节精度高的电源可以帮助电网更高效地完成调频任务。

调频主要包括一次调频和二次调频。传统的一次调频是指并网运行的发电机组在电网频率发生波动时及时自发地参与电网稳定调节的功能，由负荷和有旋转备用容量的发电机组的调速器共同完成的有差调节，主要针对变化幅度很小、变化周期很短的负荷引起的持续时间为秒级的频率偏差；传统的二次调频主要是指电网根据频率波动，通过自动发电控制（Automatic Generation Control，AGC）指令下发给各发电单元参与电网稳定调节，由发电机组的调频器动作，实时调节电网中调频电源的有功功率，对频率和联络线功率进行控制以实现无差调节，从而解决区域电网的功率不平衡问题，主要针对变化幅度较大、变化周期较长的负荷引起的持续时间为分钟级的频率偏差。电力系统还存在三次频率调节，主要考虑到季节、发电经济因素等，按照经济调度的原则重新分配机组的输出功率。

一般电网调频需求主要由燃煤机组、水电机组及燃气机组等进行响应。火电、水电通过不断调整机组输出功率来响应电网频率变化，实现对电力系统频率的调节。但是，无论是火电机组还是水电机组，均由旋转的机械部件组成，受机械惯性和磨损的影响。同时，传统电源要考虑机组对响应功率的幅值与方向改变频次的限制，存在调节速率慢、折返延迟和误差大等现象，具体表现为调节延迟、调节偏差和调节反向等缺点。

而储能系统可以根据电网需求，通过充放电控制释放电能或者吸收电能，实现频率的上调和下调，可以在一定程度上削减电力系统的有功功率不平衡或区域控制偏差，从而参与一次调频和二次调频。相比传统电源在电力系统调频中的不足，储能系统具有以下技术优势。

（1）响应速度快。可在毫秒级范围内满功率输出，响应能力完全满足调频时间尺度内的功率变换需求。

（2）控制精度高。储能系统可以快速精确地跟踪调度指令，相应地减少调频响应功率储备裕度。

（3）运行效率高。储能系统，尤其是各类电化学储能系统，充放电效率高，使得调频过程中的损耗低。

（4）双向调节能力强。储能系统可以不受频次限制实现上调和下调的交替，调节能力强。

针对频率调节运行，常用三个指标来反映调频的效果，分别为调节速度 K_1、响应时间 K_2 和调节精度 K_3，三者的综合指标 K 表示调频的能力。K 值是影响调频收益的最重要指标之一，K 值越大，在调频辅助服务竞争中就更有优势，调频收益也就越高。储能参与调频，可以提高调节速率、缩短响应时间、优化调节精度，从而提高调频服务的补偿收益。

以二次调频为例，通常电力系统二次调频功能主要由水电、火电机组等常规电源提供，常存在调节的延迟、偏差（超调和欠调）等现象。常规电源二次调频示意图如图 2-6 所示。

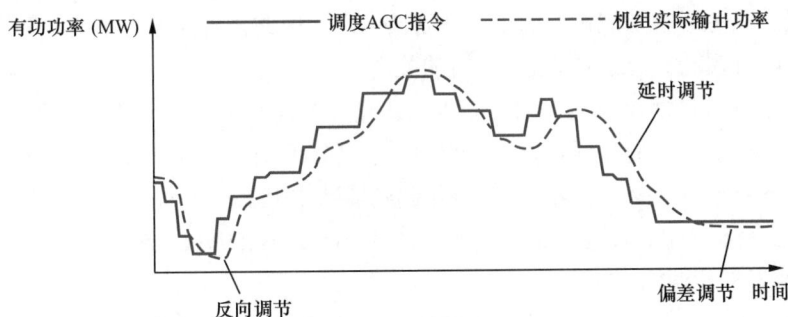

图 2-6　常规电源二次调频示意图

而储能参与二次调频后，其跟踪曲线几乎与 AGC 指令曲线重合，即反向调节、偏差调节以及延迟调节等问题将不会出现，储能的综合调节性能要远好于火电机组。储能参与二次调频示意图如图 2-7 所示。

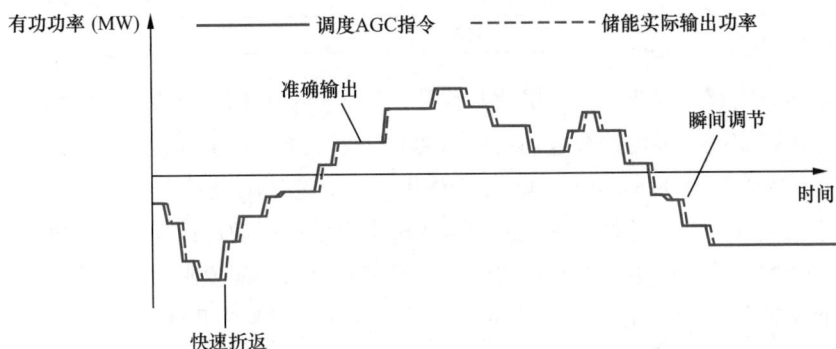

图 2-7　储能参与二次调频示意图

由此可见，与传统电源相比，储能系统参与调频的技术经济优势明显。因此，在合适的场景下，配置一定的储能系统参与频率调节，能有效提升以火电机组为主的电网整体调频能力，减少频率的波动和区域电网的功率不平衡问题，进而保证电网安全稳定运行。

储能技术参与电力系统频率调节，可以采用储能电站独立参与调频，也可以采用储能系统和火电机组联合运行，形成火储联合调频。这样，既解决了传统火电机组调节速率慢、折返延迟和误差大的缺点，又弥补了储能系统能量有限、调频效果有限的劣势，从而提高火电机组的运行效率，有效解决区域电网调频资源不足的问题，改善电网运行的可靠性及安全性。

2.3.3　辅助新能源接入

经过多年的快速发展，新能源发电在电力系统中的占比越来越高。新能源规模化发展对电力系统提出了更高的要求，提高电力系统对新能源的消纳能力是急需解决的问题。

由于风电和光伏等新能源发电具有波动性和随机性，给电力系统的安全稳定和经济运行带来不小的挑战。新能源输出功率受到局部气候的影响，易出现急剧的功率爬升或陡降，是电力系统正常运行的隐患；由于功率波动和较为复杂的并网阻抗特性，在大规模集中并网或分布式并网情况下，易导致功率振荡，引发电力系统稳定性问题，影响负荷用电安全；新能源输出功率的随机性和反调峰性能，也要求系统留有足够的备用容量，以免影响常规机组的正常计划性生产。因此，提高电力系统对新能源的消纳能力是电力系统安全稳定和经济运行的关键。

储能系统可以通过在适当的时间吸收或释放电能来平抑新能源输出功率的波动，跟踪计划输出功率，消除预测误差的影响，起到平滑功率波动或者稳定输出功率的作用，对于新能源顺利接入电网并合理利用起到辅助作用。

储能系统辅助新能源接入的作用包括平滑新能源输出功率、跟踪计划输出功率。

1. 平滑新能源输出功率

新能源输出功率的短时变化率应满足电力系统稳定要求，风电场有功功率变化限值的推荐值见表 2-1。

表 2-1 风电场有功功率变化限值的推荐值

风电场装机容量 P_N（MW）	10 min 有功功率变化最大限值（MW）	1 min 有功功率变化最大限值（MW）
$P_N < 30$	10	3
$30 \leqslant P_N \leqslant 150$	$P_N/3$	$P_N/10$
$P_N > 150$	50	15

储能系统对风电输出功率的吸收和释放，可以抑制其接入电力系统时的分钟级功率波动，使得储能与风电的合成输出功率波动变化量满足相关的技术要求。同理，储能系统对于光伏发电功率的波动也有平滑作用。

由于储能系统大多通过功率变换器接入电力系统，因而可以充分发挥电力电子装置的控制特性，使储能系统具有较快的响应速度和灵活的四象限运行能力。储能系统对于新能源输出功率波动的平滑时间由控制系统决定，通常为几秒到几分钟。

以储能系统平滑风电输出功率波动为例，储能平滑风电波动示意图如图 2-8 所示。由图可见，储能系统投入后，有效降低了风电输出功率的变化率和变化范围，整体输出功率波动得到了明显的改善。

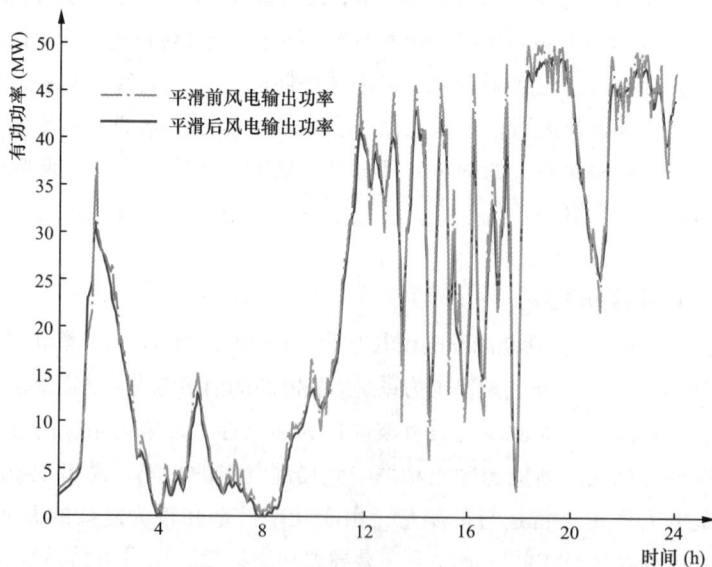

图 2-8 储能平滑风电波动示意图

2. 跟踪计划输出功率

储能系统还可以通过适当的充放电来补充新能源发电的缺额。根据事先确定的输出功率曲线以及实时变化的新能源或负荷波动情况，调节储能系统的运行方式和输出功率以跟踪预设目标功率计划曲线。当新能源发电量低于目标值时，储能系统将放电，反之，将充电，从而保证新能源发电和储能系统的组合输出功率在所需的时间窗口内保持稳定。时间窗口通常在 15min 到几个小时之间。

若新能源输出功率与计划输出功率之间的偏差小于某一设定值，则可认为该新能源输出功率是合格的，否则可以通过储能系统对其进行补偿，以满足跟踪计划输出功率的要求。跟踪计划输出功率示意图如图 2-9 所示。

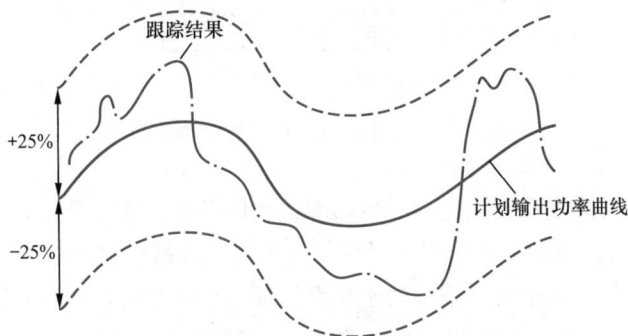

图 2-9　跟踪计划输出功率示意图

2.3.4　黑启动服务

电力系统黑启动是指整个系统因故障停运后，在没有电网支撑的情况下，通过系统中具有自启动能力的机组，带动无自启动能力的机组启动，从而逐步扩大电力系统的恢复范围，最终实现整个电力系统的恢复，是提升电网防灾抗灾能力、提高灾害情况下电网供电可靠性的重要手段。

水电机组、燃气机组、柴油发电机组因其厂用电负荷低、启动速度快，是目前黑启动电源的首选，然而水电机组受水资源分布限制，燃气机组运行维护要求较高，柴油发电机并网协同性差、设备利用率低。因此，目前国内电网面临黑启动电源不足及分布不合理的实际问题。

储能电站参与黑启动服务，具有占地规模小、布点灵活、响应速度快等优点，丰富了黑启动电源种类，提升了黑启动电源的灵活性，提高了黑启动电源单机容量，对于保障区域电网运行可靠性、提升严重故障和自然灾害情况下的系统自恢复能力具有十分重要的意义。

以电化学储能电站为例，参与黑启动的储能电站，其功率配置应满足黑启动过程中正常负荷和冲击负荷的需求总和，容量配置应满足黑启动过程中各阶段电量需求总和，黑启动时间应不大于 2h，且应具备零起升压、二次调频、二次调压的离网运行功能。

储能电站需先完成自启动，再按启动对象可分为启动发电设备（包括发电机、风电机组、光伏发电单元等）和恢复变电站供电两种类型。储能电站黑启动典型接线图如图 2-10 所示。

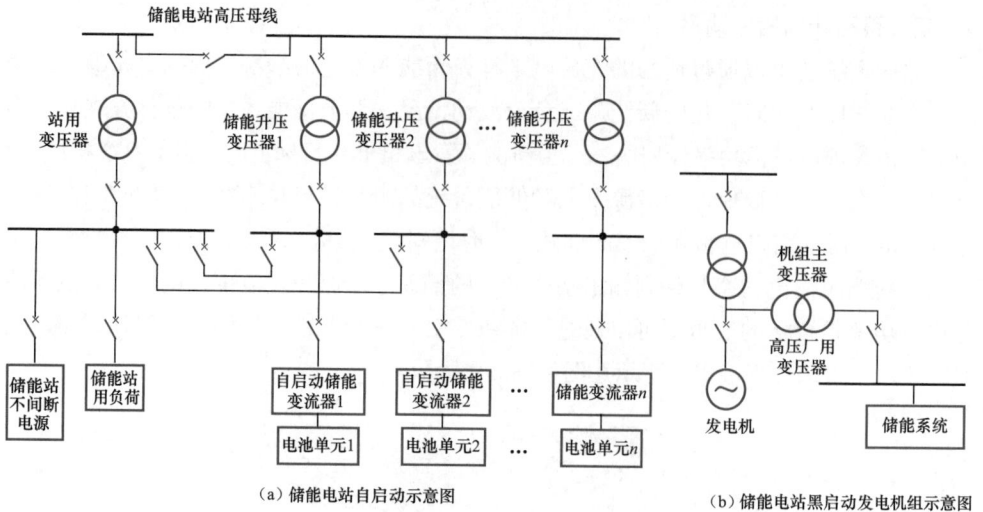

(a) 储能电站自启动示意图　　　(b) 储能电站黑启动发电机组示意图

图 2-10　储能电站黑启动典型接线图

储能电站参与黑启动需要进行黑启动准备和自启动，然后按启动发电设备的不同（如启动发电机组、启动风电机组或光伏发电单元）进行相应的启动流程。黑启动准备指检查启动条件，包括确认系统处于全黑状态、储能电站无异常报警、黑启动对象的二次控制回路正常等。储能电站自启动示意图如图 2-10（a）所示，自启动步骤包括检查储能电站不间断电源工作正常，合上储能单元到站用电供电线路的开关，启动储能单元，将站用电电源由不间断电源并联切换至自启动储能单元，直至启动储能电站。以启动发电机组为例，如图 2-10（b）所示，接入电厂高压厂用变压器的储能电站自启动后，启动发电机组与储能电站的同期合闸，稳定运行后，逐步恢复电厂其他厂用电负荷，与电力调度机构确认后，合上电厂出线开关。

储能电站参与黑启动过程需要考虑到快速响应、能量管理、频率控制、与其他发电设备协调工作以及安全保障等方面，以确保系统能够顺利重新启动并稳定运行。

2.3.5　电压暂降支撑

电压质量是电能质量指标之一，其对各类用电设备的安全经济运行都有直接影响。因此，在电力系统正常运行时，供电电压必须保证在允许的变化范围之内。

电压暂降是最为常见的电能质量问题之一，指电力系统中某点工频电压方均根值突然降低至 0.1 p.u.（标幺值）到 0.9 p.u. 之间，并在短暂持续一段时间后恢复正常的现象。根据不同的标准和定义，电压暂降的持续时间可以是 0.5 个工频周期（约 10ms）到 1min 不等。

根据电压暂降的产生方式，可将电压暂降的形成原因分为自然原因和非自然原因。常见的自然原因有雷击、台风等恶劣天气或树木枝杈碰触引起的线路短路故障。非自然原因包括电力网络发生故障或者大负荷的突然变化，例如大容量电机、敏感设备、变压器的投切等。

电压暂降会对高可靠性负荷产生严重影响，主要体现在工业领域，如半导体、汽车、石化行业的敏感设备受电压暂降影响最大。同时，如果某个用户出现电压暂降问题，往往会对其邻近用户造成干扰。一旦发生较为严重的电压暂降问题，干扰区域能够扩大至数百公里以外，越是与暂降产生点相距越近，所受到的干扰也越严重。

适当选择电压暂降治理设备不仅可以解决电压暂降问题，还能在一定程度上消除谐波、治理三相不平衡、补偿无功功率，全面提高电能质量。

目前，电压暂降治理设备通常为基于电力电子技术的定制电力设备，包括动态电压调节器（AVC）、静止同步补偿器（STATCOM）、固态切换开关（SSTS）等。但这些设备存在初始投资成本较高、易受容量限制、重载下效率不高、受环境因素的影响等问题。

储能系统用于电压暂降支撑的原理是通过电能存储设备将电能储存起来，在需要时释放电能以提供有功和无功功率，扩大系统功率调节范围。其包括检测和识别、判断和决策、执行和反馈、通信和协调等过程。

（1）检测和识别：通过安装在电网各关键节点的传感器监测电网的电压、电流等参数，并将实时采集到的电压和电流数据传输到控制中心，对采集到的电压和电流数据进行分析，从而准确、快速地检测和识别电压暂降事件。

（2）判断和决策：根据检测到的电压暂降事件，判断其严重程度，并做出相应的决策。例如，如果电压暂降的程度较轻，系统可能会选择继续运行；如果电压暂降的程度较重，系统可能会采取相应措施。

（3）执行和反馈：根据决策结果，执行相应的控制策略，并对执行结果进行反馈。同时，监测执行效果，以便进行调整和优化。

（4）通信和协调：电压暂降支撑的运行控制往往需要多个设备、系统之间的通信和协调。

电压暂降支撑的储能系统主要由电压检测系统、电能存储设备、开关、重要负荷以及运行和控制系统组成。储能系统用于电压暂降支撑中的接线和运行示意图如图 2-11 所示。

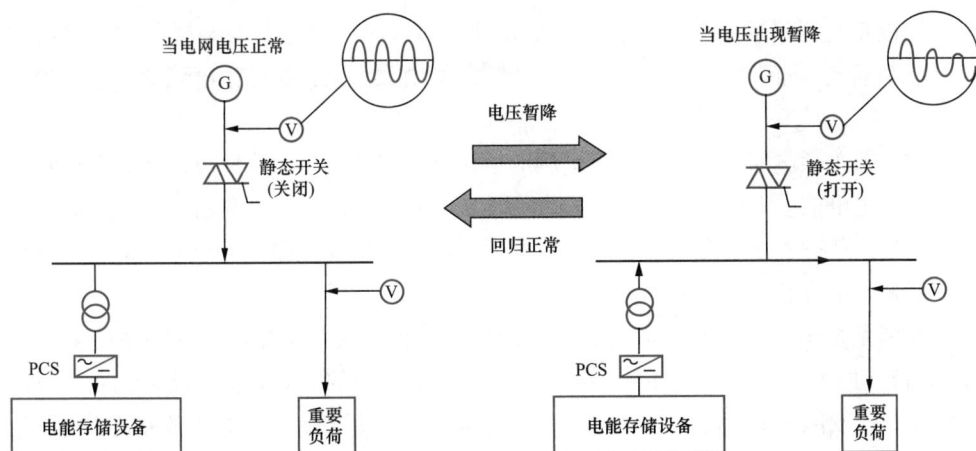

图 2-11　储能系统用于电压暂降支撑中的接线和运行示意图

当电网电压正常时，电网向储能系统和重要负荷供电。电网侧和负荷侧电压检测系统实时检测电压，以确定是否发生电压暂降。当运行和控制系统检测到电压暂降时，向静态开关和储能变流器 PCS 发送命令。接着，静态开关将重要负荷与电网快速隔离，转而由储能系统供电。储能系统通过注入有功/无功功率来缓解电压暂降。当电网电压恢复到正常值后，静态开关接通，储能系统停止供电，电网恢复到原来的正常运行状态。

2.3.6　支持微电网运行

微电网是一个由不同类型的分布式电源、储能装置和负荷组成的小型电力系统，既可以并网运行，也可以离网运行，即孤岛运行。对于大电网，微电网可以视为一个"可控单元"，具有一定的可预测性和可调度性，能够快速响应系统需求；对于用户，微电网可以视为定制电源，能够满足多样化的用电需求。目前，微电网已经成为解决电力系统安全稳定问题、实现能源多元化和高效利用的重要途径。

与传统电网不同，微电网中的微电源大多是小容量异步发电机，系统惯性小，阻尼不足，不具备传统电网的抗扰动能力。同时，微电网中风电或光伏等新能源的间歇性与随机性、负荷的随机投切以及并/离网等过程会给系统稳定运行和电能质量造成较大影响，引起电压和频率波动，甚至系统失稳。

电力储能系统可以及时进行功率调整，增强系统惯性和阻尼，有效减少新能源对微电网的负面影响，提高微电网运行的稳定性和电能质量，是微电网安全可靠运行的关键。当大电网故障或检修时，储能系统还可以支持微电网孤岛运行，保证内部重要负荷的供电可靠性。

储能系统在微电网中的作用如下。

（1）提高微电网孤岛运行稳定性。微电网有两种典型的运行模式：①正常情况下微电网并入常规配电网中，为并网运行模式；②当检测到电网故障或电能质量不满足要求时，微电网及时与大电网断开，从而进入孤岛运行模式。为实现切换过程中微电源和负荷的连续运行，确保微电网内部的有功和无功功率平衡，配置储能系统有助于弥补功率缺额，实现两种模式的平滑过渡。

储能系统通过功率变换装置，可以快速释放或吸收功率，控制微电网内部的节点电压和潮流分布，实现对微电网电压和频率的调节控制，保障微电网孤岛运行的稳定性。

（2）改善微电网电能质量。微电网的运行机制和新能源的特性决定了其在运行过程中易产生电能质量问题。微电源的启停、微电网的投切、新能源输出功率的随机性和波动性、负荷的功率变化，都会产生电压波形畸变、直流偏移、频率波动、功率因数降低和三相功率不平衡等电能质量问题。

储能系统根据微电网的运行状态，能快速调整自身功率输出，抑制系统电压和频率的波动，削减微电网的主要谐波分量，改善微电网的电能质量。此外，在电网出现电压跌落及闪变的情况下，储能系统可快速提供无功支撑，提高局部区域的电压稳定性。

（3）提高新能源利用率。多数光伏或风电等新电源由于受光照、温度、风力等自然因素的影响较大，具有随机性和不可控性。将储能系统应用于微电网中，通过新电源与储能系统的协同控制，可以平滑新能源输出功率，提高新能源的利用率。这样，配置储能的微电网具有一定的可调度性与可预测性，能在多个时间尺度上实现系统功率的准确控制，为微电网的调度和预测提供保障。

以储能系统接入交流微电网中为例，说明其在微电网中的作用。图 2-12 为一个典型的储能系统接入交流微电网的拓扑结构图。交流微电网中含有风力发电系统、光伏发电系统、微型燃气轮机和储能系统，通过功率变换装置连接到母线上，再由公共连接点（PCC）接入配电网及至更高等级的大电网，实现并网与离网模式间的相互转换。

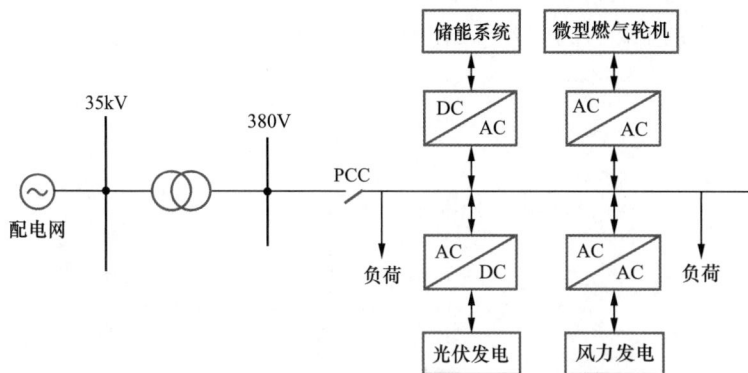

图 2-12　一种储能系统接入交流微电网的拓扑结构图

当大电网无故障允许微电网并网时，闭合微电网与大电网的公共连接点，使微电网处于并网运行状态。储能系统配合新能源为负荷提供高质量的电能，也可以通过协同控制新能源和储能系统参与大电网的调压调频工作。

当大电网出现故障或有调度需求时，断开微电网与大电网的公共连接点，使微电网处于孤岛运行状态，由储能系统作为主电源，为微电网运行提供电压及频率支撑。如果风力发电和光伏发电等新能源的输出功率有富余，则可将多余输出功率存储于储能系统中，实现新能源的经济合理利用。

微电网在大电网计划停电前，根据监控系统的控制指令，实现系统主电源的无缝切换，由储能作为系统孤岛运行的功率支撑。在这一过程中，微电网内重要负荷不断电。

思考题

2-1　电力系统和电网的组成是什么？

2-2　电力系统的接线方式有何特点？比较无备用接线和有备用接线的主要区别。

2-3　怎样衡量电能的质量，各有怎样的要求？

2-4　简述电力系统的运行特点和基本要求。

2-5　电力系统稳定性是怎样分类的？

2-6　电力储能系统在电力系统电源、电网、用户侧的应用功能有哪些？

2-7　一个储能系统可以提供多种应用功能吗？试举例进行说明。

2-8　常规调峰电源或负荷有哪些？其特点分别是什么？

2-9　储能系统应用于削峰填谷的原理是什么？优势是什么？

2-10　电力系统的调频怎么分类？分别有什么特点？

2-11　储能系统参与调频的优势是什么？

2-12　新能源接入电力系统会带来什么问题？储能系统是怎么辅助新能源接入的？

2-13　什么是电力系统黑启动？对黑启动机组有什么要求？

2-14　储能电站参与黑启动的意义是什么？步骤是什么？

2-15　什么是电压暂降？储能系统进行电压暂降支撑的原理是什么？

2-16　储能系统在微电网中的作用是什么？

第3章 电力储能系统的组成及工作原理

第1章中提到，电力储能技术按存储方式可分为机械储能、电磁储能、电化学储能、氢储能、热储能五大类型，抽水蓄能属于其中的机械储能类别。另一种分类方式是将电力储能技术分为抽水蓄能和新型储能。抽水蓄能代表了传统的储能技术，建设历史长，技术已发展成熟。新型储能包括除抽水蓄能以外的其他储能技术，包括锂离子电池、液流电池、飞轮、压缩空气、氢储能、热储能等。新型储能在结构、原理等方面与抽水蓄能有较大区别。因此，在本章及后续章节中，将抽水蓄能与新型储能分别进行阐述。

本章介绍电力储能系统的组成与工作原理，旨在让读者理解电力储能系统如何构成、如何完成储能的任务。首先介绍抽水蓄能电站的组成、工作原理，然后介绍新型电力储能系统的框架结构，并依次介绍系统中的各个重要组成部分，包括各类电能存储设备的结构及工作原理、储能变流器的拓扑结构和控制技术、储能监控系统的结构和通信网络。

3.1 抽水蓄能电站的组成及工作原理

抽水蓄能以水为储能介质，实现水的势能与电能相互转换。在电力负荷低谷时段，通过电动机水泵将低处下水库的水抽到高处上水库中，将负荷谷段的富余电能转换为水的势能蓄存起来；而在电力负荷高峰时段，将高处上水库的水放回下水库，带动水轮发电机组发电，将水的势能转换为电能回送电网。

抽水蓄能是当前技术最成熟、经济性最优、最具大规模开发条件的电力系统绿色低碳清洁灵活调节电源，具有效率较高、容量大、储能周期不受限制等优点。此外，抽水蓄能机组启动时间短、调节速率快，且蓄能可靠、可持续供电时间长，是首选的黑启动电源，能够显著增强电力系统应对事故的能力。鉴于风电、光伏资源的特殊性，风电、光伏装机容量在负荷高峰时存在不能充分利用的可能性，建设抽水蓄能电站可同等程度替代煤电装机容量，并发挥调峰、填谷等特殊功能，减轻电网调峰压力。

在水电装机比例较小、调节容量不足的电网中，可建设抽水蓄能电站。抽水蓄能电站的水工建筑中，除上游水库外，还增建了下游水库以积蓄尾水（发电后的出水）。抽水蓄能电站的规模主要取决于上下水库的容量和落差，以及所在电网可用于低谷时抽水的电量，而不是像常规水电站那样，由所在站址的来水流量和落差决定。因此，抽水蓄能电站需要合适的地理条件建造上下水库和水坝。我国幅员辽阔，水资源丰富，抽水蓄能装机容量和在建容量居世界第一。抽水蓄能电站建设周期较长且初始投资较大，但建成之后可稳定运营超过 50 年，甚至长达 100 年，是经济可靠的电力来源。

随着科技的进步和市场需求的增长，抽水蓄能技术也在不断创新和发展。一方面，传统的抽水蓄能技术在提高效率、降低成本、优化设计等方面进行改进；另一方面，新型的抽水蓄能技术在突破地理限制、提高能量密度、增加功能等方面进行探索。例如，海水抽水蓄能技术，将海岸附近或离岸的人工岛或天然岛屿作为上水库，海面作为下水库，实现海水作为储存介质的循环利用。这种技术可以克服陆地上缺乏合适地形条件的问题，扩大抽水蓄能的应用范围。目前我国已有浙江舟山海水抽水蓄能电站投入运行。海中蓄能技术利用海底深处的高水压在空心体中存储电能，可以克服陆地上高度差不足的问题，提高抽水蓄能的能量密度，这种技术目前还处于研究阶段。

3.1.1 抽水蓄能电站的组成

抽水蓄能底层技术是水的势能与电能的相互转换。获取天然流水势能的方式有两种：①堤坝式，建设一定高度的水坝，由堤坝的阻挡而使水位升高，如果堤坝足够长可以将发电厂房建于坝后，称为坝后式，坝短时可以将发电厂房建在河床的地下，称为河床式。②引水式，将上游的水经很小坡度（0.1% ~ 0.2%）的渠道或隧洞引至下游，经过一段距离后与下游河道形成落差。堤坝式常用于大容量水电站，引水式常用于小容量水电站。

上、下水库和发电厂房是抽水蓄能电站的必要组成部分，引水系统则因条件不同有较大的差异。抽水蓄能电站的组成如图 3-1 所示，从上游开始依次有：①上水库；②上进出水口；③引水道和调压室；④压力管道；⑤发电厂房；⑥尾水道和调压室；⑦下进出水口；⑧下水库。如果压力水管是直接从上水库取水，则引水隧洞、调压室都可以省掉。如果厂房布置在地下，尾水隧洞又很长，则要设尾水调压室。

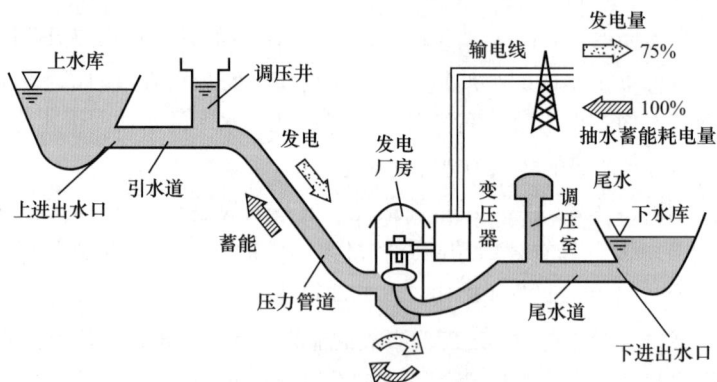

图 3-1　抽水蓄能电站的组成

1. 上、下水库

抽水蓄能电站的上水库位于高处，一般为已建成的水库。下水库位于低处，可以是下一级电站的水库，也可以用堤坝建成新的水库。上下两座水库天然高差一般在 300 ~ 700m 左右，两座水库的水平距离与海拔高差的比值（简称"距高比"）一般在 10 以内。较好的距高比可使链接上下两座水库的引水道在建设上更为经济。

人工修筑的水库，其容量除应满足全天发电所需的水量外，还需要一定的备用库容以抵消蒸发及渗漏。据估计，大型抽水蓄能电站每年损耗水量可达 100 万～200 万立方米。上水库的修筑工作量十分巨大，所形成的库容十分宝贵，库底及边壁都应有防渗保护措施，常见的做法是沥青混凝土全面铺盖，也有用混凝土板防护的做法。对于原来有水源的上水库，也应视具体情况决定是否采取防护措施。

2. 引水系统（高压部分）

与常规水电站一样，抽水蓄能电站引水系统的高压部分包括上水库的进出水口、引水隧洞、压力管道和调压室。上水库的进出水口在发电时是进水口，在抽水时则是出水口。为满足双向水流的要求，进出水口应按两种工况的最不利条件来设计。通常在进出水口都装有拦污栅。在抽水蓄能电站中，抽水工况下的出水十分湍急，拦污栅承受很大的推力和振动力，因此是进出水口设计的一个重要部分。

3. 引水系统（低压部分）

地下电站的尾水部分（低压部分）是有压的，通常也做成圆断面的隧洞。设计中要特别注意过渡过程中可能出现的负压，如果隧洞较长，一般需在机组下游修建尾水调压室。引水系统高压部分的造价高于低压部分，故现在趋向于将厂房向上游移动，也就是尾水隧洞将会更长，产生负压的可能性也就更大。

4. 电站厂房

上游水平面与下游水平面（即尾水平面）的高差称为水头。中低水头抽水蓄能电站可以建成坝后式或引水式，都可采用地面厂房。发电工况的排水和抽水工况的吸水都直接连通到尾水渠。由于水泵的空化性能比水轮机要差，机组中心必须安放在比常规水轮机更低的高程。高水头抽水蓄能电站几乎没有例外都采用地下厂房，不少中低水头的抽水蓄能电站也采用地下厂房。现已有高水头抽水蓄能电站将机组中心建在尾水面以下 70～80m 的深度，厂房内所有管道都要承受很大的压力，厂房本身的防渗漏问题也需要特别设计。多数的地下电站都将变压器安装在地下，因此需要专门开挖一个洞室放置变压器。如电站需要修建尾水调压室，则通常将几台机组的尾水闸门连通，形成第三个洞室。

3.1.2　抽水蓄能电站的工作原理

1. 电站运行工况

水力发电是水体势能→机械能→电能的转化过程，其中水体势能向机械能的转化由水轮机实现，机械能向电能转化由发电机实现。抽水蓄能由水力发电发展而来，还可实现电能→机械能→水体势能的逆向转化，其中电能向机械能转化由电动机实现，机械能向水体势能的转化由抽水泵实现。大型抽水蓄能电站中，抽水机组与发电机组合二为一，原动机既是水轮机也是抽水泵，称为水泵水轮机；电机既是发电机也是电动机，称为发电电动机。

抽水蓄能电站的运行工况有两种。一种是发电工况，此时水由上水库流至下水库，机组正转作为水轮发电机，将上水库中水的势能转化为电能输出，因此这一阶段也称为抽水蓄能电站的放电过程；另一种是抽水工况（也称为水泵工况），此时电机吸收电网功率，机组反转作为电动水泵机，将水由下水库抽至上水库，电动机吸收的电能转化为水的势能蓄存起来，因此这一阶段也称为抽水蓄能电站的充电过程。

抽水蓄能电站发电过程示意图如图 3-2 所示，箭头表示发电用水的流动通道。上游的水从引水口进入压力管道，形成高速、高压的水流，再经引水管进入水泵水轮机的固定部分——蜗壳，在蜗壳的引导下，压力水从四周进入水泵水轮机的转动部分——转轮，压力在转轮中释放的能量转换为水泵水轮机转动的动能。水泵水轮机旋转，并带动发电机发电。电能经发电机引出线送往主变压器，升压后再经开关站、输电线路送给用户。

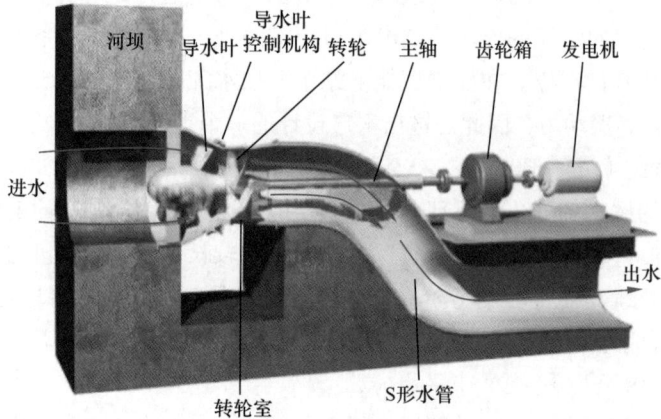

图 3-2　抽水蓄能电站发电过程示意图

水在整个流道中释放的能量等于其在上游水平面与下游水平面两处的势能差，因此水力发电的功率与水头和流量成正比。抽水蓄能电站的能量转换效率一般在 75% 左右，即消耗 4kWh 的电能所抽蓄的水量可以发出 3kWh 电能，俗称"抽四发三"。将这个能量转换效率考虑进来，抽水蓄能电站的发电功率可近似为

$$P = 8HQ \tag{3-1}$$

式中：P 为发电功率，kW；H 为水头，m；Q 为流量，m^3/s。

进入转轮的水流量受调节阀门的控制，该阀门称为导水叶。导水叶的开度连续可调且动作较快（以秒计）。导水叶的作用类似于调速气门在汽轮机中的作用，水轮机的调速系统按水轮机的转动频率对导水叶进行操作，以保证水轮机的转动频率的稳定。

在抽水蓄能（充电）阶段，启动电动水泵机组将下水库水抽往上水库，电动水泵机组由电网提供动力。在此过程中，抽水速度、泄水速度根据电力需求和电网频率的变化进行调节，以维持电网稳定运行。

要完成上述充放电过程，抽水蓄能机组还需要主变压器、控制保护系统、液压系统、冷却系统等重要电气/机械部件的配合。主变压器实现电压的升降。控制保护系统监测和控制设备的运行状态，实现机组启停控制、运行工况调节、故障诊断等功能，起到能量管理的重要作用。液压系统提供操作介质和控制信号，驱动导叶、接力器、球阀等部件的运动。冷却系统冷却发电电动机、变压器、控制柜等设备，保证其正常工作。

2. 抽水蓄能机组

抽水蓄能电站机组由电动机、水泵、水轮机和发电机等部分组成，按其具体组合形式可分为四机分置式、三机串联式、二机可逆式等。

四机分置式是指抽水机组与发电机组分开布置，有利于水泵、水轮机都按最佳效率运行。这是早期发展的纯抽水蓄能电站所采用的机组组合形式，由于厂房布置复杂，工程投资大，已逐步被淘汰。

三机串联式，又称组合式，是指发电机兼做电动机，与水轮机、水泵连接在一个直轴上，发电时由水轮机带动发电机，抽水时则由电动机驱动水泵。对于容量较小的机组和电站，可布置成横轴装置，水轮机和水泵分置电机两端。对于大容量抽水蓄能电站，通常采用竖轴装置，水泵通过联轴器装在水轮机下面。在发电工况运行时，可通过联轴器脱开水泵，避免其空转损失。水轮机和水泵通常同向旋转，既方便在抽水工况下启动水泵，也有利于发电工况下水轮机快速达到正常转速。三机式机组的水泵和水轮机可按各自的运行工况进行设计，可以达到更高的效率。但三机式机组机轴长，需要厂房更高，进出水需要两套设备，工程投资更大。在二机可逆式机组诞生后，三机式机组逐渐被取代，但在高水头情况下，例如 600 ~ 800m 或更高的水头，三机式仍具有竞争力。

二机可逆式包括一个可逆式水力机械（水泵水轮机）和一个电机（发电电动机），与常规水电站的机组布置相似。二机可逆式机组可正转也可反转，正转为放水发电模式，反转为抽水蓄能模式。二机可逆式机组的主要优点是结构简单、造价低，因此被广泛采用。

与常规水电机组相比抽水蓄能机组工况更多、更复杂。正常运行时，可逆机组主要有 4 种稳定运行工况，即水轮机工况、水泵工况、同步调相工况和旋转备用工况。当可逆机组启动、从一种稳定工况转变到另一种稳定工况、正常停机或事故停机时，可能出现 20 多种过渡过程，除与常规水电机组相同的过渡过程外，其独特的过渡过程主要有以下 7 种：①水泵工况启动；②水泵工况正常停机；③水泵功率（或流量）的增加或减少；④水泵工况事故断电（包括导叶正常关闭和拒动情况）；⑤从水泵工况转换到水轮机工况；⑥从水轮机工况转换到水泵工况；⑦从水泵工况转换到调相工况。

3.1.3 抽水蓄能电站的分类

1. 按上水库调节水量分类

（1）纯抽水蓄能电站。纯抽水蓄能电站示意图如图 3-3 所示，其特征是只有很少甚至没有天然径流进入上水库，抽水蓄能电站基本不消耗水量，厂房内机组全部是抽水蓄能机组，电站需全部调节水量在上、下水库中循环使用。电站本身不直接产生电能，只改变电力系统电能在时间上的分配。电站主要承担调峰填谷、事故备用等任务，不承担常规发电等任务。

纯抽水蓄能电站开发方式要求有足够的蓄能库容。通常上水库建在比水面高几百米的地面上，围堤修建人工水库来蓄存发电水量。下水库则利用河流上已建的水库，或在电站下游适当地点用堤坝新建一个小水库，也可利用天然湖泊作为下水库。纯抽水蓄能电站一般选址在靠近负荷中心及电源点处，以减少电站在送电及受电时的线损。

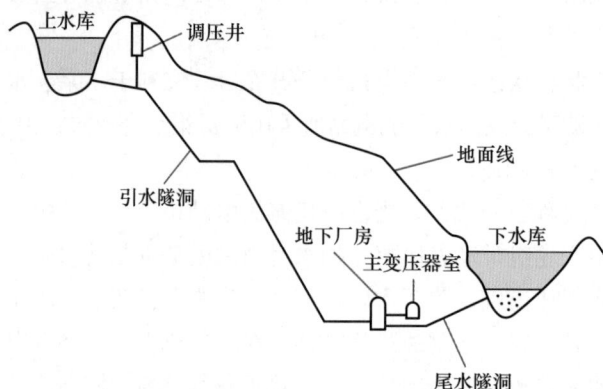

图 3-3　纯抽水蓄能电站示意图

（2）混合式抽水蓄能电站。在常规水电站基础上进行新建、改建或扩建，加装抽水蓄能机组，可建成混合式抽水蓄能电站。一般是因为常规水电站的调节水库承担综合利用任务，例如发电以外的灌溉、航运等任务，使得水电站发电的运行方式受到一定限制，于是加装抽水蓄能机组，将其改建成混合式抽水蓄能电站，以充分发挥电站调峰作用，如岗南混合式抽水蓄能电站。另外，当天然径流年内分配不均匀性很大，水库调节容量有限时，也可加装抽水蓄能机组，以充分利用丰水期径流发电。具体来讲，丰水期由常规机组和蓄能机组共同发电，增加季节性电能，枯水期由蓄能机组抽水发电，提高枯水期供电能力，如潘家口混合式抽水蓄能电站。

混合式抽水蓄能电站具有天然径流汇入的上水库，所发电能一部分来自天然径流，另一部分为抽水蓄能发电。机组可以是常规水轮发电机组，也可以是可逆式机组。电站既利用天然径流承担常规发电和水能综合利用等任务，又承担调峰填谷、事故备用等任务。

混合式抽水蓄能电站示意图如图 3-4 所示，整体布置与一般蓄水式电站类似，只是需要在电站下游建一个具有相应蓄水库容的下水库。抽水蓄能机组的水头受原有水电站设计水头的限制，单位电量投资稍大，若原有水电站远离负荷中心，输电损失就会增加。密云电站和潘家口电站都是混合式抽水蓄能电站，它们的共同特点是上水库都是大型综合利用水库，原有水电站的运行方式通常为"以水定电"，难以满足电力系统调峰需要，改装可逆式机组后，电站的运行方式可以改变，既满足了综合利用部门的用水要求，又提高了电站的调峰能力。

（3）非循环式抽水蓄能电站。非循环式抽水蓄能电站，也称为调水式抽水蓄能电站，其特点是下水库有天然径流来源，而上水库没有天然径流来源。当上水库位于两条河流的分水岭时，分水岭两边河谷具有不同的高差，且高差小的一边具有足够的天然径流来源，可在高差小的一边建下水库或取水口，设置抽水站，在分水岭建上水库，并在另一边建常规水电站。非循环式抽水蓄能站示意图如图 3-5 所示。将下水库的水抽到上水库，再通过常规水电站放到其下游即可发电。这样从下水库抽上来的水量不再返回下水库，而是流到另一条相邻河流，因此称该类电站为非循环式抽水蓄能电站，是跨水域发电的一种特殊方式。非循环式抽水蓄能电站的调峰发电量往往大于填谷发电量。

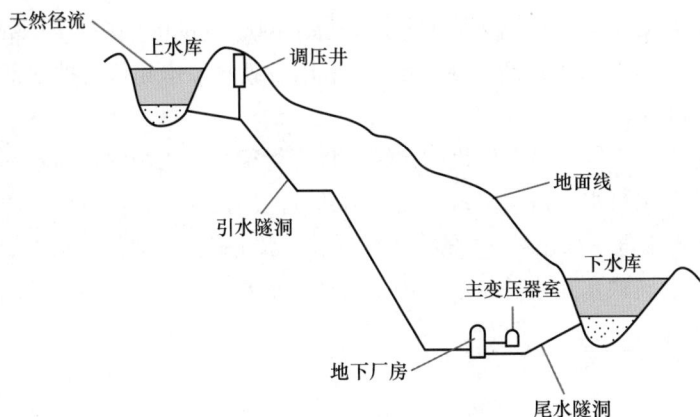

图 3-4　混合式抽水蓄能电站示意图

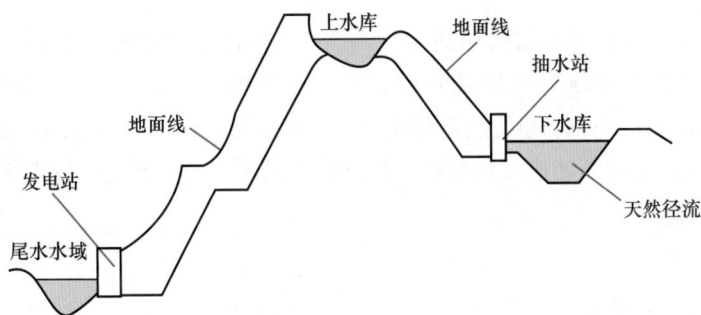

图 3-5　非循环式抽水蓄能电站示意图

2. 按调节周期分

按蓄能周期的长短，抽水蓄能电站可分为日、周、季调节 3 种。

日调节电站每天中午、夜间抽水，上午、下午及晚上负荷高峰期发电，水库的库容量由每日调峰的发电量决定。

周调节电站在周一至周五每个工作日均有一定次数的抽水与发电，但每天的发电量大于抽水量，上水库的水量逐日减少，到周末时上水库基本放空。周末工业负荷小，利用此时段抽水，到周一上水库又重新蓄满。周调节抽水蓄能电站的水库容量大于日调节抽水蓄能电站的水库容量。

季调节电站利用径流式水电站丰水期的季节性电能将水抽至上水库中存蓄存起来，到枯水期再放下来发电。季调节抽水蓄能电站多为混合式。

3. 按水头分类

在容量和蓄能量相同的前提下，抽水蓄能电站的有效水头越高，所需要的流量和水库容积越小，单位造价越低。此外，抽水蓄能机组的形式选择和制造技术，也与电站水头高低有密切的联系。

混合式抽水蓄能电站的水头受河川天然落差的限制，一般不超过 200m。如我国在常规水电站增装抽水蓄能机组建设的岗南、潘家口等电站水头都在 100m 以下。

对于纯抽水蓄能电站，从减少投资的角度出发，趋向于采用高水头。我国的高水头蓄能电站，如天荒坪、十三陵等电站水头达到 400 ~ 600m，国外采用的单级水泵水轮机的抽水蓄能电站水头达到 700m 以上，采用多级水泵水轮机的抽水蓄能电站水头已达到最高 1300m。

水头更高时，单级水泵水轮机的比转速将变得很小，很难保持高效率，故需要采用多级的可逆式水泵水轮机。多级机组可达到较高的比转速，获得更高的效率。在欧洲，有的抽水蓄能电站采用4 ~ 6级的高水头水泵水轮机。一般认为水头低于600m时，选择单级可逆混流式水泵水轮机能够满足需要，而在水头超过 600m 时，可选用多级式或三机式机组。

3.2 新型电力储能系统的组成

新型电力储能系统的结构如图 3-6 所示，主要包括主系统、控制系统、辅助系统等部分。其中主系统包含电能存储设备（也称储能本体）、储能变流器（Power Conversion System，PCS，也称功率转换系统、换流器、逆变器）等，主要完成控制储能充放电及接入电网等功能。控制系统包括通信系统、保护系统、管理系统等，主要完成通信、保护、控制等功能。

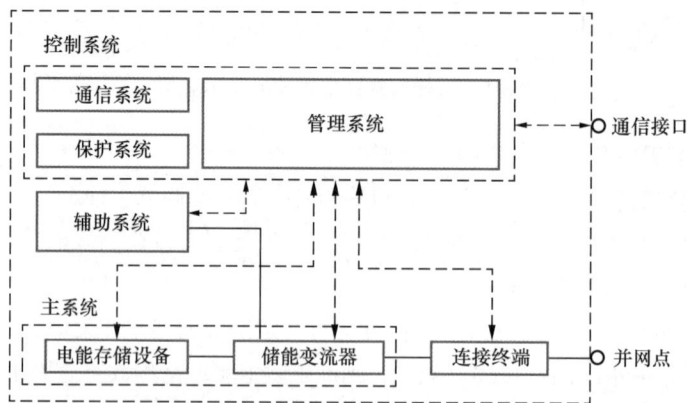

图 3-6　新型电力储能系统结构示意图

在新型电力储能系统中，电能存储设备是实现电能存储和释放的主要载体，其容量大小、运行状态直接关系到系统的能量转换能力及安全可靠性，也与投资运营成本息息相关。3.3 节将详细介绍各类电能存储设备的结构组成和储能原理。

电能存储设备经变流器接入并网点的连接终端，从而实现电能存储设备与电网之间的双向能量传递。变流器通过控制策略实现对储能系统的充放电管理及功率控制、对网侧负荷功率的跟踪、对正常及孤岛运行方式下网侧电压的控制等。不仅如此，变流器还可根据电能存储设备的状态信息对其进行保护性充放电，以确保安全运行。3.4 节将详细阐述储能变流器常用的拓扑结构及控制方法。抽水蓄能、空气压缩储能等大规模电力储能系统，其内部并无前述包含充放电功率控制等功能的变流器装置，但存在可逆水轮机（抽水蓄能系统）、压缩机和膨胀机（空气压缩储能系统）等功率转换部件，亦可看作广义的变流器。

控制系统对新型电力储能系统而言，既是关键设备监测与诊断的"医生"，也是电站功率控制的"大脑"。一方面，控制系统负责对电能存储设备的温度和系统电压、电流、频率等信息进行采集与监测，从而对储能系统过充、过放、过温等告警信息及设备可用率等健康状态做出分析，并对储能安全状态进行多维度诊断与预警，根据保护策略进行储能变流器停机与消防系统灭火的联动控制，以确保电站安全；另一方面，控制系统负责在网络安全防护前提下与调度系统通信，按照调度要求控制储能系统出力，支撑电网调峰、调频等多场景应用，保障电网安全稳定运行。3.5 节对储能监控系统的结构组成、通信方式做出详细说明。

电池储能（Battery Energy Storage System，BESS）一般指电化学储能，是电力系统中最常见的新型储能形式。电池储能系统组成如图 3-7 所示。主系统包含一个或多个由电能存储设备、电池管理系统（Battery Management System，BMS）、储能变流器组成的电池储能模块及连接终端；监控系统主要用于监测、管理与控制电池储能模块，因此需要与主系统交换控制信息和状态信息。

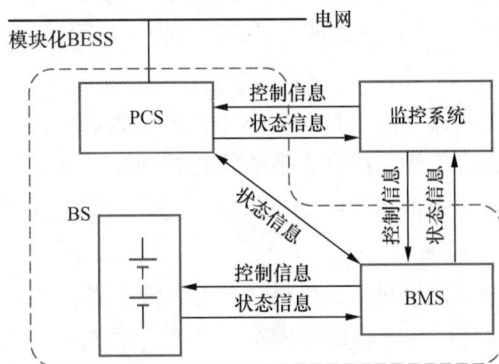

图 3-7　电池储能系统组成

大规模储能电池单体经过串 / 并联可组成大容量电池系统（Large Capacity Battery System，LCBS）。因电池单体的端电压低、比能量和比功率有限、充放电倍率不高等因素制约，组成 LCBS 一般需要成千上万个电池单体串并联。串并联的方式较多，在实际开发与应用中常用多个电池单体经串并联后形成电池模块（Battery Module，BM），再将多个电池模块连接成电池簇，最后由多个电池簇组成 LCBS。

在电池储能系统中，BMS 负责监测各种状态（电压、电流、温度、荷电状态、健康状态等）、对电池系统充电与放电过程进行安全管理（如防止过充、过放管理）、对电池系统可能出现的故障进行报警和应急保护处理。除此之外，BMS 的另一个关键任务是对电池系统进行优化控制，确保电池组内的电池单元保持一致性，即均衡管理。这是因为电池内部的化学反应是复杂的非线性过程，各电池单元会在使用过程中逐渐极化和老化，且极化和老化的程度并不一致。在这种情况下，若不进行平衡处理，可能导致某些电池单元过充或过放，从而影响电池组的整体性能和寿命。

3.3 新型电能存储设备工作原理

3.3.1 电化学储能

电化学储能利用化学物质作为储能介质，充放电过程伴随储能介质的化学反应或者变化，通过电能与化学能之间的相互转换而实现电能存储和释放。电化学储能具有高能效、配置灵活、可同时向系统提供有功和无功支撑等优势。电化学储能多以储能电池的形式实现。从传统的铅酸电池、铅炭电池，到镍镉电池、镍氢电池、锂离子电池，再到液流电池、钠离子电池、锂碳电池等，电化学储能技术已发展应用了一百多年。

不同类型的储能电池技术特性不同，适用场景也有区别。例如锂离子电池能量密度高、循环寿命较长，综合性能较好，适合大多数储能应用场景，涵盖电网侧、发电侧及用户侧，在电力系统中广为应用，但在安全性能方面存在提升空间。钠离子电池原材料价格低廉，低温性能较好，适合在寒冷环境下使用。全钒液流电池具有循环寿命长的优点，已积累了大量运行经验，但能量密度仍有提升空间，并对占地面积有一定要求。综合来看，液流电池适用于4h以上的大规模电力系统储能。钠硫电池技术发展较为成熟，占地面积小，在能量密度上具有较大提升空间，且需在高温环境下工作。

1. 锂离子电池

锂离子电池具有能量密度高、自放电率小、无记忆效应、工作温度范围宽、可快速充放电、使用寿命长等优势，在电力系统的调频调峰、可再生能源消纳、微电网等领域具有广阔应用前景。但锂离子电池也存在耐过充/放能力差、组合及保护电路复杂、成本相对较高等问题。

锂离子电池主要由正极材料、负极材料、电解液、隔膜和外壳等五部分组成，如图3-8所示，其中电极材料和电解质的成本占整个电池成本的近80%。表3-1列出了锂离子电池的主要组成部分及其常见材料。

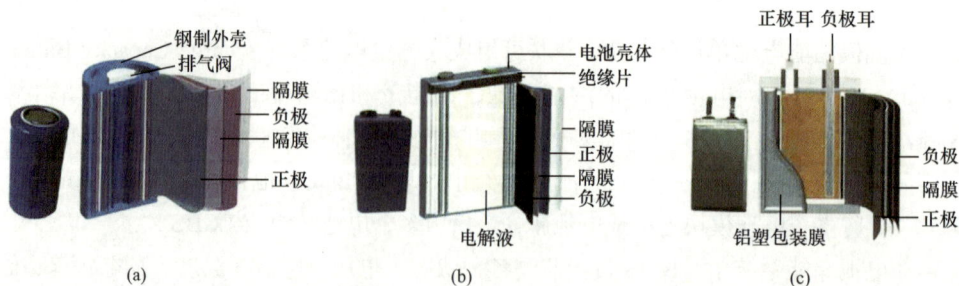

图3-8 锂离子电池电芯结构
（a）圆柱电芯；（b）方形电芯；（c）软包电芯

表 3-1　　　　　　　　　　　锂离子电池的主要组成部分及其常见材料

组成部分	常见材料		材料实例
正极材料	嵌锂过渡金属氧化物		钴酸锂 / 锰酸锂 / 镍钴锰等三元材料、磷酸铁锂等
负极材料	电位接近锂电位的可嵌入锂的化合物		人工石墨、天然石墨、硬碳、软碳、中间相碳微球、金属氧化物、锂合金、钛酸锂、锡类合金、硅类合金等
电解质	液态电解质	六氟磷酸锂的烷基碳酸脂（有机溶液）	乙烯碳酸脂、丙烯碳酸脂、二乙基碳酸脂等
		水溶液电解质	水
	固体电解质	硫化物电解质	硫化基锂超离子导体型、LGPS 型、锂硫氰酸锂型
		氧化物电解质	钙钛矿型、醋酸锌锂型、钠超离子导体型和石榴石型、锂磷氧氮化物薄膜型
		聚合物电解质	聚碳酸酯体系、聚烷氧基体系、聚合物锂单离子导体基体系、PEO 固态聚合物体系
隔膜	聚烯微多孔膜		PE、PP 或它们的复合膜、PP/PE/PP 三层隔膜
外壳	金属		钢、铝

　　锂离子电池的正负极材料通常采用能够反复嵌入和释放锂离子的层状化合物，充放电就是锂离子在正负电极之间反复嵌入 / 脱出电极层状化合物的过程。正极材料和负极材料分别涂覆在铝箔和铜箔集流体上，正负极之间用微孔聚乙烯（PE）或聚丙烯（PP）隔膜隔开，如图 3-8 所示。

　　电解质是锂离子电池中离子及电荷传递的媒介，可分为液态电解质和固态电解质两种。其中液态电解质又包含有机溶液电解质和水溶液电解质，固体电解质可分为硫化物电解质、氧化物电解质、聚合物电解质等。选择电解质时需要考虑工作温度、电导率、稳定性等因素，目前以有机溶液电解质发展最为成熟，应用最为广泛。但采用有机溶液使得锂离子电池厚度难以降低，且有电解液泄漏风险，在过充放、热冲击、短路等非正常情况下可能引起电池膨胀、壳体泄漏、燃烧甚至爆炸，直接威胁人身健康和关键设备安全。此外，有机电解液也是锂电池退化机制和循环性能衰减的主要来源之一。固体电解质有利于解决上述问题，因此成为新的发展方向。

　　单个锂离子电池储能容量有限，在大规模储能系统中一般采取多个电芯串并联组成电池组的方案，多个电池组再与电池管理系统、温度控制系统等辅助设备共同组成电池簇。根据形状不同，锂离子电芯可分为圆柱形、方形和软包形三种，如图 3-8 所示。圆柱形电芯的正负极之间由隔膜分开，卷绕成卷芯再装入外壳中，注入电解液后封口，并在电池上部附设有保险阀等安全装置。方型锂离子电池采用与圆柱型类似的卷绕结构，主要区别是其卷芯为扁平形状而非圆柱形，是我国大规模储能用电芯最常用的类型。软包电芯与方形电芯的形状和结构相似，外壳材质为铝塑复合膜。储能用锂离子电池电芯容量一般为 150 ～ 315Ah。随着电芯容量的提升，模组的体积能量密度有望提高，并可进一步简化模组装配工艺，但也容易带来更为严重的散热问题。

　　根据电解质材料不同，锂离子电池可分为液态锂离子电池和固态锂离子电池两大类。液态锂离子电池采用液体电解质，固态锂离子电池采用"干态"或"胶态"的电解质，能够做到薄形化、任意面积化和形状化，使电池的造型设计更加灵活，避免漏液、燃烧爆炸等安全问题。薄膜锂电池即属于固态电池的一种，采用固态电解质层取代了传统锂电池原有的电解液和隔膜，电解质包覆正极，使得正极与负极绝缘隔离，提高电池整体安全性，电池体积也可以做得更小。固态锂离子电池在安全性能、机械强度、电化学窗口等方面都比液态锂离子电池更具优势，但固态电解质的电导率比电解液低 10 倍以上，成为固态电池商业化的瓶颈。

除了电解质的区别以外，液态锂离子电池和固态锂离子电池所用的正、负极材料相同，电池工作原理也基本一致。此处以含有机溶液电解质的液态锂离子电池为例说明工作原理，如图 3-9 所示。锂离子电池充放电过程中的电化学反应包括电荷转移、相变、新相产生以及各种带电粒子（包括电子、锂离子、其他阳离子、阴离子等）在正极和负极之间的输运。

充电时，锂离子（Li^+）从正极材料脱出，进入电解液（或固体电解质），并穿过隔膜（或固态电解质膜），进而嵌入负极材料中，正极处于贫锂态；与此同时，电子在外电场的驱动下从正极脱出，通过外电路进入负极，最终在负极形成电中和。放电时，锂离子从负极材料脱出，进入电解液（或固体电解质），并穿过隔膜（或固态电解质膜），最后嵌入正极材料中，正极处于富锂态；与此同时，电子通过外电路进入正极；最终在正极回流的锂离子与电子对实现电中和，恢复正极材料的完整结构。对于理想的锂离子电池，充电饱和时，正极材料中 100% 的锂离子脱出进入负极材料；完全放电后，居于负极材料中 100% 的锂离子返回嵌入正极材料。但实际中锂离子电池的理想充放电很难实现。

锂离子电池充放电特性可用电压 - 容量曲线来描述，以磷酸铁锂电池为例，充放电曲线如图 3-10 所示，其充放电特性如下。

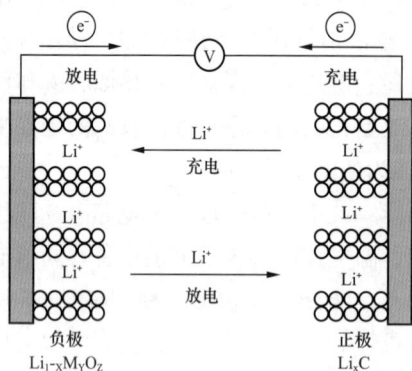

图 3-9　锂离子电池的工作原理

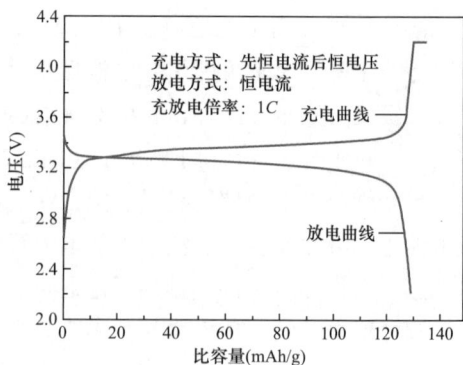

图 3-10　锂离子电池充放电曲线

（1）充电特性：锂离子电池一般采用先恒流后恒压的方式进行充电，通常先恒流充电至充电截止电压，后转入恒压充电，当恒压充电电流降低至 0.02C 时即停止充电。

（2）放电特性：锂离子电池一般采用恒流连续放电，达到放电截止电压后停止放电。

锂离子电池的充放电曲线较为对称，均存在一个持续时间较长的充放电平台，在该电压下发生大部分容量的存储与释放。不同电极材料组成的锂电池电压平台各不相同，例如磷酸铁锂电池电压平台一般在 3.1 ~ 3.3V，三元锂电池在 3.5 ~ 3.8V。

不同电极材料组成的锂离子电池的充放电比容量存在差异。除此之外，影响比容量的因素还有充放电功率、充放电截止电压、环境温度等。不同功率下的恒功率充放电曲线如图 3-11 所示。随着功率的变化，电池充电能量密度变化较小，放电能量密度变化较大。随着充电功率增大，受到电池极化的影响，充电电压平台升高，放电电压平台降低。图 3-11 中 P_1 ~ P_5 功率递减。

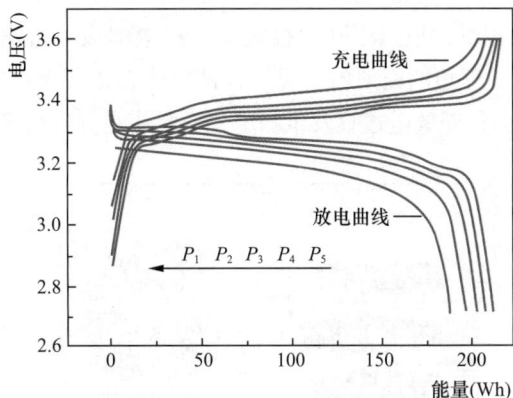

图 3-11　不同功率下的恒功率充放电曲线

2. 钠离子电池

早在 20 世纪 80 年代，钠离子电池与锂离子电池开始同期发展。钠与锂属于同一主族，具有相似的理化性质，电池充放电原理基本一致。但在采用同样的常规电极材料前提下，当时的钠离子电池在循环和倍率性能、能量密度等方面的表现均劣于锂离子电池。因此，锂离子电池迅速发展，技术不断突破，很快成长为世界级产业，而钠离子电池的研究则逐渐放缓。但锂资源在全球的分布极不均匀，国内锂盐厂原材料高度依赖进口，进而出现锂材料价格随储能需求快速增长而节节攀升的局面，阻滞锂电池储能的商业化进程。而同时期的钠资源在价格和供给方面存在明显的优势，成为很好的替代选项。此消彼长之下，钠离子电池产业重新迎来发展时机。

与锂电子电池一样，钠离子电池也是二次电池，同样由正极、负极、隔膜、电解液等主要部分组成，但其材料体系与锂离子电池存在差异，在正极、负极、电解液、负极集流体等原材料方面均可实现不同程度的成本节约。钠资源非常丰富，其地壳丰度是锂资源的 423 倍，且广泛分布于全球各地，不像锂资源那样主要集中分布在南美和澳洲。截止到 2020 年统计，我国钠资源产量占全球总量的 22%，供应充足稳定。

钠离子电池的正极材料主要有氧化物类、普鲁士蓝类和聚阴离子类三大类，普鲁士蓝体系能量密度更高但合成较为困难，聚阴离子材料优点是比前两种材料都便宜。负极材料方面，因钠离子难以像锂离子般在石墨间自由穿梭，锂电池常用的石墨负极很难应用在钠电池上。目前钠电池负极材料主要有碳材料和钛氧化物两大类。采用硬碳材料可让大量的钠离子储存和快速通行，获得更大的克容量和更优异的循环性能。

在电解液方面，由于钠离子电池与锂离子电池的工作机理和电解液体系相近，因此钠电池电解液的开发可以遵循锂离子电池的经验和思路，但同样需要针对钠离子的自身特点进行研发。锂电池的溶剂均可与钠电池兼容；钠电池中溶质浓度要求更低，可将钠盐更换为 $NaPF_6$、$NaClO_4$ 等。

在隔膜方面，钠电池隔膜与锂电池基本没有区别，主要包括 PE 和 PP 等。

钠离子电池的工作原理如图 3-12 所示。充电时，钠离子（Na^+）从正极脱出，经电解液横穿隔膜嵌入负极，使正极处于高电动势的贫钠态，负极处于低电动势的富钠态；放电过程则与之相反，钠离子从负极脱出，经电解液穿过隔膜嵌入正极材料中，使正极恢复到富钠态。理想的充放电情况下，钠离子在正负极材料间的嵌入和脱出不会破坏材料的晶体结构，充放电过程发生的电化学反应是高度可逆的。

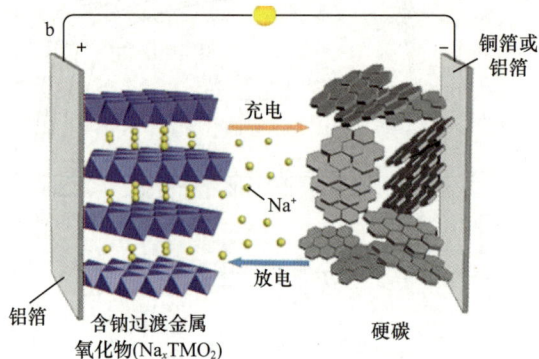

图 3-12　钠离子电池的工作原理

目前已研发的新型钠离子电池安全性高，高低温性能优异，可在 -40～80℃的温度区间正常工作，-20℃的环境下容量保持率接近 90%，高低温性能优于其他二次电池，倍率性能好，快充方面具有优势。新型钠离子电池的能量密度介于铅酸电池和磷酸铁锂电池之间。

3. 液流电池

液流电池一般称为氧化还原液流电池，是一种新型的电化学储能。与其他储能电池相比，液流电池具有充放电速度快、使用寿命长、安全性高、对环境友好、能量效率高、启动速度快等优点。

正负极全使用钒盐溶液的称为全钒液流电池，简称钒电池。它的电解液是钒和硫酸的混合，酸度约与铅酸蓄电池相当。电解液储存在电池外部的储液罐中，电池工作时电解液由泵送至电池本体。从结构来看，全钒液流电池被质子交换膜（PEM）分隔成两半，形成阳极和阴极电解液。PEM 允许质子或 H^+ 穿过而形成电子回路。全钒液流电池的额定电压约为 0.8～2.2V。

全钒液流电池工作原理如图 3-13 所示。全钒液流电池利用钒离子价态的变化来实现电能的储存和释放，这是它与锂离子电池的最大区别。对于负极来说，充电时 3 价的钒变为 2 价的钒，放电时 2 价的钒又重新变为 3 价的钒。而对于正极，充、放电时则是 5 价和 4 价的钒互相转换。

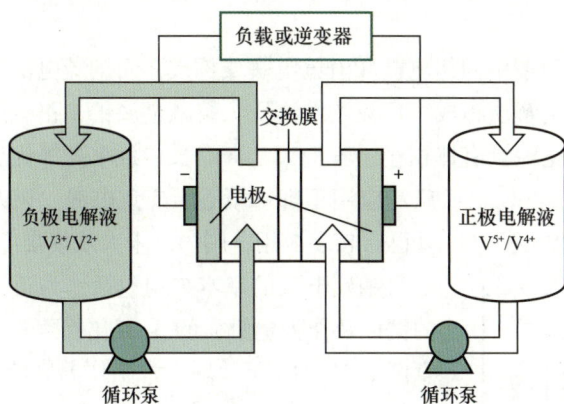

图 3-13　全钒液流电池工作原理图

全钒液流电池的电解液在长期运行过程中可再生，避免了交叉污染带来的电池容量难以恢复的问题；正负极反应动力学良好，无外加催化剂即可达到较高的功率密度。全钒液流电池不仅可以用作太阳能、风能发电的配套储能装置，还可以用于电网调峰，提高电网稳定性，保障电网安全。全钒液流电池电解液不易燃，相对其他二次电池的火灾风险较低。但因全钒液流电池在充电过程中会产生少量氢气，当处于非正常工况下，存在氢气大量聚集而引起爆炸的风险，因此在设计过程中需在爆炸危险区内安装防爆设施。

4. 铅酸电池

铅酸电池利用铅在不同价态之间的固相反应实现充放电，是最早规模化使用的二次电池。铅酸电池原材料来源丰富、价格低廉、性能优良、安全性好、废旧电池回收体系成熟，是目前产量最大且应用最广的二次电池，作为储能元件在分布式发电系统中被广泛应用。铅酸电池的缺点是循环次数少、使用寿命短、在生产回收等环节处理不当易造成环境污染。

铅酸电池主要由正极板、负极板、电解液、隔膜、极柱、安全阀、电池盖和电池壳等部分组成，铅酸蓄电池结构示意图如图 3-14 所示。各种铅酸电池的基本化学原理都相同，正极活性物质是二氧化铅（PbO_2），负极活性物质是海绵状金属铅，电解液是硫酸溶液，开路电压为 2V。正负两极活性物质在电池放电后都转化为硫酸铅（$PbSO_4$），在反应过程中，硫酸会随着放电反应的进行而不断消耗，所以电解液浓度会随着放电程度的变化而变化。当电极活性物质耗尽，或电解液中的硫酸浓度太低而不足以维持放电反应时，放电终止。

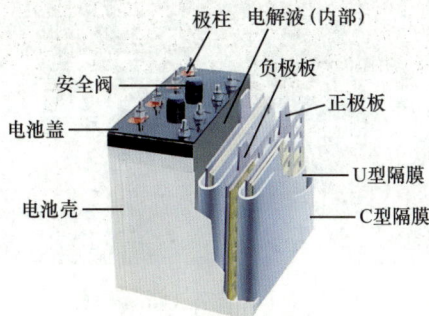

图 3-14　铅酸电池结构示意图

5. 钠硫电池

常规的二次电池多由固体电极和液体电解质构成，而钠硫电池则与之相反，由熔融液态电极和固体电解质组成，负极活性物质为熔融金属钠，正极活性物质为硫和多硫化钠熔盐。钠硫电池具有体积小、容量大、寿命长、效率高等优点，在电力储能中广泛应用于削峰填谷、应急电源、风力发电等领域，国外已有较多应用，国内尚未大规模推广。

钠硫电池的基本结构包括作为正极的硫、作为负极的钠以及作为电解质的 β- 氧化铝陶瓷，钠硫电池结构示意图如图 3-15 所示。正常工作温度约为 300℃，钠硫处于熔融态。放电时，负极的钠在 β- 氧化铝固体电解质处与正极的硫结合还原成五硫化二钠（Na_2S_5）。Na_2S_5 与剩余的钠混溶，从而形成了两相液体混合物。直到所有游离的硫全部消耗完后，Na_2S_5 就开始逐步转化为单相多硫化物（Na_2S_{5-x}）以提高游离硫的含量。此时，电池要承受还原反应放热和欧姆放热。在充电过程中，这些化学反应则是相反的。

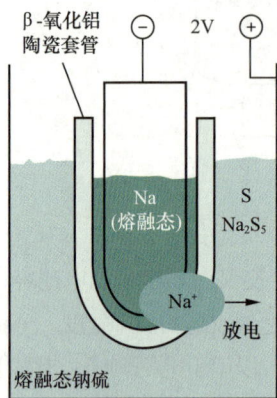

图 3-15 钠硫电池结构示意图

3.3.2 机械储能

1. 压缩空气储能

压缩空气储能通过空气介质的压缩和膨胀，实现电能存储和释放。如图 3-16 所示，压缩空气储能系统在电网负荷低谷期将电能用于压缩空气，将空气高压密封在报废矿井、沉降的海底储气罐、山洞、过期油气井或新建储气井中，在电网负荷高峰期释放压缩空气推动汽轮机发电。压缩空气储能电站建造成本和响应速度与抽水蓄能电站相当，使用寿命长、储能容量大，可应用于削峰填谷、消纳新能源、紧急备用电源、辅助服务等。

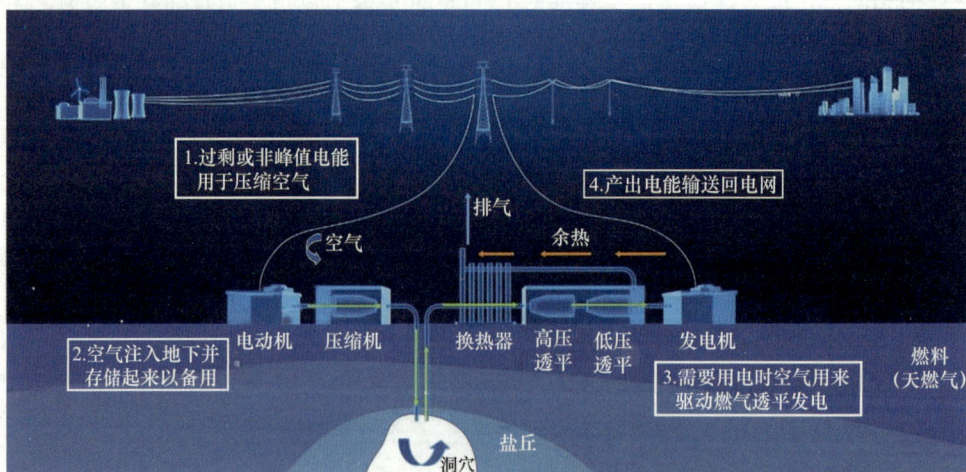

图 3-16 压缩空气储能系统

压缩空气储能的发展最早起源于燃气轮机技术。燃气轮机是能将燃料燃烧产生的热能直接转换成机械功对外输出的回转式动力机械，具有功率密度大、体积小、重量轻、起动速度快、少用或不用冷却水等优势。

现代燃气轮机组成及工作过程如图 3-17 所示，由压缩机、燃烧室和膨胀机组成。压缩机和膨胀机均为高速旋转的叶轮机械，是气流能量与机械功之间相互转换的关键部件。工作时，环境空气被压缩机压缩到高压，然后压缩空气和燃料流入燃烧室进行燃烧，产生高压高温气流，在膨胀机内膨胀产生轴功。燃气轮机的压缩机和膨胀机安装在同一根轴上，压缩机消耗的能量由膨胀机提供（压缩机提升工质压力，便于膨胀机做功），压缩机和膨胀机同时工作。而在压缩空气储能系统中，压缩机和膨胀机安装在不同的轴上，因此压缩过程和膨胀过程可以分开，压缩机和膨胀机分时工作。

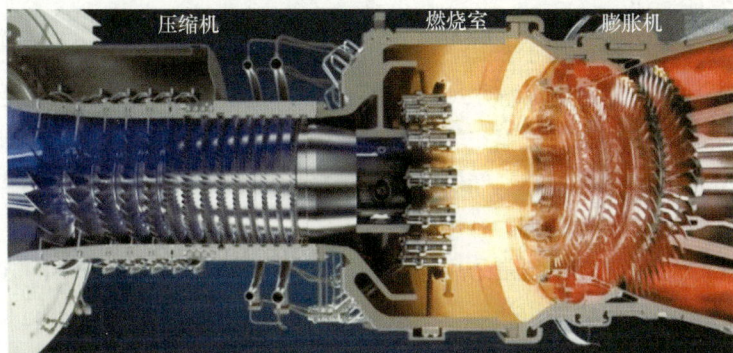

图 3-17　现代燃气轮机组成及工作过程

压缩空气储能原理示意图如图 3-18 所示。压缩机一般为多级压缩机带级间冷却装置，相比燃气轮机的压缩机具有更大的流量和更高的压力。膨胀机一般为多级涡轮膨胀机带级间再热设备。储气装置是地下或者地上洞穴或压力容器，现有压缩空气储能项目主要采用地下储气库，包括高压气罐、低温储罐、废旧矿洞改造、新建洞穴、盐穴等多种形式。其中，地上储气库（高压气罐和低温储罐）目前尚处于试验阶段，成本相对较高，现阶段在建或已投产项目多采用地下储气库（改造废旧矿洞、新建洞穴、盐穴等）。电动发电机分别通过离合器与压缩机、膨胀机连接。在效率方面，相同燃料消耗下压缩空气系统的输出功率高于燃气轮机。

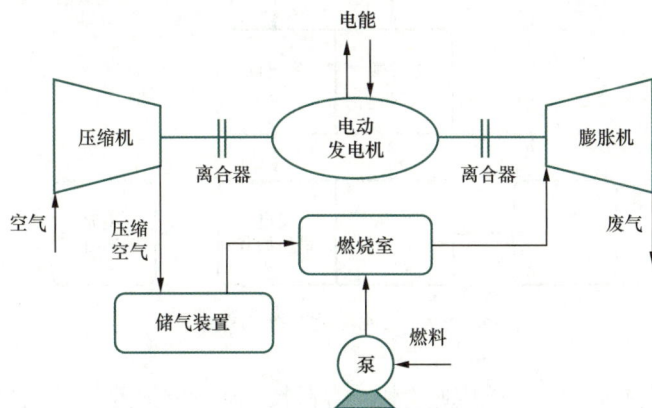

图 3-18　压缩空气储能原理示意图

　　早期的压缩空气储能技术依赖于化石燃料和大型储气室,系统效率较低,通过优化热力循环、改变工质或状态及与其他技术互补等方法改进后,发展为新型压缩空气储能技术,包括蓄热式压缩空气储能、等温压缩空气储能、水下压缩空气储能、液态压缩空气储能等。

　　蓄热式压缩空气储能将空气压缩过程中产生的压缩热在储能阶段储存起来,在释能阶段用这部分热量加热膨胀机入口空气,实现能量的回收利用,提高了系统效率。同时由于膨胀机前有压缩热的加热,可以取消燃烧室,从而摆脱了对化石燃料的依赖。当存在太阳能热、工业余热等外界热源时,膨胀机入口空气还能进一步被加热,从而提高系统效率和能量密度。但蓄热式压缩空气储能增加了多级换热及储热,系统占地面积和投资有所增加。

　　蓄热式压缩空气储能属于非补燃型的压缩空气储能技术。非补燃型是指不利用燃料补燃,而是通过高温绝热压缩方式将空气压缩至高温高压,并将高温热能解耦存储,用于在膨胀释能过程中提升压缩空气温度。我国江苏金坛已建成世界首个非补燃压缩空气储能电站。补燃型压缩空气储能则在膨胀释能过程中利用燃料进行补燃以提升压缩空气温度,图3-16的示例即为补燃型。

　　等温式压缩空气储能主要是采用活塞机构带动压缩过程,在压缩期间喷射水雾或直接采用液体活塞进行大面积换热压缩热被冷却介质吸收后存储,膨胀过程重新加热空气。

　　液态压缩空气储能是将高压空气经蓄冷器预冷后节流液化,将电能以常压低温液态空气形式储存,同时存储压缩热,可摆脱对储气洞穴的依赖。

　　2. 飞轮储能

　　飞轮储能系统通过飞轮的加速和减速实现充电和放电。在电力富裕时段,电机工作在电动机模式,驱动飞轮到高速旋转,将电能转变为机械能储存;当系统需要时,飞轮减速,电机切换到发电机模式运行,将飞轮动能转换成电能。飞轮储能系统工作原理如图3-19所示。

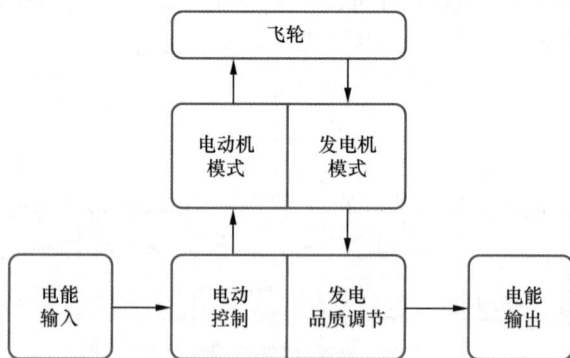

图 3-19　飞轮储能系统工作原理

　　飞轮储能具有效率高、响应速度快、寿命长、运行维护需求低、稳定性好、建设周期短、占地面积小以及无污染等优点,但其能量密度低,自放电严重,只适合短时间应用场合，常用于调频辅助服务、分布式发电及微网、轨道能量回收等领域。

飞轮储能设备的结构如图 3-20 所示，主要包括五个组成部分。

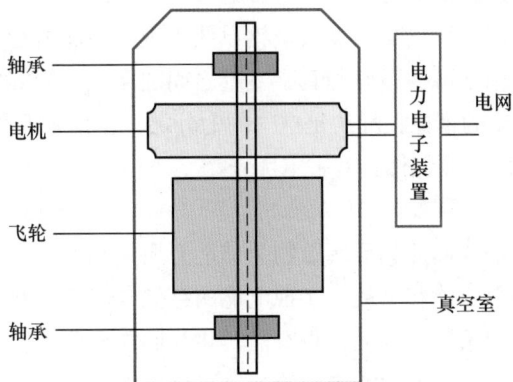

图 3-20　飞轮储能设备结构示意图

（1）飞轮：直接决定储存能量的多少，是整个系统的核心部件。飞轮的储存能量由转子的形状和材料决定。能量与惯性矩及其角速度的平方成线性比例，可通过提高转速或增加惯性矩来优化飞轮的存储能量。因此飞轮有低速和高速两类。低速飞轮的转子转速在 10^4 r/min 以下，通常由较重的金属材料制成，成本较低且制造难度相对简单。低速飞轮因承重问题，一般采用机械轴承、永磁轴承或电磁轴承，且对安装地点有较高要求。整个系统功率密度较低，主要通过增加飞轮的质量来提高储能系统的功率和能量。高速飞轮的转子转速在 10^4 r/min 以上，如此高的转速需要高强度的材料，因此多采用轻质、高强度的复合材料，例如玻璃纤维、碳纤维等制造难度相对较大且成本较高。高速飞轮无法采用机械轴承，只能选择永磁、电磁或超导类轴承。

（2）轴承：以很小的摩擦将转子保持在适当位置，同时为飞轮提供支撑机构。轴承系统可以是机械或磁性的，取决于重量、寿命和损耗。传统的机械球轴承与磁性轴承相比，具有更高的摩擦，并且由于润滑剂劣化，需要更高的维护成本。而磁性轴承没有摩擦损失，不需要任何润滑。磁轴承系统的主要类型有永久（被动）磁轴承、主动磁轴承和超导磁轴承等。

（3）电机：与飞轮耦合以实现飞轮的能量转换和充电过程。适用于飞轮储能系统的电机必须具备以下特点：①电机可分别运行于电动机工况和发电机工况，实现能量双向转换；②空载损耗低、电机效率高以保障飞轮储能系统的长时运行；③电机调速范围广，转速控制方式简单且可靠，满足飞轮储能系统运行转速工作范围；④电机能量密度高，既能输出较大转矩，又能输出较大功率。飞轮储能系统中常用的电机有感应电机、永磁电机和可变磁阻电机等，其中永磁电机具有较高的效率、较高的功率密度和较低的转子损耗，在飞轮储能系统中最为常用。

（4）电力电子装置：将输入电能转化为直流电供给电机，或将输出电能进行调频、整流后供给负载的关键部件，起到控制电机旋转、充电、放电等作用。电力电子装置应具备整流、逆变、滤波等多种功能，以保证高效驱动电机和稳定输出电能。

（5）真空室：飞轮系统一般放置于高真空密封保护套筒内，以减少飞轮在旋转过程中与空气之间的摩擦，同时也防止外力影响飞轮正常运行或高速旋转的飞轮发生安全事故。真空室可采用透明的高强度玻璃钢以便于观测飞轮的运行状况。真空室中填充气体或液体介质，用于减少飞轮与真空室壁之间的摩擦。同等气压下氦气的导热性是空气的7倍，与飞轮的摩擦损耗约是空气的七分之一，且充入氦气的工艺较为简单，因此氦气作为真空室的介质气体具有一定优势。

3. 重力储能

重力储能技术以水或固体物质等重物为储能介质，利用高度落差对储能介质进行升降，从而改变其重力势能和动能，实现电能的存储与释放。在电力富余阶段，驱动电动机将储能介质重物抬升至高处，将电能转化为储能介质重物的势能储存起来，这一阶段也称为充电过程；在电力需求高峰期，控制储能介质重物下降并带动发电机运行，将重力势能重新转换为电能释放，这一阶段也称为放电过程。

因为水的流动性强，水介质型重力储能系统需要借助密封良好的管道、竖井等结构，其选址的灵活性和储能容量受地形和水源限制，在自然水源附近更易建成大规模的储能系统。水介质储能系统利用发电电动机和水泵涡轮机进行势能与电能的转换，一般通过调节水阀和发电电动机参数来以控制充放电过程。

固体型重力储能系统主要借助山体、地下竖井、人工构筑物等结构，储能介质重物一般选择密度较高的物质，如金属、水泥、砂石、建筑废物、灰渣等，以获得较高的能量密度。固体型重力储能系统利用起重机、缆车、有轨列车、绞盘、吊车等机械实现对重力块的提升和下落控制，其功率变换系统主要包括发电电动机以及机械传动系统，通过调节发电电动机的参数来控制充放电过程。相比于水介质型重力储能，固体型重力储能对环境布局依赖性更小，选址更为灵活。利用尾矿渣、粉煤灰、固废垃圾等作为重力块的主要原料，在降低建设成本的同时消纳固废垃圾，可带来环境效益和经济效益。固体储能介质不存在化学品泄漏和污染的风险，安全性较高。系统设备主要由耐久性良好的机械构件和重力块构成，运行期间基本无容量衰减情况，技术系统寿命与建筑寿命一致，可达50年以上。重力储能技术的储能介质和方式可以根据需要进行调整。

根据能量守恒定律，并综合考虑储能效率 ζ_p，可知将体积为 V 的储能介质送至高度 h 所需能量为

$$E_p = \rho g h V / \zeta_p \qquad (3-2)$$

式中：ρ 为储能介质质量密度；g 为重力加速度。

与其他储能系统一样，重力储能系统存在能量损耗，例如摩擦损耗、电机损耗、变流损耗等。储能介质在释能下放阶段也将保留一定的动能，这里的动能也是储能系统损耗的一部分。因此，可以将重力势能储能的整体效率 ζ_s 定义为发电期间提供给用电方的能量 E_g 与储能期间消耗的能量 E_p 之比。显然，整体效率 ζ_s 取决于储能效率 ζ_p 与发电效率 ζ_g，可写为

$$\zeta_s = E_g / E_p = \zeta_p \zeta_g \qquad (3-3)$$

经过不断探索，重力储能已衍生出活塞式、竖井式、斜坡式、塔吊式等多条技术路线。重力储能系统如图 3-21 所示，分别为竖井式和塔吊式重力储能系统的结构。模块化重力储能是新一代塔吊式储能技术，其思路是采用砌块作为储能单元，通过砌块叠加的方式形成更大规模的储能系统，可用于 4h 以上的储能应用。储能模块的堆叠方式能够降低塔吊式重力储能对高度的需求。在模块化重力储能系统中，可通过选择发电电动机的大小和安装在轨道顶部的桥式起重机数量来调节功率，通过改变储能模块数量来调节储能容量，因而可解耦功率与能量，满足不同规模、不同场景的储能需求。建设中的江苏如东 25MW/100MWh 模块化重力储能电站，主体建筑有 35 层，其中 1～8 层、28～35 层是重力块存放区，共使用了 12672 块重力块，单体重量为 25t。

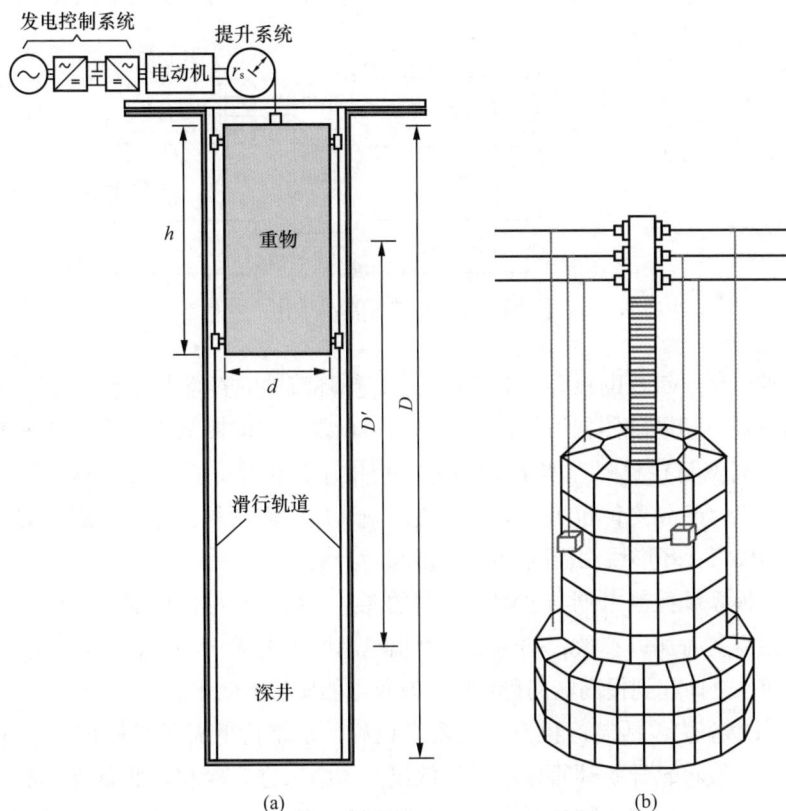

图 3-21 重力储能系统示意图
（a）竖井式重力储能；（b）塔吊式重力储能

重力储能在技术原理上与抽水蓄能一脉相承，在能量转换效率方面更有优势。目前已经验证的重力储能系统能量转换效率可达到 75.3%，超过抽水蓄能 75% 的转换效率，建设中的新型重力储能技术设计转换效率可达到 80%～85%。

与抽水蓄能一样，重力储能利用具有转轴的机械设备（同步发电机、涡轮机等）来实现能量转换，可为电力系统提供大量的惯性响应，提升系统的频率抗扰动能力，为系统重建功率平衡争取宝贵时间。

3.3.3 电磁储能

1. 超导磁储能

超导磁储能（Superconductor Magnetics Energy Storage，SMES）利用超导线圈将电磁能直接储存起来，需要时再将电磁能回馈电网或其他负载，并对电网的电压凹陷、谐波等进行灵活治理，或提供瞬态大功率有功支撑。SMES 是目前唯一能将电能直接存储为电流的储能形式，由于直接将电能储存在磁场中，并无能量形式转换，SMES充放电非常快（几毫秒至几十毫秒），且功率密度很高。但超导材料价格昂贵，SMES维持低温制冷运行需要大量能量，能量密度低（只能维持秒级），因此电网应用尚处于试验阶段。

SMES 主要由超导磁体、功率变换系统、低温制冷系统和快速测量控制系统等部分组成，SMES 基本结构如图 3-22 所示，其中超导磁体和功率变换系统最为关键。

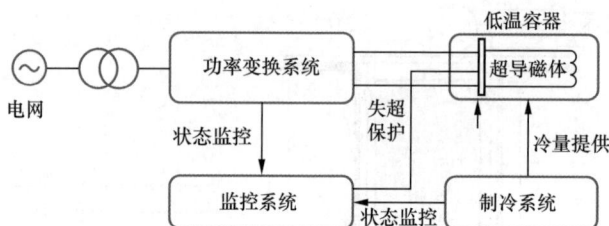

图 3-22　SMES 基本结构

超导磁体是 SMES 的核心，能量在其中以循环流动的直流电流形式储存在磁场中，没有焦耳损耗。超导磁体常用的是低温材料，正常工作时需放在低温容器中维持恒定低温状态。高温超导材料发明于 1996 年，但由于其价格、性能的影响，技术发展缓慢，应用较少。超导磁体也可分为螺管线圈和环形线圈两种。螺管线圈结构简单，周围杂散磁场较大；环形线圈周围杂散磁场小，结构较为复杂。

功率变换系统控制电网与 SMES 之间的能量交换，将电网的能量缓存到超导储能线圈中，在需要时加以释放，同时还可发出电网所需的无功功率，实现与电网的四象限功率交换，进而起到提高电网稳定性、改善电能质量等效果。

低温制冷系统包括制冷机及相关配套设施，是维持低温超导磁体处于超导态的前提条件。一般将超导磁体直接沉浸于低温液体中来进行冷却。低温液体多采用液氦（工作温度 4.2K），对于大型超导磁体，为提高冷却能力和效率，也可采用超流氦冷却。低温制冷系统也需要采用闭合循环，设置制冷剂回收所蒸发的低温液体，可实现"零挥发模式"运行。

快速测量控制系统主要用来检测电网的主要运行参数，对电网当前的电能质量进行分析，进而对 SMES 提出运行控制目标，同时还具有自检和保护功能，保障 SMES安全运行。

SMES 正常运行时，电网电流通过整流向超导磁体充电，维持恒流运行。由于采用超导磁体储能，其储存的能量几乎可以无损耗地永久储存，直到需要时才释放。当电网发生瞬态电压跌落或骤升、瞬态有功不平衡时，超导电感释放能量，经逆变器转

换为交流，并向电网输出可灵活调节的有功或无功，从而保障电网的瞬态电压稳定和
有功平衡。

　　SMES 功率密度高、响应时间短，可用于平抑波动剧烈且变化较快的高频功率，
但其经济费用高，在电网波动平缓时易造成容量浪费。因此 SMES 与其他储能的结
合，即混合储能成为关注热点。SMES 混合储能的主要形式是超导 - 蓄电池混合储能
（SMES-BESS），图 3-23 给出 SMES-BESS 的一种典型结构，可用于平滑风电功率输出。
它采用共直流母线的结构，风机通过 AC/DC 变流器连接到直流母线，SMES 和 BESS
通过各自的 DC/DC 变流器连接到直流母线，再通过统一的 DC/AC 换流器和变压器并
入电网。SMES 用于补偿风电功率波动部分高频分量，BESS 用来补偿波动部分低频
分量。

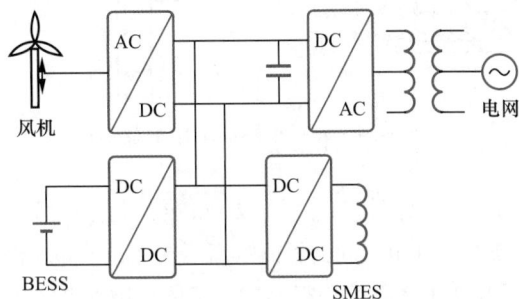

图 3-23　SMES-BESS 系统结构示例

　　SMES-BESS 既有 SMES 响应快、效率高（可达 95%）、无噪声污染、可靠性高的
特点，同时又兼具 BESS 价格便宜、可靠性好、技术非常成熟、大容量容易实现等优
点，可以稳定电网频率，控制电网电压的瞬时波动，提高供电质量，还能减少储能电
池充放电次数和放电深度，延长储能电池的使用寿命。

　　2. 超级电容储能

　　超级电容器又称大容量电容器、储能电容器、双电层电容器或法拉电容器，是自
20 世纪 70 年代发展起来的功率型储能装置。它主要通过极化电解质来储能，但在储能
过程中并不发生化学反应，因此其储能过程是可逆的，可以反复充放电数十万次。此
外，超级电容器结合了传统电介质电容器和电池的优点，具有比传统电介质电容器更
高的能量密度和比电池更高的功率密度，并具有充放电速度快、效率高、对环境无污
染、使用温度范围宽、安全性高等特点，作为新型储能装置具有广阔应用前景。

　　超级电容器结构示意图如图 3-24 所示，主要包括多孔化电极、电解液和隔膜等。
采用活性炭材料制作成多孔化电极，同时在相对的多孔电极之间充填电解质溶液，电
解液的类型根据电极材料的性质进行选择。隔膜应具有尽可能高的离子电导和尽可能
低的电子电导，一般为纤维结构的电子绝缘材料，如 PP 膜（聚丙烯膜）。

　　当给超级电容器的两个极板外接电压时，正电极和负电极分别存储不同极性电荷，
这与普通电容原理相同。电解液中的阴、阳离子分别向正、负电极迁移，分布于电极
与电解质之间的短间隙接触面处，这样形成的电荷分布层称为双电层。外接电场撤销

后，电极上的正负电荷与电解液中的相反电荷离子相吸引而使双电层稳定，在正负极间产生相对稳定的电位差。这时对某一电极而言，会在一定距离内（分散层）产生与电极上的电荷等量的异性离子电荷，使其保持电中性。当将两极板与外电路连通时，电极上的电荷迁移而在外电路中产生电流，电解液中的离子迁移到电解液中呈电中性，电解液界面处的电荷量逐渐减小，这便是双电层电容的充放电原理。超级电容器的充放电是物理过程，无复杂的化学反应，所以相比化学反应的蓄电池，其性能更稳定。

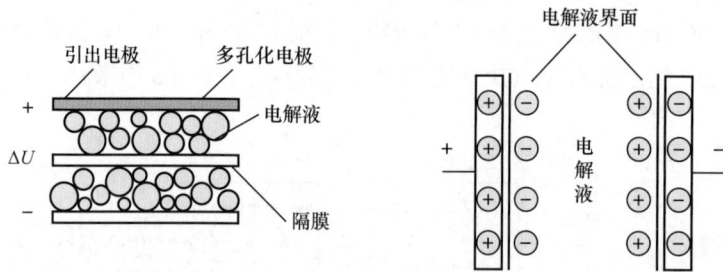

图 3-24   超级电容器结构示意图

组成多孔化电极的活性炭材料具有大于 1200m^2/g 的超高比表面积（即获得了极大的电极面积），而且电解质与多孔电极间的界面距离不到 1nm（即获得了极小的介质厚度），所以这种双电层结构的超级电容器可获得明显大于传统物理电容的容值，比容量可以提高 100 倍以上。当电解质的氧化还原电极电动势高于两极板之间的电动势时，电解质不会与电解质界面上的电荷分离，超级电容器为正常工作状态。如果电解质的氧化还原电极电动势低于电容两端的电压，电解质将与界面的电荷分解，这是一种异常工况。

超级电容可替代传统蓄电池在储能方面的不足，应用于需要短时高峰值电流的场合。但超级电容不适宜长时间放电，且因成本较高的缘故不适合用于常规电力系统调峰。

3.3.4 氢储能

氢储能以氢气作为二次能源的储能载体，在电力负荷低谷期，利用多余的电能电解水来制氢，或将氢与二氧化碳反应制成甲烷；在电力负荷高峰期，利用氢或甲烷作为燃料，通过燃料电池发电，补充电网的供电能力。

在新型能源体系中，氢能是一种理想的二次能源，与其他能源相比，氢具有超出固体燃料两倍多的能量密度，且燃烧产物仅为水，是最环保的能源。氢既能以气/液相的形式存储在高压罐中，也能以固相的形式储存在储氢材料中，如金属氢化物、配位氢化物、多孔材料等。因此，氢被认为是最有希望取代传统化石燃料的能源载体。氢储能与电化学电池储能不同，不受电池容量限制，系统可持续充电或放电的时长只与储氢罐体积和压力有关，理论上只要罐体足够大或有管道输送或供给，其储能量将无限大。氢储能还具有启动快、工作过程安静、工作温度低等特点。

氢储能的主要环节包括上游的氢气制备、氢气储运及下游的氢燃料电池发电或加氢站等应用。

在制氢环节，技术比较成熟的是化石能源重整制氢和碱性液体电解水制氢。化石能源重整制氢由于原料不可再生和环境问题，不可持续。碱性电解水制氢是目前应用最为普遍的电解水制氢技术，运行寿命可达 15 年。碱性液体水电解技术是以氢氧化钾（KOH）、氢氧化钠（NaOH）水溶液为电解质，采用石棉布等材料作为隔膜，在直流电的作用下，将水电解生成氢气和氧气。产出的气体需要进行脱碱雾处理。碱性液体水电解技术操作简单、成本低，但石棉膜和碱性电解液存在污染，转换效率也比较低。电解水制氢站如图 3-25 所示。

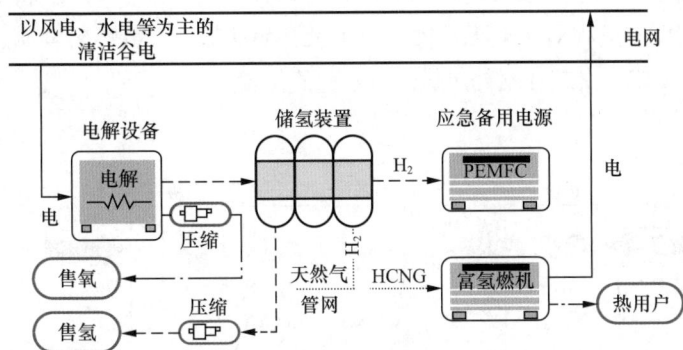

图 3-25　电解水制氢站

在氢气储存环节，主要技术有高压气态储氢、低温液态储氢、固态金属储氢、有机液体储氢等。目前发展最成熟、最常用的是高压气态储氢，即将氢气压缩后以高密度气态形式储存在高压容器内，其特点包括成本较低、能耗低、易脱氢等。氢气质量密度随压力增加而增加，而压力又受储罐材质限制，不同材质的高压储氢储罐有金属储罐、金属内衬纤维缠绕储罐和全复合轻质纤维缠绕储罐等。2022 年，北京冬奥会部分氢燃料电池大巴车使用铝内胆碳纤维全缠绕型储氢罐（70MPa），满足了燃料电池车对储氢罐的轻量化、高压力、大容量的需求。高压气态储氢要求罐体具有高等级安全性。

低温液态储氢是将氢气冷却到 −253℃时，将氢气液化存放于绝热容器内。液态储氢的储氢密度高，但在液化过程中有较高能耗，要求绝热容器具有良好保温性能。金属储氢是在一定的温度和压力条件下，将氢气与储氢金属反应，生成储氢合金（金属氢化物）。由于储氢合金没有高压气瓶，无需极端的存放温度条件，安全可靠。但多数储氢合金的自重大、成本高，寿命也有待提高。有机液体储氢是借助不饱和液体有机物与氢的可逆反应，用催化加氢和脱氢的可逆反应来实现高密度储氢，其储氢剂和氢载体的性质与汽油类似，储存、运输、维护、保养安全方便，便于利用现有的油类储存和运输设施，但这类方法在加氢、脱氢时条件比较苛刻，而且所使用催化剂易失活。

在氢发电环节，氢燃料电池是近几年突破最快的氢发电（热）技术，也是引领氢能产业爆发的突破点。按照电池的运行机理可分为酸性燃料电池和碱性燃料电池。按电解质种类分为质子交换膜燃料电池、磷酸燃料电池、固体氧化物燃料电池、碱性料电池、熔融碳酸盐燃料电池、直接甲醇燃料电池等。

氢燃料电池通过氢与氧的化学反应而产生电能，其基本原理是电解水的逆反应。

以质子交换膜燃料电池为例，其结构包括质子交换膜、气体扩散层、催化剂层、双极板等部件，质子交换膜燃料电池工作原理如图3-26所示。其中质子交换膜为技术核心，在其两侧紧贴着催化剂层，可将氢气分解为带电离子状态。因氢分子体积小，携带电子的氢可以透过薄膜的微小孔洞游离到对面去，但在穿越薄膜孔洞的过程中，电子被从分子上剥离，仅余带正电的氢离子透过薄膜到达另一端。除供给阳极的氢被拆分成带正电的氢离子和电子外，供给阴极的氧气也被拆分成氧原子，以捕获电子从而变为带负电的氧离子。电子通过外部电路不断迁移形成电流，2个氢离子和1个氧离子结合成为水，全反应过程对环境无污染。由于没有活动部件，氢燃料电池运行安静，适合于室内安装，或是安装在室外对噪声有限制的位置。

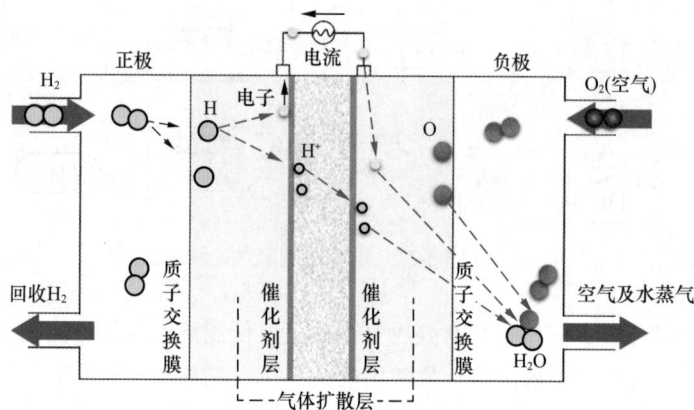

图3-26　质子交换膜燃料电池工作原理

　　狭义的氢储能是电→氢→电的转换，由于存在两次能量转换，整体效率偏低，下游的氢燃料电池投资占比高，又使得成本明显增长。广义氢储能强调电→氢的单向转换，上游与可再生能源发电结合，下游瞄准高纯氢市场需求，还可满足天然气掺氢燃料、化工原料、工业还原保护气体等的加氢需求，因此具有广阔的应用前景。在含丰富风、光、水电等清洁能源的地区就近建设图3-25所示的大规模电解水制氢站，是广义氢储能的一种应用方式，能够起到消纳清洁能源、减缓风光发电间歇波动、降低对电网电压稳定性的影响等作用。

3.4　储能变流器拓扑及并网控制

3.4.1　主电路拓扑结构

　　储能变流器是电池储能系统（Battery Energy Storage System，BESS）与电网的接口，通过变流器实现BESS与电网之间的双向能量交换、电池充放电管理等功能，因此变流器的拓扑决定了BESS的适用场景，也决定着整个储能系统工作的效率和成本，影响系统的经济可靠性。因此，很有必要对各种类型的储能变流器进行原理分析和性能比较，根据应用场景合理选择变流器拓扑结构。

依据能量处理环节的不同，可将储能变流器分为单级式和双级式两类。单级式变流器只有双向 DC/AC 环节，有逆变和整流两种模式，可以实现能量的双向流动。储能电池串联构成直流母线，然后经单级式变流器并网。单级式变流器具有简单的拓扑结构，能源转换效率高，缺点是直流母线电压随着电池荷电状态（State of Charge，SOC）的起伏较大。双级式结构是在单级式变流器的基础上增设双向 DC/DC 环节，将储能电池与并网变流器的直流母线解耦，从而能够根据电池电压调节实时占空比，维持中间直流环节电压不变，提高了并网运行的适应性。双级式变流器主要适用于电池电压变化范围较宽的场合，但增加了 DC/DC 环节使得控制电路更为复杂，成本也更高，系统整体损耗稍大，运行效率相对较低。

1. 单级式变流器

单级式变流器仅包含双向 AC/DC 变换器。根据交流侧输出电平数的不同，单级式变流器又可分为两电平、三电平和多电平这三类。

（1）两电平变流器。单级式两电平储能变流器拓扑结构如图 3-27 所示，上下两桥臂互补输出，电路共有 2^3 个开关状态。交流侧的输出电压，即变流器每相交流侧输出相对直流侧中点 O 之间的电压只有 $\pm U_{dc}/2$ 两种电平，再通过滤波器和变压器与电网连接。

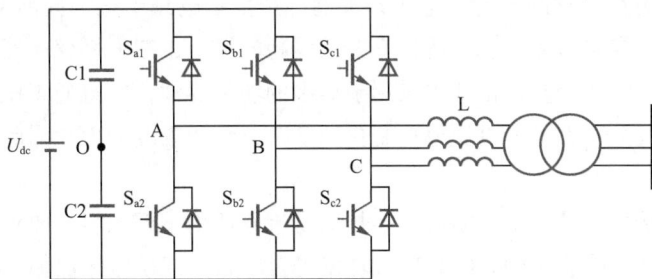

图 3-27　单级式两电平储能变流器拓扑结构

两电平变流器电路所用元器件少，系统的通态压降小，整个通态损耗低，且结构简单、系统稳定性高，发生意外故障的概率较低。但两电平变流器电路谐波含量较高，增加了滤波成本。相对三电平和多电平变流器，两电平变流器需要更高的开关频率才能达到同样的总谐波畸变率（Total Harmonic Distortion，THD）指标，因此开关损耗更高，运行成本反而在三电平变流器之上。受制于电池串联数量，两电平变流器并网电压较低，单级容量介于数十千瓦至数百千瓦之间，适用于低压配网应用储能。

两电平变流器在直流侧有较大的电流纹波，对电池寿命有潜在影响，通常采取无源滤波、有源滤波等方法解决。在交流侧，常串联滤波器来改善电能质量。常见的滤波器有 L 滤波器、LC 滤波器和 LCL 滤波器。相同滤波效果下，LCL 滤波器的电感值远小于 L 滤波器的电感值，因此体积小、成本低，但滤波器的阶数提高也使得滤波器中各电容电感数值更难确定，在运行时可能出现谐振现象，具有较大的控制难度。

（2）三电平变流器。三电平变流器交流侧可输出 0、$\pm U_{dc}/2$ 三种电平。典型的三电平储能变流器拓扑结构有中点钳位（Neutral Point Clamped，NPC）型、T 型和飞跨电容型等。单相三电平储能交流器拓扑结构如图 3-28 所示。

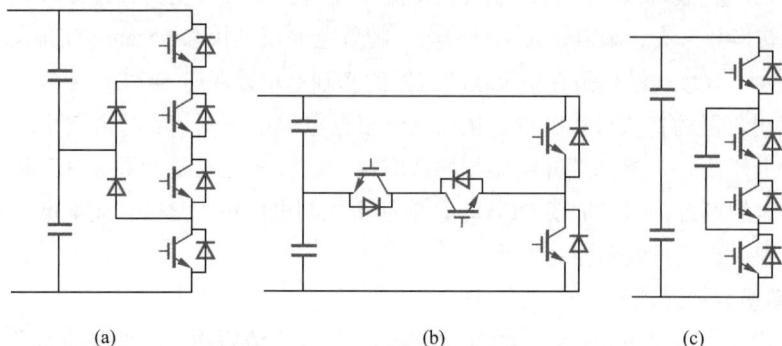

图 3-28　单相三电平储能变流器拓扑结构
（a）NPC 型；（b）T 型；（c）飞跨电容型

三电平变流器技术比较成熟，单机容量可达兆瓦级。在相同 THD 要求下，三电平的开关频率可明显低于两电平结构，能有效降低开关损耗，提高变流器效率。而在相同开关频率下，三电平的输出谐波含量明显少于两电平结构，这有利于减小滤波电感。器件承受的压力小，有助于减少电子开关器件产生的电磁干扰，提高系统的稳定性。在功率较大和一些波形输出和系统效率要求较高的场合，三电平变流器可以替代两电平变流器。但三电平变流器拓扑中采用了更多的功率器件，使得通态压降升高，通态损耗增加。多一个输出电平也使得控制更加复杂，设计难度加大，因此三电平变流器实际应用较少。

（3）多电平变流器。基于多电平拓扑的变流器适用于超大容量要求（兆瓦级到数十兆瓦级）的电池储能结构。中高压大功率场合中，大规模电池储能的变流器常采用级联 H 桥（Cascaded H-Bridge，CHB）拓扑。基于 CHB 拓扑的交流器及子模块结构如图 3-29 所示。

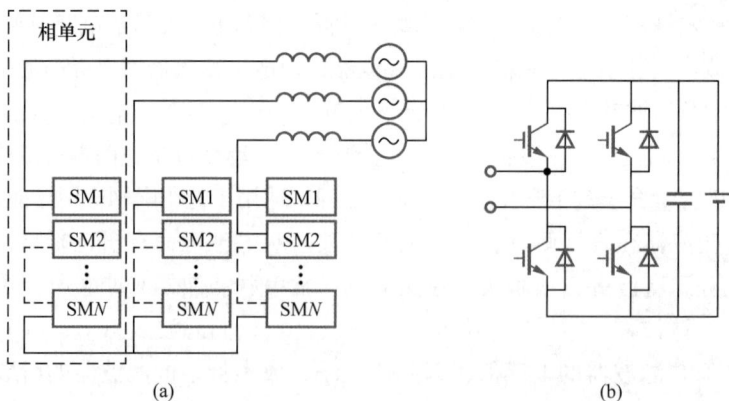

图 3-29　基于 CHB 拓扑的变流器及子模块结构
（a）主电路；（b）含电池储能单元的子模块

含电池储能的 CHB 三相连接形式可分为丫型和△型两种。CHB 典型拓扑结构如图 3-30 所示。

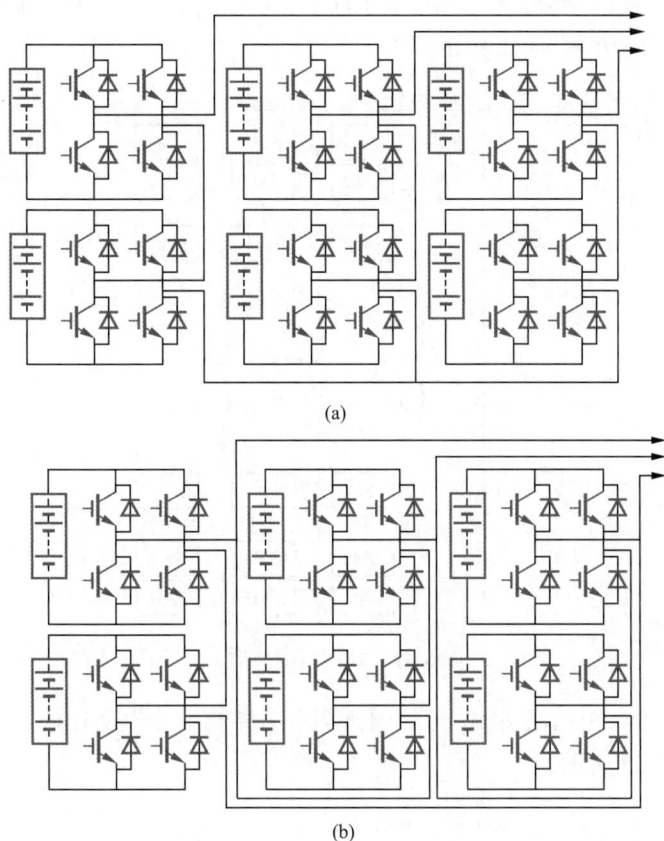

(a)

(b)

图 3-30　CHB 典型拓扑结构
（a）丫型接法；（b）△型接法

CHB 拓扑采用模块化的结构，可有效减小电池串联规模。每个相单元由 N 个全桥子模块串联而成，电池储能单元并联在子模块电容两端，相当于分散接入系统，有利于实现电池组间的 SOC 均衡。同时，CHB 拓扑可以根据电压等级灵活调整串联的子模块数量，从而可以无需变压器直接并网，单台容量也能够达到数十至数百兆瓦的功率等级。深圳宝清 2MW/10kV 电池储能站就是采用基于 CHB 拓扑的无变压器并网结构，额定功率下的实测效率达 98.3%。模块化设计的优点还包括各功率单元具有相同的拓扑结构，便于大规模生产和更换。多电平输出使输出波形更趋近于标准正弦波，降低了对滤波器的要求。

模块化多电平逆变器（Multilevel Modular Converter，MMC），每相由上下两个桥臂组成，每个桥臂由 N 个结构相同、功能相同的子模块（Sub-Modular，SM）通过两个桥臂电抗器串联而成。通过控制上下桥臂子模块投入和切除的个数，可在交流侧合成系统所需的交流多电平波形。

MMC 拓扑结构如图 3-31 所示。MMC 拓扑相当于两个完全相同的 CHB 反向联结，并由各自的中性点引出正负端直流母线。因此，MMC 拓扑既有 CHB 的结构模块化、输出电流谐波含量低等优点，同时又有着 CHB 所不具备的公共直流母线，可控制能量在直流侧、交流侧和电池侧三个端口间流动，不仅实现直流侧与交流接口能量的互相传输，也可在储能电池的参与下，对交流接口或直流接口中的任何一方的能量进行补充或者分流，这使得 MMC 电池储能系统除了实现储能电站的常规功能以外，还可以起到交直流互联和功率缓冲的作用。

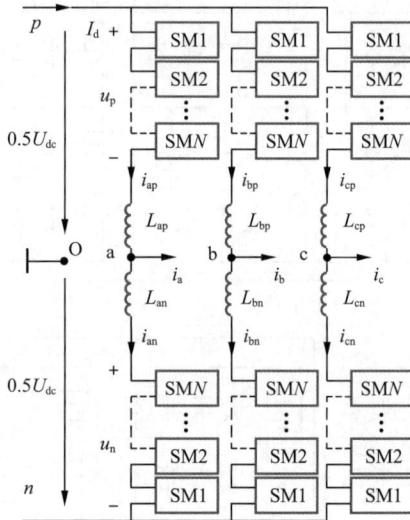

图 3-31　MMC 拓扑结构

子模块是 MMC 的基本组成单元，根据其拓扑结构可分为全 H 桥子模块和半 H 桥子模块，如图 3-32 所示。

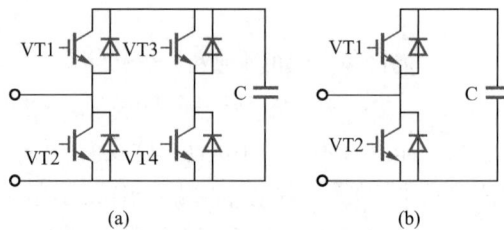

图 3-32　MMC 的两种子模块结构
（a）全 H 桥子模块；（b）半 H 桥子模块

全 H 桥子模块由 4 个反并联二极管的全控型开关器件和一个直流储能电容组成。半 H 桥子模块的开关器件数量只有全 H 桥的一半，因此在成本上有明显的优势。在半 H 桥子模块中，由开关管 VT1 和 VT2 的发射极引出的端口可连接至其他子模块或直流母线；通过控制开关器件的导通状态，可改变子模块的端口电压，从而改变 MMC 的输出电压等。采用半 H 桥子模块的 MMC 可实现双向 DC/AC 功能。MMC 各个子模块功能分压可使得开关器件平均分担压降，通过合理的算法在每个开关周期内最多由一个子模块的开关器件动作，大大降低开关损耗；当有子模块出现故障时，可将其旁路，而不影响其他子模块正常工作，系统的可靠性大大提高。

以 $N=2$ 为例来分析 MMC 的工作原理和控制方法，MMC 主电路及子模块结构如

图 3-33 所示。每个子模块为开关管 VT1、VT2 和电容 C 并联而成的半 H 桥结构。上、下桥臂通过两个完全相同的桥臂电抗器串联，其作用是抑制内部环流和减小故障时的电流上升率。

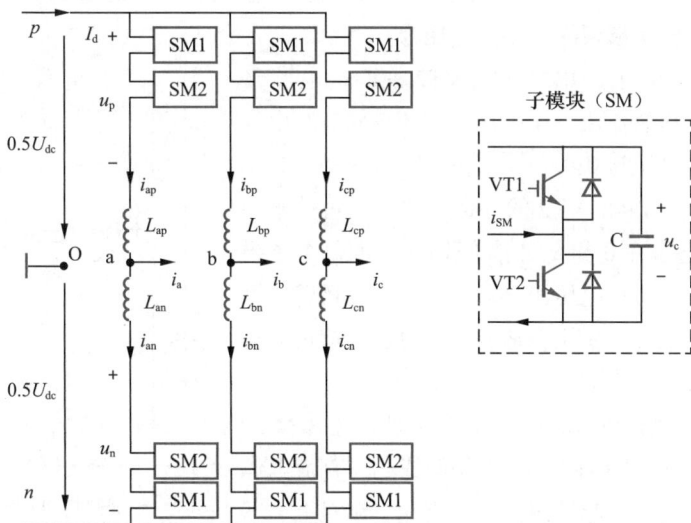

图 3-33　MMC 主电路及子模块结构

图 3-33 中，子模块为半 H 桥结构，通过控制开关管的导通与关断，可使其工作在投入、切除或闭锁状态。投入状态是指 VT1 开通及 VT2 关断，此时电容投入电路，工作在充电或放电模式，输出电压为电容电压。切除状态是指 VT1 关断及 VT2 开通，此时电容被切除出电路，输出电压为 0。闭锁状态是指 VT1 和 VT2 都关断，这是一种非正常工作状态，正常运行时不允许出现，仅用于启动时向子模块充电，或在故障时将子模块电容旁路。

设直流侧电压为 U_{dc}，i_{ap} 和 i_{an} 分别为 a 相上、下桥臂电流，u_c 为子模块电容电压。子模块工作状态见表 3-2。其中 i_{SM} 的正方向在图 3-33 标出。

表 3-2　　　　　　　　　　　　　子模块工作状态

工作模式	i_{SM}	开关管（VT1，VT2）	SM 端口电压	工作状态
1	>0	（1，0）	u_c	投入
2		（0，1）	0	切除
3		（0，0）	u_c	闭锁
4	<0	（1，0）	u_c	投入
5		（0，1）	0	切除
6		（0，0）	0	闭锁

工作模式 1：$i_{SM} > 0$，VT1 导通，VT2 关断，电流经续流二极管给电容充电，子模块为投入状态，端口电压为电容电压 u_c；

工作模式 2：$i_{SM} > 0$，VT1 关断，VT2 导通，电流经 VT2 流出，电容处于旁路，子模块被切除，端口电压为 0；

工作模式 3：$i_{SM} > 0$，VT1、VT2 关断，电流经 VT1 的续流二极管给电容充电，子模块处于闭锁状态，端口电压为 u_c；

工作模式 4：$i_{SM}<0$，VT1 导通，VT2 关断，电容经 VT1 放电，子模块为投入状态，端口电压为 u_c；

工作模式 5：$i_{SM}<0$，VT1 关断，VT2 导通，电流经 VT2 的续流二极管流出，电容被旁路，子模块被切除，端口电压为 0；

工作模式 6：$i_{SM}<0$，VT1、VT2 关断，电流经 VT2 的续流二极管流出，子模块处于闭锁状态，电容被旁路，端口电压为 0；

通过控制 VT1 和 VT2 的导通与关断，可使子模块端口输出电压在 0 和 u_c 二者间切换，即每个子模块都可看作一个可控电压源。通过控制上下桥臂各个子模块的工作状态，采用合适的调整算法，就可以得到所需的交流电压。

以 a 相为例分析 MMC 的工作机理，图 3-34 为 MMC 的单相等效电路图。i_{Za} 为相间或相与直流电源间的电势不平衡所引起的环流，即直流电源对上、下桥臂子模块电容的充电电流，u_p 和 u_n 分别为上、下桥臂的端口电压。

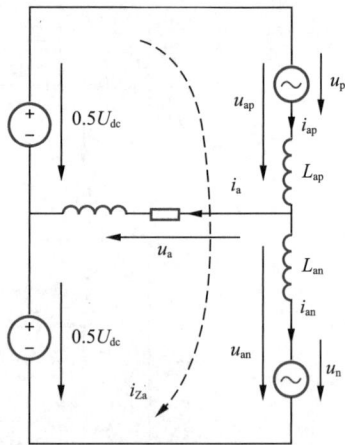

图 3-34　MMC 的单相等效电路图

首先，定义状态变量 S_i。当 $S_i=0$ 时，第 i 个子模块被切除，端口输出电压为 0；当 $S_i=0$ 时，第 i 个子模块投入，端口输出电压为 u_c。若不考虑 u_c 的波动，为便于控制以及能量在各相之间均衡分布，一般设定的基准值为 $u_c=U_{dc}/N=U_{dc}/2$，此时上、下桥臂电容电压之和，也就是端口电压为

$$\begin{cases} u_p = S_1 u_C + S_2 u_C = (S_1 + S_2)\dfrac{U_{dc}}{2} & (3\text{-}4) \\[2mm] u_n = S_3 u_C + S_4 u_C = (S_3 + S_4)\dfrac{U_{dc}}{2} & (3\text{-}5) \end{cases}$$

通过控制桥臂中处于投入状态的子模块个数，来使上下桥臂输出三电平的端口电压在 0、$\pm\dfrac{U_{dc}}{2}$ 间切换。

上下桥臂结构相同、具有对称性，所以 a 相输出电流 i_a 被上下桥臂所分成的电流 i_{ap}、i_{an} 满足以下关系

$$\begin{cases} i_{ap} = i_{Za} + \dfrac{i_a}{2} & (3\text{-}6) \\[2mm] i_{an} = i_{Za} - \dfrac{i_a}{2} & (3\text{-}7) \end{cases}$$

忽略上下桥臂电抗器之间的互感，根据 KVL 可得上桥臂电压 u_{ap} 和下桥臂电压 u_{an} 满足

$$\begin{cases} u_{ap} = \dfrac{U_{dc}}{2} - u_a = u_p - u_{L_{ap}} & (3\text{-}8) \\[2mm] u_{an} = \dfrac{U_{dc}}{2} + u_a = u_n + u_{L_{an}} & (3\text{-}9) \end{cases}$$

联立式（3-8）、式（3-9）可得 a 相输出电压为

$$u_{L_{an}} - u_{L_{ap}} = (S_3 + S_4 - S_1 - S_2)\frac{U_{dc}}{4} - \frac{L}{2}\frac{di_a}{dt} \qquad （3-10）$$

由式（3-10）可知，输出电压与下桥臂的端口电压同相。通过控制状态变量 S_i，便可在交流侧得到多电平阶梯波；上式的第二项为上、下桥臂电抗器产生的电压差，该压降使得输出电压波形为电平台阶渐变的多电平阶梯波形。MMC 的桥臂电抗器取值较小，交流侧输出平滑电流，因此可忽略式（3-10）的第二项，将每相输出电压近似表示为 $(u_n - u_p)/2$。

图 3-35 为五电平半 H 桥 MMC 电路三相输出电压波形，该电路的 U_{dc} 为 600V，每个桥臂有 4 个半 H 桥子模块，输出电平分别为 0、$\pm U_{dc}$、$\pm U_{dc}/2$。

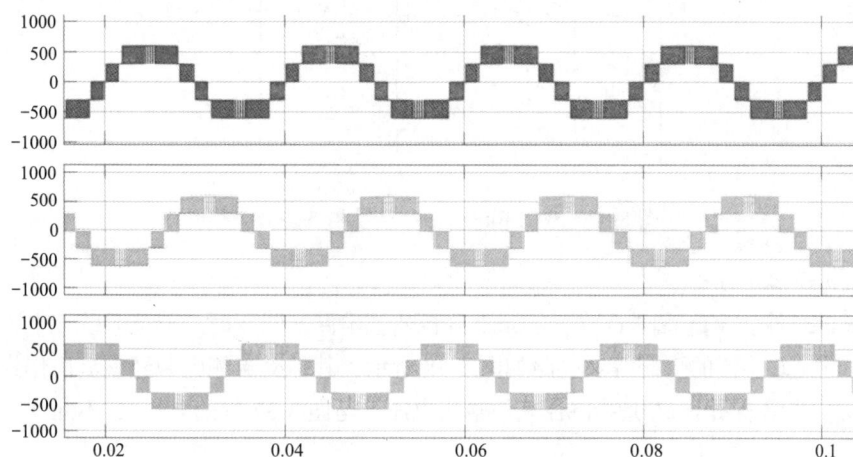

图 3-35　五电平半 H 桥 MMC 电路三相输出电压波形

2. 双级式变流器

双级式变流器拓扑结构如图 3-36 所示，包含双向 DC/DC 变换器和 DC/AC 变换器。双向 DC/DC 变换器主要是实现直流侧电压的升、降压变换，使得直流电压满足双向 DC/AC 变换器的并网控制要求。当 DC/AC 变换器工作在整流状态时，电能从电网传输到整流器直流侧，并通过 DC/DC 变换器降压后实现对电池的充电控制；当 DC/AC 变换器工作在有源逆变状态时，DC/DC 变换器将电池电压升压后，在有源逆变器的控制下将电池的电能释放，回馈给电网。

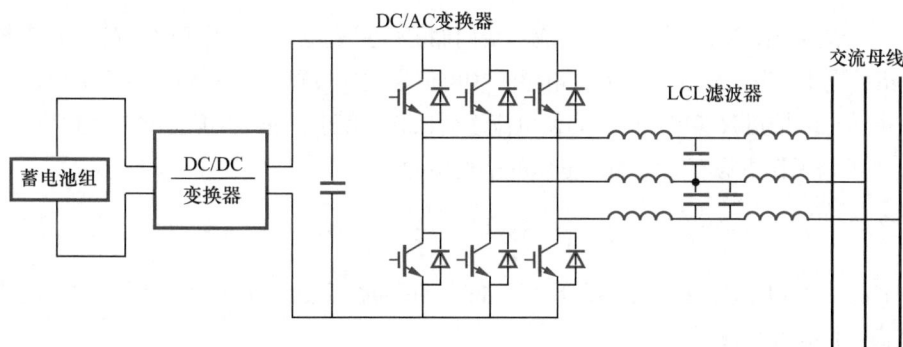

图 3-36　双级式变流器拓扑结构

双级式变流器中的双向 DC/DC 变换器在功能上相当于两个单向 DC/DC 变换电路，其输入和输出的电压极性不变，但输入和输出电流的方向可以改变。

图 3-37 为双向 Buck-Boost 变换器的等效电路。图中，U_E 为储能系统电压，U_o 为输出电压。L 为斩波电感，C1 为直流母线电容，C2 为滤波电容，VT1、VT2 为升降压斩波 IGBT，VD1、VD2 为续流二极管。假设电路中电感 L 和电容 C1 都很大。

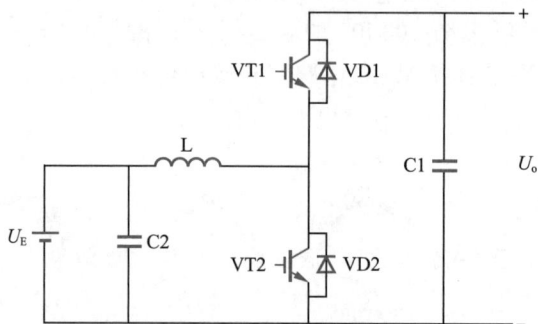

图 3-37　双向 Buck-Boost 变换器的等效电路

（1）Buck 电路。

图 3-37 中，VT1 和 VD2 构成 Buck 降压斩波电路。降压时，储能系统充电，双向 Buck-Boost 变换器的降压等效电路如图 3-38 所示，其中交流侧电源经整流后作为输入电源 U_d，注意该图中 U_o 是指降压斩波输出电压，与图 3-37 中的 U_o 意义不同。

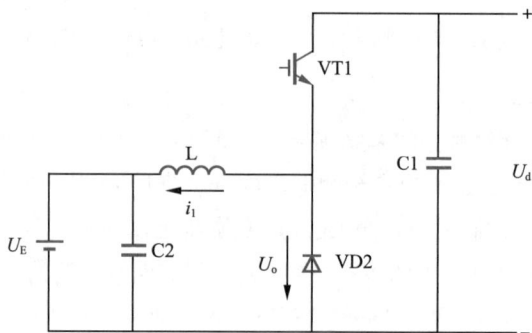

图 3-38　双向 Buck-Boost 变换器的降压等效电路

每个周期内，VT1 导通时，直流母线向储能装置充电，输出电压 $U_o=U_d$，电感电流 i_1 按指数规律上升。VT1 关断时，电感 L 中电流通过二极管 VD2 续流，输出电压近似为零，电感电流按指数规律下降。为使电流连续且脉动较小，通常串联感抗较大的电感 L。

当电路工作于稳态时，输出电压的平均值为

$$U_o = \frac{t_{on}}{t_{on}+t_{off}}U_d = \frac{t_{on}}{T}U_d = DU_d \tag{3-11}$$

式中：t_{on} 为 VT1 的导通时间；t_{off} 为 VT1 的关断时间；T 为开关周期；D 为导通占空比，简称占空比或导通比。

因 $0<D\leqslant 1$，故有输出电压平均值最大为 U_d，因此将此电路称为降压斩波电路。

（2）Boost 电路。

图 3-37 中，VT2 和 VD1 构成 Boost 升压斩波电路。升压时，储能系统放电，双向 Buck-Boost 变换器的升压等效电路如图 3-39 所示，直流侧储能系统电压 U_E，经升压后输出直流母线电压 U_d。

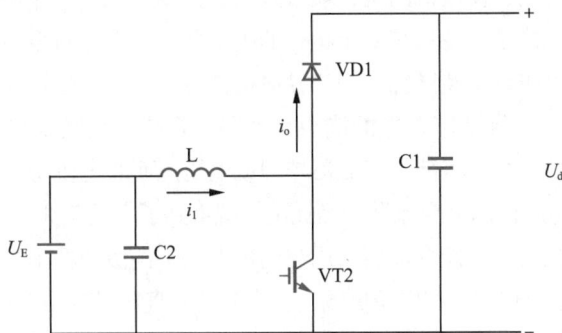

图 3-39 双向 Buck-Boost 变换器的升压等效电路

VT2 导通时，储能系统向电感 L 充电，充电电流基本恒定为 i_1，同时电容 C1 上的电压向直流母线供电，因 C1 值很大，基本保持母线电压 U_d 为恒定值。设 VT2 的导通时间为 t_{on}，则此阶段电感 L 上存储的能量为 $U_E i_1 t_{on}$。VT2 关断时，U_E 和 L 共同向电容 C1 充电，母线电压仍为恒定值 U_d。设 VT2 关断时间为 t_{off}，则在此期间电感 L 释放的能量为（$U_d -$ U_E）$i_1 t_{off}$。当电路工作于稳态时，一个周期 T 中电感 L 存储的能量与释放的能量相等，即

$$U_E i_1 t_{on} = (U_d - U_E) i_1 t_{off} \tag{3-12}$$

化简得

$$U_d = \frac{t_{on} + t_{off}}{t_{off}} U_E = \frac{T}{T - t_{on}} U_E = \frac{1}{1-D} U_E \tag{3-13}$$

因 $0 < D \leqslant 1$，$1/（1-D）\geqslant 1$，输出电压 U_d 高于输入电压 U_E，故称其为升压斩波电路。

3.4.2 并网控制技术

储能变流器的并网控制技术可分为跟网（Grid-Following，GFL）控制和构网控制（Grid-Forming，GFM）两种。相应地，也可将电力储能系统分为跟网型电力储能系统和构网型电力储能系统。

目前储能变流器大多采用跟网控制方式，需要通过锁相环（Phase-Locked Loop，PLL）测量并网点（Point of Common Coupling，PCC）的相位信息，然后经闭环控制生成变流器开关管的门极信号，最终实现同步并网。跟网控制方式具有相对简单的控制结构。在强电网条件下，并网变流器功率注入对并网点电压的影响可忽略不计，跟网型变流器能够实现快速而准确的恒定功率输出。

跟网型储能系统本质上是电流源，通常用于补充电网的瞬时功率需求，但其本身不具备主动支撑频率和电压的能力，需要电网中存在电压源为其并网点构建电压。在传统电力系统中，该电压源由同步发电机或同步调相机提供。

变流器的构网控制技术主要是为了解决高比例可再生能源及电力电子设备引发的一系列问题，包括系统惯量水平下降、扰动稳定性下降等。电力系统惯量又称转动惯量，

是指发电机组的转动机械部分对旋转运动的惯性。它代表了系统维持稳定运行、抵抗频率波动及电压波动的能力。当负荷发生突然变动时，系统的电能供应与需求之间会出现失衡，系统频率也随之发生偏离。同步发电机转子的旋转惯量能够通过惯性力矩抑制频率偏离，从而对负荷变动做出缓慢响应。此外，调速器通过调节发电机的励磁或机械负荷来控制频率，也能配合发电机的旋转惯量共同起到稳定频率的作用。由此可见，同步发电机提供的惯量支撑是维持系统稳定运行的关键所在。而在新型电力系统中，新能源和电力电子设备的渗透率不断增加，同步发电机被替代，系统的惯量水平下降，频率响应特性也随之恶化，抵御功率差额的能力被削弱，系统安全受到威胁。要解决这些问题，一个可行的技术路线是将部分变流器控制成电压源而非电流源。因此，具有电压源特性和主动支撑能力的构网型变流器一经提出，就得到了广泛关注。

在构网控制模式下，储能变流器采用与同步发电机类似的功率同步策略，可以自主保持恒定电压、频率与相位，在电源侧输出发生波动时直接对有功 / 无功功率进行调整同步，使得并网的电力储能系统以电压源特性运行，从而具备支撑电压及频率的能力，即使在没有外部电网相位信息的情况下，也能独立工作。因此在没有刚性电压源❶的弱电网下，构网型变流器比跟网型变流器表现出更好的稳定性。但构网型变流器的控制更为复杂，成本与跟网型变流器相比有大幅上升，目前技术尚不成熟。国内已有部分地区建成构网型示范项目进行应用验证。例如国内首座构网型储能电站——湖北荆门新港 50MW/100MWh储能电站（电网侧）、龙源电力江苏盱眙 10MW/20MWh 储能电站（新能源侧）、华能100MW/200MWh 分散控制构网型独立储能电站等示范项目，都已并网投运。

可以预见，在相当长的一段时期内，新型电力系统中都将是跟网型变流器与构网型变流器共存的局面。因此，本节对储能变流器的跟网控制和构网控制技术均做出详细阐述，包括其控制原理和常用控制方式。

1. 跟网控制技术

跟网控制模式下，电力储能系统表现为具有高阻抗的可控电流源，变流器通过锁相环获取电网电压相位、频率信息后，向电网注入电流，跟网型电力储能系统等效电路图如图 3-40 所示。

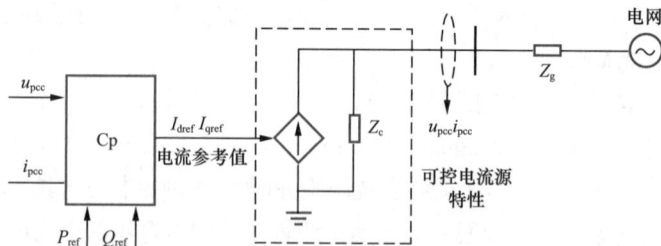

图 3-40　跟网型电力储能系统等效电路图

图 3-40 中，Z_c 和 Z_g 分别为跟网型储能变流器和电网的等效阻抗，u_{pcc} 和 i_{pcc} 分别表示并网点的电压和电流，变流器参考电流值 i_{dref} 和 i_{qref} 可由有功和无功功率的给定参考值 P_{ref} 和 Q_{ref} 得出。将 i_{dref} 和 i_{qref} 给到跟网型储能变流器的电流控制环中，控制注入

---

❶　刚性电压源是一种理想的电压源模型，特色为输出电压恒定且内阻为零。

电网的电流。

储能变流器跟网控制的典型结构如图 3-41 所示。采用了功率外环与电流内环控制，再经坐标变换和 PWM 调制来产生变流器开关器件的门极信号。首先采集变流器经滤波电容输出的三相电压 u_{abc}、经滤波电感输出的三相电流 i_{abc}，电压 u_{abc} 经 PLL 计算得到相角 θ，电压 u_{abc}、电流 i_{abc} 经 abc/dq 分别变换为 u_{dq}、i_{dq} 后环用于功率 P、Q 的计算，然后一并送入电流内环。输入外环的功率参考值 P_e^*、Q_e^* 可以设置成固定值，亦可由更外层的附加控制环给定，例如根据储能系统的上级调控指令或新能源发电系统的最大功率点跟踪（Maximum Power Point Tracking，MPPT）控制指令，以一定的间隔来动态调整变流器的输出功率。功率外环向电流内环输出滤波电抗电流的参考值 i_{dref} 和 i_{qref}（图中合写为 i_{dq}^*）。内环输出参考电压的 dq 分量 u_{dl} 和 u_{ql}（图中合写为 e_{dq}^*），经 dq/abc 变换后与相角 θ 合成为变流器三相参考电压 e_{abc}^*，最后经 PWM 环节调制生成门极信号，驱动变流器。

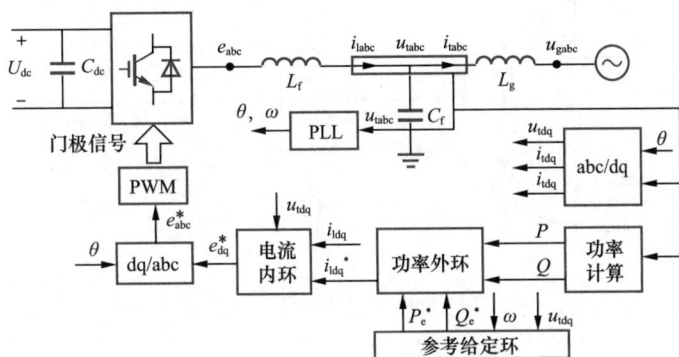

图 3-41　储能变流器跟网控制的典型结构框图

跟网型储能变流器常用的控制策略是恒功率控制，恒功率控制原理示意图如图 3-42 所示，主要目标是让电力储能系统输出的有功功率和无功功率在调度指令的调节下进行相应调整。上级控制器发出有功和无功参考值指令，通过有功和无功控制器，得到电流参考值，再由电流电压闭环控制，得到功率器件触发信号。恒功率控制的本质是将有功功率与无功功率解耦以后分别进行控制，从而实现对电力储能系统的电压调节，最终维持输出功率恒定。在恒功率控制模式下，储能系统只是跟随电网的电压和频率，并不承担调节电网电压和频率的任务。

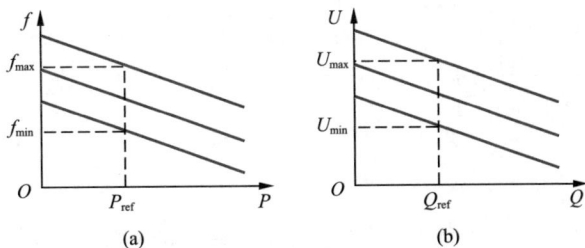

图 3-42　恒功率控制原理示意图
（a）恒定有功控制；（b）恒定无功控制

储能变流器恒功率控制框图如图 3-43 所示，图中所有变量的含义与图 3-41 一致。将变流器输出的三相 abc 坐标系中的电压 u_{abc}、电流 i_{abc} 变换到同步旋转 dq 坐标系中，并使 q 轴电压分量 $u_q=0$，则变流器输出功率可表示为

$$\begin{cases} P = u_d i_d + u_q i_q = u_d i_d & (3\text{-}14) \\ Q = u_d i_q - u_q i_d = u_d i_q & (3\text{-}15) \end{cases}$$

有功和无功功率的参考值 P_{ref}、Q_{ref} 与实测值 P、Q 之间的差值在 PI 调节器作用下，为逆变器输出电流提供参考值 i_{dref}、i_{qref}。这两个电流参考值与其实际值 dq 轴分量 i_d、i_q 的差值在 PI 调节器（电流控制器）作用下，为变流器输出电压提供参考分量，同时，根据变流器出口滤波电感 L，计算 dq 轴电压耦合分量 $\omega L i_d$、$\omega L i_q$，通过叠加，得到 u_{dl}、u_{ql}，再经过坐标反变换为 abc 坐标下的电压 e^*_{abc}，对变流器进行控制。

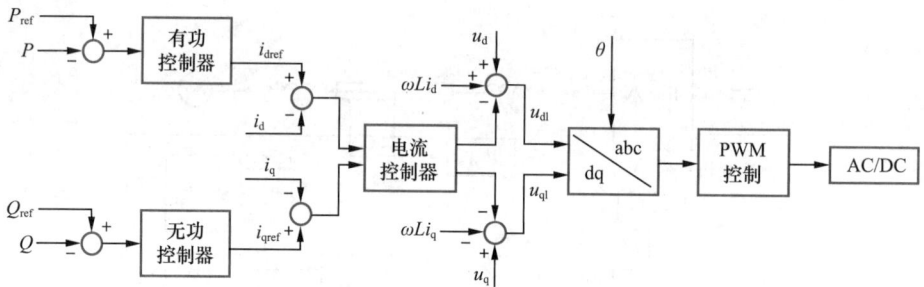

图 3-43　储能变流器恒功率控制框图

2. 构网控制技术

构网控制模式下，电力储能系统表现为具有低阻抗的可控电压源，构网型电力储能系统等效电路如图 3-44 所示。与跟网型控制相比，变流器控制算法参考值发生了变化，不再直接给定功率值。为表示构网型电力储能系统具备与同步发电机相似的输出特性，在等效电路图中加入了虚拟惯量算法和下垂方程。

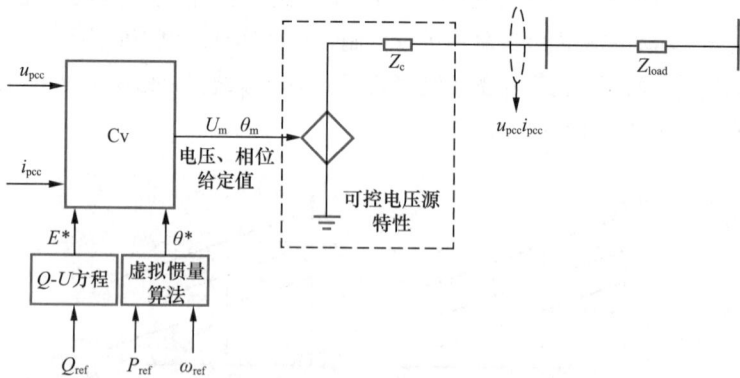

图 3-44　构网型电力储能系统等效电路图

储能变流器构网控制的典型结构框图如图 3-45 所示。采用了构网外环和电流电

压双内环。首先采集变流器端口的滤波电容电压 u_{abc}、经滤波电感输出的三相电流 i_{abc}，这两部分参数一方面经 abc/dq 变换后送入内环，另一方面经功率计算环节输入到构网控制外环，生成滤波器外参考电压的幅值 u_{dl}、u_{ql}（其中 u_{ql}=0）及相角 θ，也送入内环。内环包含电压反馈环和电流反馈环，生成变流器参考电压的 dq 分量 e_{dq}^*，经 dq/abc 变换后与相角 θ 合成为三相参考电压 e_{abc}^*，经 PWM 环节调制为门极信号，驱动变流器。注意 dq 变换及反变换所用到的相角 θ 由构网型控制自主生成，无需 PLL 环节。

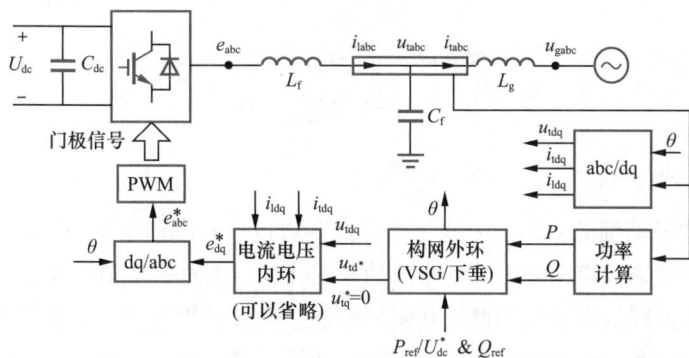

图 3-45　储能变流器构网控制的典型结构框图

构网型变流器常用的策略有下垂控制、虚拟同步发电机（Virtual Synchronous Generator，VSG）控制、匹配控制及虚拟振荡器控制等。

（1）下垂控制。下垂控制模拟同步发电机的有功 - 频率（P-f）和无功 - 电压（Q-U）下垂特性，是构网型控制最简单、最常见的策略之一。图 3-46 和图 3-47 所示分别为有功 - 频率和无功 - 电压下垂控制的控制框图、特性曲线。ω_{ref} 和 U_{ref} 分别为频率和电压的参考值，P_{ref}/Q_{ref} 与 P/Q 的差值为功率偏差，功率偏差与下垂系数 k_P /k_Q 的乘积为频率 /电压调节项，如式（3-16）所示。

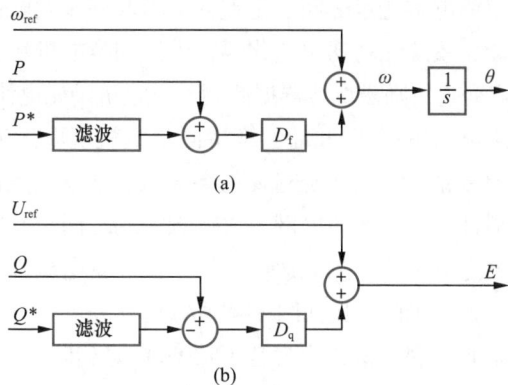

图 3-46　下垂控制框图
（a）有功 - 频率控制；（b）无功 - 电压控制

P-f 和 Q-U 下垂特性表现为输出有功功率增大时，输出频率减小；输出无功功率增大时，输出电压幅值降低。

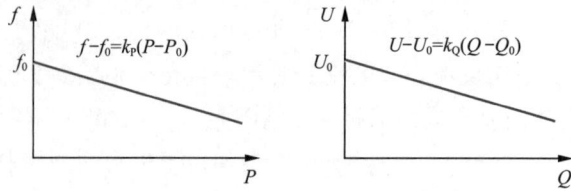

图 3-47　下垂控制特性曲线

$$\begin{cases} \omega = \omega_{ref} + k_P\,(P_{ref} - P) & (3\text{-}16) \\ U = U_{ref} + k_Q\,(Q_{ref} - Q) & (3\text{-}17) \\ \theta = \int \omega \mathrm{d}t & (3\text{-}18) \end{cases}$$

作为一种最基础的自同步方式，下垂控制通过 $P\text{-}f$ 下垂曲线（构网型）、$f\text{-}P$ 下垂曲线（跟网型）来响应系统中的频率或功率变化量。下垂控制结构简单，响应速度较快，但是不具备同步发电机的惯性和阻尼特征，容易引起电网电压和频率的振荡。在实际应用中，常在下垂控制的功率外环中串联低通滤波器，以降低控制系统对交流信号扰动的敏感度，相当于增大了变流器的阻尼。

（2）虚拟同步发电机控制。VSG 控制技术的思想是借鉴同步发电机的调速器和励磁调节器的控制方法来设计变流器的控制电路，使储能系统的输出特性类似同步发电机。同步发电机具有良好的惯性和阻尼特性，在增加调频调压装置后，能够参与电网频率和电压调节。当并网变流器具有类似于同步发电机的运行特性时，可实现电力储能系统的友好接入，并提高电力系统稳定性。具体而言，VSG 主要通过模拟同步发电机的本体模型、有功调频以及无功调压等特性，使电力储能系统具备主动支撑电网的能力，由被动调节转为主动支撑。

同步发电机是实现机械能量与电磁能量转换的装置，当系统有功功率变化时，其输入的机械能量与输出的电磁能量之间产生差异，引起同步发电机端口转速变化，进而引起电网频率的波动；系统无功功率变化时，由于同步电机转子的电气特性，端口输出电压也会出现相应变化，励磁调节器据此调整发电机励磁电流，改变空载电动势，抵消转子电枢在无功影响下的电压波动，维持同步电机端电压近似保持恒定。如果 VSG 直流侧包含一定储能能量，就可通过储能装置吸收或发出虚拟转子动能，模拟类似同步发电机一样的惯性，并可参与电网一次调频控制。同步发电机从机械能到电能的转换过程缓慢，而电力电子控制响应速度远快于同步发电机，故可用其实现更快的控制过程。VSG 与同步发电机的对比如图 3-48 所示。

虚拟同步控制与下垂控制类似，均为基于功率的自同步方式。可通过控制手段模拟同步发电机的一次调频、阻尼、惯量支撑、电压调节等功能，对系统进行频率或电压支撑。虚拟同步发电机可以直接响应系统的频率变化率，这也是虚拟同步控制相对于下垂控制的主要优势。

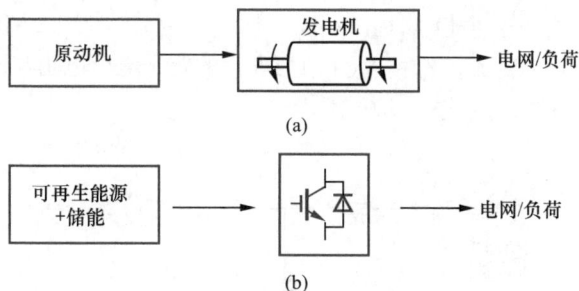

图 3-48　VSG 与同步发电机的对比
（a）同步发电机；（b）VSG

下垂控制与 VSG 控制对比如图 3-49 所示，为方便对比，将下垂控制框图再次展示在图 3-49（a）中。这样的下垂控制可以使电力电子接口具有同步发电机的外特性，如 $P\text{-}f$、$Q\text{-}U$ 曲线，但由于缺乏旋转器件无法为电网提供阻尼和惯性。电力系统的稳定运行需要一定大小的阻尼存在，这样电力系统在受到扰动时才会逐步稳定下来，阻尼越小稳定越慢，若是零阻尼则扰动引起的振荡不会停息，这里的扰动和稳定主要是针对有功而言。电力系统的惯性则表现为系统阻碍角频率 ω 突变的能力，从而使同步发电机有足够的时间调节有功功率，重建有功功率平衡。惯性主要由电力系统各部分的时间延迟造成，如原动机接受调度指令的延迟、调速器输出调速信号的延迟等。而 VSG 通过模拟实现同步发电机的机械方程，使构网型变流器具有同步发电机的阻尼和惯性特性，VSG 控制框图如图 3-49（b）所示。

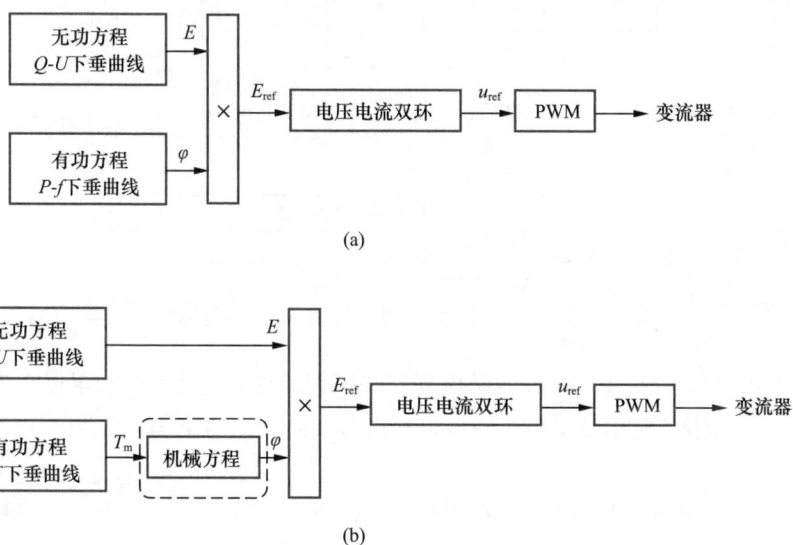

图 3-49　下垂控制与 VSG 控制对比
（a）下垂控制框图；（b）VSG 控制框图

图 3-49 中，φ 是相角，T_m、T_e 分别是同步发电机的机械转矩和电磁转矩，E、E_{ref}、u_{ref} 分别是电动势、参考电动势、参考电压。E 为通过该控制所获取的参考电压幅值。

VSG 基本拓扑结构的等效模型如图 3-50 所示。图中 PCC 表示虚拟同步发电机的并网点，$E=[e_a, e_b, e_c]^T$，$u=[u_a, u_b, u_c]^T$，$i=[i_a, i_b, i_c]^T$，分别为 VSG 的感应电动势、三相输出端电压与并网电流；R_s 和 L_s 分别为虚拟的定子电枢电阻与同步电感；P 和 Q 分别为 VSG 输出的有功功率与无功功率。

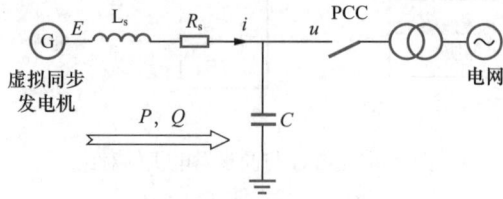

图 3-50　VSG 基本拓扑结构的等效模型

VSG 主要包括主电路与控制系统。其中，主电路为常规的并网变流器拓扑，包括直流电压源（可视为原动机）、AC/DC 变换器及滤波电路等（对应同步发电机的机电能量转换过程）；控制系统是 VSG 技术的核心，主要包括 VSG 本体模型与控制算法，前者主要是从机理上模拟同步发电机的电磁关系与机械运动，后者则主要从外特性上模拟同步发电机的有功调频与无功调压等特征。

用于储能变流器的 VSG 典型结构如图 3-51 所示。P-f 控制部分决定输出频率和相角，Q-U 控制部分生成 PWM 调制信号，决定输出电压。

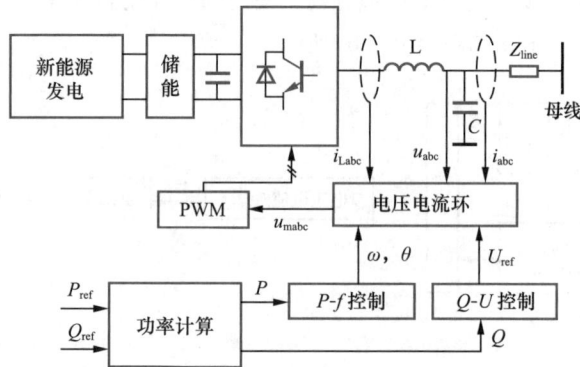

图 3-51　用于储能变流器的 VSG 典型结构

1）VSG 数学模型。VSG 数学模型反映了其自身的包括惯性和阻尼在内的机械和电磁特性。根据不同阶次的同步发电机模型对 VSG 进行本体建模，可实现不同类型的 VSG。

以同步发电机经典的两阶模型为例，本体建模主要包括电磁部分与机械运动部分。其中电磁部分建模目前并无统一结论。

根据图 3-51 所示的 VSG 拓扑等效模型，以定子电气方程为原型建立的 VSG 本体模型如下

$$u = E - L_s \frac{\mathrm{d}i}{\mathrm{d}t} - R_s i \qquad\qquad (3-19)$$

该模型重点考虑了定子电路的电压－电流关系，较为简单但不能反映其磁链以及

内在的电磁特性。

机械运动方程反映了 VSG 的转子惯性以及阻尼特征。目前针对 VSG 的机械部分建模较为统一，主要利用转子运动方程，根据牛顿第二定律，VSG 的机械方程可表示为

$$\begin{cases} J\dfrac{\mathrm{d}\omega}{\mathrm{d}t} = T_{\mathrm{m}} - T_{\mathrm{e}} - D_{\mathrm{p}}(\omega - \omega_{\mathrm{ref}}) \approx \dfrac{P_{\mathrm{ref}}}{\omega_{\mathrm{ref}}} - \dfrac{P}{\omega_{\mathrm{ref}}} - D_{\mathrm{p}}(\omega - \omega_{\mathrm{ref}}) & (3\text{-}20) \\[3mm] \dfrac{\mathrm{d}\theta}{\mathrm{d}t} = \omega & (3\text{-}21) \end{cases}$$

式中：D_{p} 为阻尼系数；J 为转子转动惯量。

转子转动惯量 J 的存在使 VSG 在功率和频率动态过程中具有惯性，而阻尼系数 D_{p} 则使得 VSG 具备阻尼功率振荡的能力。

2）VSG 控制算法。控制算法能够保证 VSG 在规定范围内稳定运行，实现 VSG 与储能系统、VSG 与电网以及 VSG 之间的协调运行。VSG 控制算法中常用的策略包括 P-f 控制和 Q-U 控制。

① VSG 的 P-f 控制。VSG 的 P-f 控制用于模拟同步发电机的调速器功能，可表征有功功率和系统频率的下垂特性。P-f 控制通过检测功率差 ΔP 来控制虚拟机械转矩输出而调节频率，并采用 VSG 阻尼系数来描述频率发生单位变化时的输出功率变化量。VSG 有功 - 频率控制框图如图 3-52 所示。

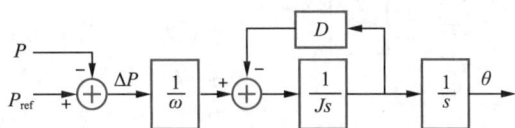

图 3-52　VSG 有功 - 频率控制框图

VSG 的 P-f 控制表达式为

$$\omega = \frac{1}{Js}[D_{\mathrm{p}}(\omega_{\mathrm{ref}} - \omega) + (P_{\mathrm{ref}} - P)] \qquad (3\text{-}22)$$

目前，大多 VSG 控制主要采用 P-f 下垂控制策略。该方法简单易行，且能够实现多台 VSG 并联运行时的有功功率按容量分配。由于 P-f 下垂环节的存在，VSG 可通过检测母线频率，在并网工况下可自主响应电力系统的一次调频，在离网工况下可主动参与分布式电源之间的负荷分担；由于惯量阻尼环节的存在，VSG 具备了传统控制下的变流器所不具备的惯量阻尼，能够体现出柔性并网特性，同时在母线频率波动时提供必要的频率支撑，从而体现其惯量支撑能力，也可主动平抑母线波动，从而体现其阻尼特性。

更进一步，可将 VSG 的 P-f 下垂控制分为基于差值控制、基于位置控制两种类型。其中，图 3-52 所示即为基于差值控制的 VSG 控制策略，先根据有功、频率和惯量阻尼计算出给定角速度与额定值之差，再叠加到额定角速度上得到输出角速度，故称其为基于差值控制的 VSG 控制策略。在该种策略中，VSG 的阻尼系数 D_{p} 的设计与惯性

时间常数呈正相关，若考虑 VSG 为电网提供足够的惯量支撑，惯性时间常数取值较大，则 D_p 取值较大，实际调差系数过小，VSG 容易在一次调频中过量响应而与电网失步解列；若考虑实际调差系数在合理范围之内，D_p 取值非常小，则惯量时间常数同样取值非常小，VSG 的惯量过小，则会使得 VSG 在母线频率波动时参与惯量支撑的能力不足，无法体现虚拟同步控制的优越性。

基于位置控制的 VSG 控制策略，先根据 VSG 的有功指令和下垂环节得到有功参考值，与检测的实际有功输出值作差后，再减去阻尼系数与角速度差的乘积，通过积分器得到输出角频率。因这一控制策略直接根据有功、频率和惯量阻尼的计算结果积分得到输出角速度，故称其为基于位置控制的 VSG 控制策略。该策略中 VSG 的阻尼系数 D_p 对调差系数无影响，因此在一次调频时能够准确响应，不存在稳态误差，但由于阻尼环节中需要通过 PLL 对母线频率进行实时检测，检测环节的性能对 VSG 的动态响应影响较大，因此基于位置控制的 VSG 系统通常呈欠阻尼状态，表现出较差的动态响应特性。

② VSG 的 Q-U 控制。同步发电机的励磁系统能够调节励磁电动势，从而控制无功输出，保证机端电压稳定。VSG 的 Q-U 控制用于模拟同步发电机的励磁调节功能，根据输出电压幅值偏差 ΔU、无功功率差额 ΔQ 来调整输出电压，VSG 无功 - 电压控制框图如图 3-53 所示。

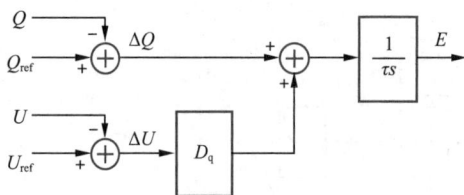

图 3-53 中 U、U_{ref} 分别为电压幅值的实际值和参考设定值；D_q 和 τ 分别为 Q-U 下垂系数与积分系数，其中 D_q 也叫电压调整系数，用于表征 VSG 的电压调节能力；E 为通过该控制所获取的参考电压幅值，其可与 P-f 控制所获得的角度 θ 共同合成 VSG 参考电压。

图 3-53　VSG 无功 - 电压控制框图

VSG 的 Q-U 控制表达式

$$U = \frac{1}{\tau s}[D_q(U_{ref} - U) + (Q_{ref} - Q)] \tag{3-23}$$

类似 P-f 下垂控制，目前较多 VSG 技术多采用 Q-U 下垂控制方法来实现多台 VSG 的无功功率按容量分配。与 P-f 控制不同的是，Q-U 控制易受到线路阻抗、负荷波动等因素影响，使得其控制结果偏离设定的下垂特性，最终导致无功功率无法精确分配。

需要说明的是，虚拟同步发电机控制既能用于构网型变流器，也能用于跟网型变流器，只是侧重点和控制目标不同。

3. 匹配控制

电力储能系统与同步发电机在结构上存在一定的对偶性，储能装置相当于同步发电机的原动机，负责提供能量来源；变流器装置相当于同步发电机本体，起着电能变换的作用。因此，有学者提出利用变流器直流母线电容能量来模拟同步发电机转子能量，变流器直流母线电压与同步电机转子角频率、变流器直流电流与同步电机机械转矩之间具有匹配关系。匹配控制拓扑结构如图 3-54 所示。

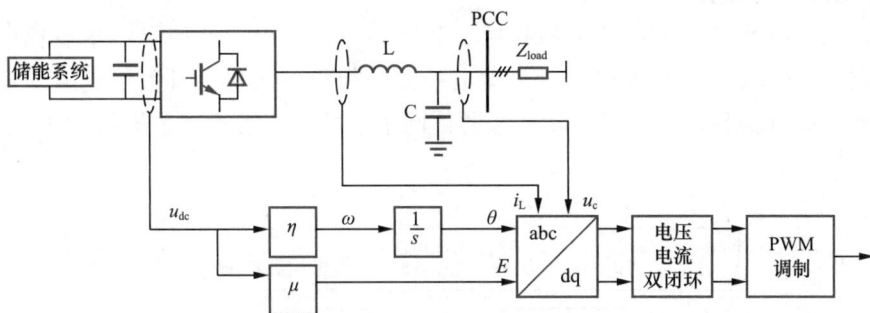

图 3-54　匹配控制拓扑结构

图 3-54 中，将直流母线电压 u_{dc} 乘上系数 η 得到频率 ω，再经过积分环节得到参考电压相位 θ；u_{dc} 与幅值调制比 μ 相乘，得到参考电压幅值 E。根据变流器直流电流 i_{dc} 与同步发电机机械转矩之间的对偶性，通过调节 i_{dc} 可以改变 u_{dc} 的大小。

在匹配控制中，网侧变流器承担直流电压控制和有功传递的角色，对大电网的主动支撑方式由机侧变流器的附加控制决定，可根据原动机的有功输出能力设置，从而实现了将有功的"需求"和"来源"统一到了机侧变流器，控制更为直观和灵活，对不含储能的新能源以构网方式接入电网也具有较高的适用性。需要注意的是，Q-U 控制依然由网侧变流器实现。

匹配控制与 VSG 控制的不同之处在于它需要测量直流电压，对变流器直流侧电流和电压的稳定提出了更高的要求。假设直流侧电压电流不稳定，则匹配控制输出的参考相位、电压幅值不稳定，易导致系统功率振荡。另外一个实际问题是匹配控制利用变流器直流母线电容能量来模拟同步发电机转子能量，但电容的惯性时间常数通常为毫秒级，远小于同步发电机的转子惯性时间常数，故难以在扰动时提供有效的功率或能量支撑。基于以上原因，目前匹配控制仍在理论研究阶段，并未实际应用。

4. 虚拟振荡器控制

虚拟振荡器模拟了一类具有弱非线性的 Liénard 振荡器的动力学特性，该振荡器一般可由二阶微分方程描述，可模拟非线性系统的极限环振荡过程，由物理模型的振荡电压得到正弦调制波，实现变流器输出电压的自同步。相比下垂控制和虚拟同步控制而言，虚拟振荡器控制不需要进行功率计算，可以实现更快的瞬态响应。但从大电网主动支撑功能角度来看，虚拟振荡器控制较难实现惯量支撑能力，且参考电压生成机制直观性差、比较复杂，因此虚拟振荡器控制在实际工程中的应用比较少见。

3.5　储能监控系统结构及通信

在电力储能系统中，监控系统对内是高级控制中枢，对系统的运行状态进行实时监测和优化控制，责任重大；对外则是联结电网调度与电力储能系统的桥梁，向上接收电网调度指令，向下将调度指令分配至各个储能支路。

3.5.1 一般结构

储能监控系统一般可分为站控层、间隔层和过程层。站控层包括监控主机、服务器等设备装置，间隔层包括就地监控系统等设备装置，过程层包括变流器、储能元件等设备装置。各层之间通过通信网络连接。储能监控系统结构如图 3-55 所示。

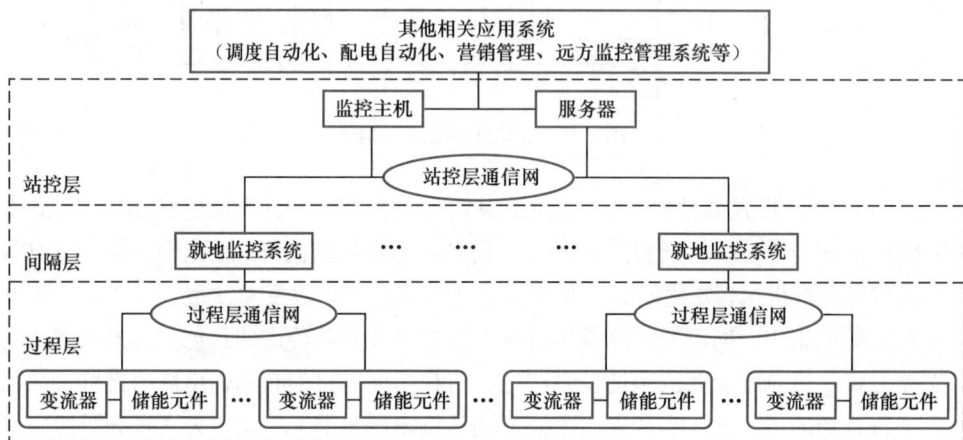

图 3-55 储能监控系统结构图

站控层中的监控主机是储能监控系统的核心，提供储能系统运行各个子系统的人机界面，实现相关信息的收集和实时显示、设备的远程控制、数据的存储、查询和统计等，并可与相关系统通信。监控主机起到"上传下达"作用，一方面接受上级电网调度，根据自身运行状态把调度指令分配给各个储能支路；另一方面，把储能系统 SOC 等重要运行状态及参数上传给上级电网调度，给调度提供决策依据。变流器和 BMS 宜以储能子系统为单元接入站控层，以保证信息交换的可靠性与实时性。而对于变流器的控制系统，可以采取单独组网并采用嵌入式控制器分层控制的方式，以避免监控网络和网络中大量信息对变流器实时性带来负面影响。其中嵌入式控制器负责大部分指令的下发，实现控制命令的就地判别；后台监控主机只负责少量秒级及以上控制功能指令的下发以提高响应速度。

储能监控系统可分为就地监控系统和远方监控管理系统两类。其中就地监控系统设置在本地的间隔层，负责采集储能元件、变流器的运行状态及运行数据，上传至系统监控主机，并接收和执行监控主机的控制命令。若储能系统应用在微网，则储能系统将信息直接接入微网的协调控制器或能量管理系统，不再单独设置储能监控系统，或由微网能量管理系统完成就地监控任务。

储能远方监控管理系统，又称储能集中监控管理系统，实现对一定区域或范围内储能系统的集中监视、控制和管理，储能系统的运行调度由位于站控层的电网调度/监控管理系统来完成。

过程层完成与变流器、储能元件等底层设备装置相关的功能，包括实时运行电气量的采集及检测、设备运行状态的监测、操作控制执行与驱动等。

通信网络是储能监控系统的信息联络线，通过通信网络把储能系统的站控层、间隔层和过程层的各类系统与设备连接为一个整体。如果将监控系统视为电力储能系统的控制中枢，通信网络就是神经线，负责将过程层设备的电压、电流、功率、电池状态等信息传送给控制中枢。有了这些信息，控制中枢才能做出正确的判断。

储能监控系统包括但不限于如下功能。

（1）SCADA 功能：采集 BMS、变流器、开关测控单元和升压变压器测控单元信息，对模拟量、状态量、电度量进行数据处理和存储，实时显示系统画面、系统参数及运行状态、变流器显示、BMS 显示、计划用电 / 发电量显示、故障报警等信息，提供数据报表和图形的打印。

（2）诊断预警功能：实时监测储能系统各种运行数据，提供数据诊断和分析决策功能。在线分析电池串、电池堆、变流器及回路告警和故障信息，及时、准确提示系统异常或故障类型，自动实施异常工况限制、故障保护和声光报警显示等功能。

（3）全景分析功能：根据上送的全景数据，分析系统运行状态，挖掘或抽取有用信息，如储能系统 SOH、充放电次数、循环次数、储能充放电效率等。基于全景分析算法，得出电池组重要信息（可用容量 / 能量、可持续工作时间、可循环寿命等），并进行电池、变流器、储能回路的历史数据分析、电能表数据统计分析、事故追忆、日志管理等。

（4）有功 / 无功优化调度功能：根据上级电网调度指令，确定充放电功率，协调分配各个可独立运行的储能电池组的效率，考虑故障回路影响，优化有功 / 无功调度策略。

3.5.2 通信网络

光储充电站通信系统架构示例如图 3-56 所示。在该示例中，电池储能的能量管理分为三个级别，分别是电池阵列管理系统（Battery Array Management System，BAMS）、电池簇测量单元（Battery Cluster Measurement Unit，BCMU）和电池测量单元（Battery Measurement Unit，BMU）。控制器局域网（Controller Area Network，CAN）用于上下级管理系统 / 测量单元之间的信息交换。只有最高级别的 BAMS 通过 RS485 连接电池储能变流器。光伏电池板通过汇流箱与光伏控制器相连。为确保一致性，电动汽车（Electric Vehicle，EV）充电系统中的所有组件都通过 CAN 进行通信。光伏控制器、电池储能变流器和电动汽车供电设备（Electric Vehicle Supply Equipment，EVSE）都连接到站级能量管理系统（Energy Management System，EMS）。EMS 根据 IEC 60870-5-104 标准响应外部配电网的命令。

一般而言，变流器的通信控制分为本地操作和远程操作。本地操作模式可直接在变流器人机界面对储能系统下发充放电操作指令；远程操作模式下，EMS 通过通信管理机获取 BMS 采集的电池组状态信息后，转发给通信管理机，由其对变流器下发调度指令和保护信息进行充放电操作，从而实现对电网有功功率及无功功率的调节和储能系统的安全稳定运行。变流器主要由本地人机界面、主控单元、模块控制单元等组成，变流器与本地人机界面、EMS 通信物理层多采用 RS485 接口，高层协议采用 Modbus 协议。

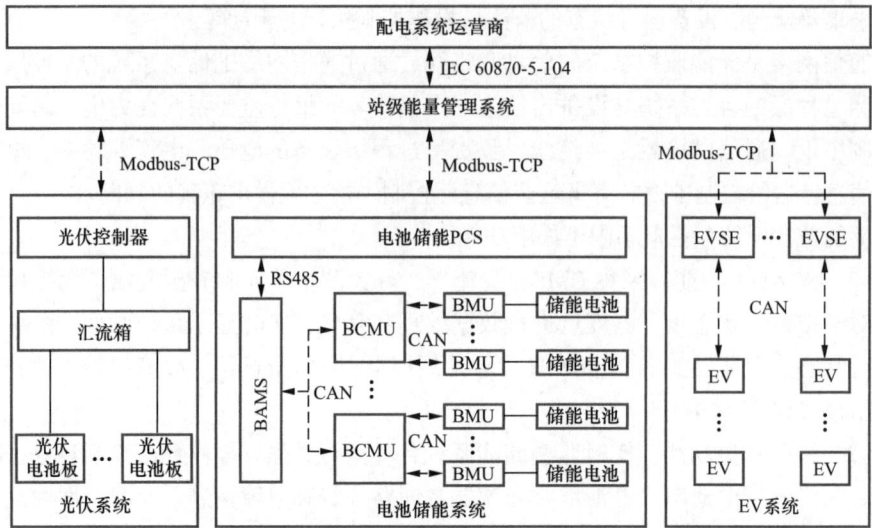

图 3-56　光储充电站通信系统架构示例

通信管理机，也称作数据处理单元 DPU，具有多个下行通信接口及一个或者多个上行网络接口，实现多种电力传输规约的转换功能，如实现与变流器系统通信的 Modbus 规约与 IEC 60870-5-104 规约或 61850 规约协议等的转换。在储能系统中，通信管理机主要功能是负责与前端设备（如变流器、BMS 等设备）通信，实时收集储能系统中各种设备的运行数据及状态，然后将信息传输给电力监控系统中的实时服务器，供 EMS 使用；另外接收 EMS 下达的命令，并转发给储能系统内各个设备单元，完成储能系统远方指令控制等，实现遥控和遥调功能。通信管理机与储能系统内各个设备单元的通信传输介质主要为 RS232、RS485、以太网及 CAN 总线等。

储能电站监控系统中包括但不限于如下常用的通信协议。

1. Modbus 协议

Modbus 协议是一种单主站的主 / 从通信模式，工作于 OSI 模型中的最高层，可为不同类型的总线或网络所连接的设备之间的客户机 / 服务器提供通信。该协议于 1979 年由施耐德电气为可编程逻辑控制器 PLC 通信而制定，但因其协议开放、高效性和高可靠性在电力通信领域应用较为广泛。Modbus 通信协议可以通过各种传输介质传播，如 RS232、RS485、光纤等。Modbus 通信协议在串行链路上具有两种传输模式：RTU 模式和 ASCII 模式。

2. IEC 60870-5-104 规约

IEC 60870-5 系列通信协议体系是国际电工委员会第 57 技术委员会第 3 工作组（IEC TC57WG 03）于 1990 年开始制订的用于变电站远程通信的协议体系，即"远动设备和系统"的第 5 部分：传输规约。IEC 60870-5 系列协议根据应用领域定义了一系列配套标准：IEC 60870-5-101 用于变电站与控制中心之间或不同系统之间的串行数据通信；IEC 60870-5-102 用于电能计量信息的接入；IEC 60870-5-103 用于继电保护信号接入；IEC 60870-5-104 是 IEC 60870-5-101 的网络版本，具有兼容性好、稳定性强、可靠性好等优点，因此在电力监控、配电自动化等通信场合的应用非常广泛。

IEC 60870-5-104 采用平衡传输模式，不论网络中的设备属于主站还是厂站，都有权发起通信。基本网络通信的发起和终止，包括连接的建立、握手、数据的传输和连接的断开都遵循 TCP/IP 协议标准。协议采用 TCP/IP 地址，其标准通信端口号为 2404，在任何情况下，厂站通过监听端口 2404 来获取接入连接。

IEC 60870-5-104 通过一系列"控制信息"的交换来对整个通信过程进行控制，确保传输的准确性。在进行任何有效设备数据传输前，首先要进行启动通信操作，同理，在终止一个连接前，需要进行结束通信操作。在数据传输过程中，有基于收、发计数的应答机制来确保传输数据的完整性、不重复性和连续性。对于闲置时间较长的连接，有通信测试机制以随时确定通信链路的有效性。IEC 60870-5-104 的一般体系结构如图 3-57 所示。

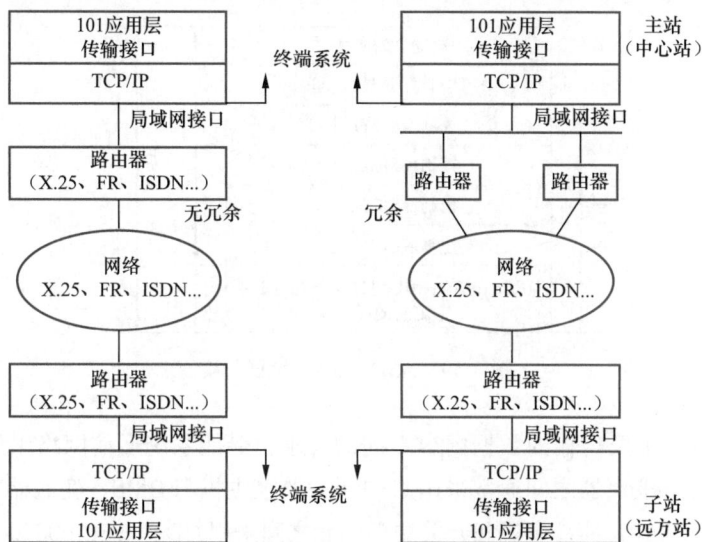

图 3-57　IEC 60870-5-104 的一般体系结构

IEC 60870-5-104 的网络参考模型如图 3-58 所示。应用协议数据单元 APDU 是 IEC 60870-5-104 协议最大的数据传输单位。一个 APDU 包含了一次数据传输的全部数据内容，是传输数据包的总称，通常称为帧，APDU 由应用规约控制信息 APCI 和应用服务数据单元 ASDU 组成。

图 3-58　IEC 60870-5-104 的网络参考模型

由图 3-58 可见，IEC 60870-5-104 实际上是将 IEC 60870-5-101 与 TCP/IP 提供的网络传输功能相结合，使得 IEC 60870-5-101 在 TCP/IP 内各种网络类型均可使用，包括 X.25、FR（帧中继）、ATM（异步传输模式）和 ISDN（综合业务数据网）。

IEC 60870-5-104 规定一个 APDU 报文最长为 255 个字节（包括启动字符和长度标识），所以 APDU 的最大长度为 253，APDU 长度包括 APCI 的 4 个控制域 8 位位组和 ASDU，因此 ASDU 的最大长度为 249，这一规定限制了一个 APDU 报文最多能发送 121 个不带品质描述的归一化测量值或 243 个不带时标的单点遥信信息，若子站 RTU 或监控系统采集的信息量超过此数目，则须分成多个 APDU 进行发送。ASDU 数据单元结构如图 3-59 所示。

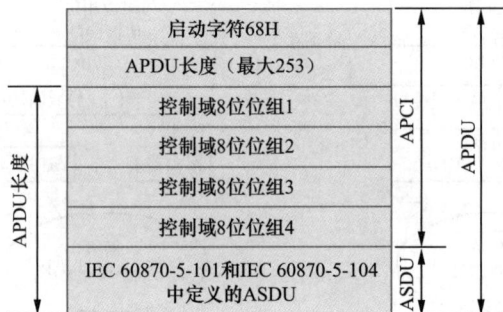

图 3-59　ASDU 数据单元结构

依据设备特点及传输的数据内容不同的要求，储能系统通信网络采用不同的通信协议，BMS 和变流器之间通常采用 Canbus，监控主机与 BMS、变流器之间通常采用 Modbus、TCP/IP，监控主机和开关测控单元之间采用 CDT、IEC 60870-5-101、IEC 60870-5-104 协议，监控主机与上级电网调度之间通常采用 IEC 60870-5-104 协议。

思考题

3-1　电力储能系统的主要组成部分有哪些？各部分的作用分别是什么？

3-2　电能存储设备可分为几大类？

3-3　试分析电化学储能，特别是其中的锂离子电池为什么成为电力储能系统的主流储能技术。

3-4　图 3-27 所示变流器拓扑结构，试分析在交流侧输出 $\pm U_{dc}/2$ 两种电平的工作原理及该电路工作特点。

3-5　图 3-32（b）所示 MMC 半 H 桥子模块，当 VT1 截止，VT2 导通时，输出电压为多少？该电路交流侧电压共输出几个电平？电路中反向并联二极管的作用是什么？电容 C 的作用是什么？

3-6　储能变流器的两种并网控制技术有什么区别？

3-7　图 3-51 所示 VSG 拓扑结构如何实现对变流器的控制？ VSG 控制与传统下垂控制的区别体现在哪里？

3-8　储能监控系统一般有哪些组成部分？应包括哪些主要功能？

第4章 电力储能系统的规划配置

电力储能系统的选址与容量配置是确保储能系统高效、经济、安全运行的重要环节。选址是电力储能系统建设的第一步，是指选择一个合适的地点或位置来建设或安置电力储能系统。储能容量配置，就是确定电力储能系统的容量大小。

本章首先介绍抽水蓄能电站的规划配置及其经济性分析；其次，阐述电化学储能系统的规划配置，主要介绍选址的原则、容量配置的概念及其配置流程；接着，针对电化学储能系统接入点，分别阐述了电源侧、电网侧和用户侧储能系统的容量配置原则和步骤，举例分析典型应用场景下储能容量配置的计算方法；然后对各侧储能应用进行经济性分析；最后，以电化学储能系统为例，简要介绍电池储能集成技术。

4.1 抽水蓄能电站的规划配置

4.1.1 选址

1. 站址选择的基本原则

抽水蓄能电站的站址选择是抽水蓄能电站规划中遇到的一个首要问题，所选站址是否经济合理，直接影响到抽水蓄能电站的布局、规模、投资和效益，必须慎重对待。为了选出具有良好建设条件的站址，应遵循以下基本原则。

（1）站址布局合理。抽水蓄能电站的布局要因地因网制宜，不要强求一律。一般而言，在一个大电网内应适当集中，尽可能修建高水头大容量的抽水蓄能电站，以降低单位千瓦造价和加强电网统一调度。但也应考虑"省为实体"的现实体制，适当分散布设站址，以满足地区电网调峰的要求，尽可能做到就地平衡，避免大范围内大进大出的电力交流；同时也容易发挥地方的积极性，有利于早日集资兴建。当然也要防止为了解决市、县地方电网的调峰问题而分散地兴建那些不经济的低水头、小容量的抽水蓄能电站的偏向。

（2）地形条件好。就抽水蓄能电站的站址而论，地形条件好是首要条件。衡量地形条件好坏的一个主要指标是距高比，即 L/H 值。L 是指上、下水库的水平距离，习惯上常以输水道的总长度来表示；H 是指上、下水库的高差，习惯上常以电站水头表示。距高比 L/H 小的站址，是经济合理的站址。这是因为 H 越高，单位水体所能转换的能量越大，在蓄能总量相同条件下，上、下水库间循环流量就越小，因而水库规模、输水道直径、厂房和机组尺寸都小。另外，L 越小，输水道长度越短。这两方面因素组合在一起，会使抽水蓄能电站投资大大下降，根据国外统计资料，多数抽水蓄能电站的距高比 $L/H < 4 \sim 10$。我国现阶段宜建高水头大容量的抽水蓄能电站，应以水头 H 为 $300 \sim 600m$ 和 $L < 3.5km$ 为宜。水头太高，就得选用多级可逆式蓄能机组，技术较复杂，对承担调峰也不利。水头低于 $100m$ 的抽水蓄能电站除电网特需外最好不建。

良好的地形条件还在于在所选站址区内，有已建人工水库或天然湖泊可作为未来新设计抽水蓄能电站的上水库或下水库，以节省工程投资；或者有宽阔的河谷、凹地可以利用来兴建上、下水库，以较小的工程投资取得较大的库容。

（3）地质条件好。抽水蓄能电站站址地质条件的重要性在于它直接影响水库防渗措施、隧洞、地下厂房的结构形式与施工条件。

库区基岩要完整，无集中渗漏通道，水库蓄水后不会引起严重渗漏，这对上水库尤为重要，因为抽水蓄能电站上水库的每一方水，都是消耗电能提升上来的，水库渗漏不仅造成水量损失，而且带来能量损失。

抽水蓄能电站水头一般都较高，因而机组装置高程都较低，为了解决布置上的困难，厂房和输水道一般都位于地下。若这些建筑物处在新鲜而完整岩石之中，则可减轻衬砌或不用衬砌，施工临时支护省、进度快，因而良好的地质条件可节约大量投资。

（4）地理位置好。抽水蓄能电站的站址，一般应选择在距负荷中心近或靠近受电电源点（即提供抽水电能的基荷电站）的地区，这样不仅减少输电线路的投资，而且减少电站在送电和受电时的线路电能损失。我国目前建设的十三陵抽水蓄能电站距北京市仅 $40km$，广州抽水蓄能电站距广州 $90km$，天荒坪抽水蓄能电站地处经济发达的宁沪杭三角地带，距杭州 $75km$，距上海、南京各 $175km$。从这些实例可以看出，大城市负荷中心附近或已有主要输电干线附近是抽水蓄能电站理想的地理位置。

（5）水源应有保证。抽水蓄能电站本身虽不消耗水量，但需要一定的水量作为能量的载体进行能量转换，同时也需要一定的水源以补充蒸发、渗漏等损失，所以抽水蓄能电站的站址应选在河流、湖泊或现有人工水库的附近，以便有足够的水量用来进行首次蓄水和以后运行期间长期的水量补充。

（6）应有廉价的抽水电源。抽水蓄能电站在深夜负荷低谷时抽水，消耗大量电能。巨型火电站和核电站，电能生产成本低，能给抽水蓄能电站提供廉价的电能，而抽水蓄能电站的投入，又改善了火电站和核电站的运行条件，所以抽水蓄能电站常和核电站，甚至巨型火电站配套建设。例如，广州抽水蓄能电站和大亚湾核电站就是配套工程。

（7）对外交通方便。抽水蓄能电站所选站址要靠近现有公路、铁路，或有良好的水运条件，可加快前期工作进展，减少施工准备工程量，同时便利物资运输和人员往来。

应该指出，要同时符合以上七个条件的站址是比较少的，有时为了满足某一条件，不得不放弃另一条件。例如，有少数抽水蓄能电站的距高比 $L/H > 10$ 多半是为了利用已有人工水库或天然湖泊。在这种情况下，上、下水库的距离和高差已经给定，但如果上、下水库的投资节约足以补偿输水道较长而增加的投资，则在经济上仍然是合算的。所以选择抽水蓄能电站的站址时，不能孤立地考虑每个条件，而应综合分析论证，力求总体评价最佳。

2. 站址选择的基本程序

抽水蓄能电站的站址选择，必须在抽水蓄能电站资源普查的基础上进行。这是因为抽水蓄能电站的站址，不受天然水源和自然落差的限制，因而其资源普查范围，不是像常规水电站那样局限于沿河流一条狭长地带，而是电力系统覆盖的整个地区，需要普查的面很广，可供选择的站址较多，而不同站址由于建设条件的差别而引起的电站规模、投资、作用和效益的差异可能是相当大的。因此选择站址，必须首先开展区域性资源普查工作，只有通过资源普查，摸清所有可能开发站址的基本建设条件，经过比较，从中选出较好站址。

抽水蓄能电站站址的选择大致可分为以下几个步骤。

（1）室内作业。室内作业主要是在 1：50000 或 1：10000 的地图上找出地形较好、落差较大、工程布置较集中，并有一定水源条件的可能开发的站点，在图上测量其库容、水头等主要指标，进而估算可能的装机规模，经定性分析和初步筛选后，留下较好的站点作为现场调查的对象。在室内作业中应充分利用航天和航空遥感资料进行选点定位工作，使外业调查对象更明确、更具体。

（2）外业调查。外业调查主要是对已选定的较好的站点收集或实测地质、地形、地势、地貌、水文、交通以及社会经济、环境等各方面必要的原始资料与数据。在外业调查过程中，特别要注意查明那些对站点具有颠覆性的因素，如地质条件差，区域地质不稳定，地震烈度高，坐落在自然保护区内等。具有这些不良因素的站点，在现场即可以排除，没有必要再做下一步的调查与研究。各工程部位在规划阶段的查勘重点内容说明如下。

1）库区。上水库的查勘重点是水库蓄水后的可能渗漏情况及由于渗漏可能引起的库岸和山体的失稳、输水道和厂房等地下建筑物外水压力的提高。已有建筑物的失事和低凹地区的浸没等对生态环境的影响。下水库的查勘重点是水库蓄水后可能引起的库岸坍滑、淹没、淤积和生态等问题。

2）坝址。查勘重点是初步查明坝址区的覆盖情况和地质构造、建坝蓄水后坝基和坝肩的渗漏及稳定等问题。

3）地下厂房和输水道。对初步拟定的厂房和输水道等地下洞室群的工程地质条件进行一般性的了解，初步查明洞室的覆盖厚度、地质构造、地下水动态、施工中可能遇到的问题（如坍方、岩爆、断层、溶洞、地应力、地下水等）、洞室轴线的合理方向等。

（3）规划选点。在普查的基础上，经筛选保留下来较好的站点，可以初步拟定工程布置方案，初估工程量、投资和工期，重新计算各主要参数和主要指标，其中包括装机容量、年发电量、年抽水耗电量、上/下水库正常蓄水位、死水位和蓄能库容、发电水头、抽水扬程等，并对各站点的主要优缺点加以评述，以备进一步比选。具体内容如下。

1）确定抽水蓄能电站的总装机容量。抽水蓄能电站的装机容量根据设计负荷水平年的日负荷图用能量平衡法确定。若抽水蓄能电站同时具有周调节和季调节的功能，则尚需周负荷图和年负荷图。抽水蓄能电站总装机容量的大小取决于系统负荷的大小、负荷图的形状和系统中是否有可调节的水电站等因素。

由于在一个抽发循环中有能量损失（总效率约为 0.7），抽水所吸收的电能总是大于发电时所提供的电能。抽水所需的装机容量与发电所需的装机容量之比值（抽发比）还与负荷图的形状有关，但一般均大于 1.0。由于抽水工况只承担抽水蓄能的功能，而发电工况除向系统提供电能外，还能担负旋转备用和调频等任务，水泵工况装机容量选得过大是不经济的。近代的抽水蓄能电站多采用可逆式机组，抽水工况的装机容量与发电工况的装机容量之比值基本上都接近 1.0。

2）初步选择抽水蓄能电站站址。根据上述的抽水蓄能电站总装机容量，在小比例尺的地形图上初步选择一个或几个抽水蓄能电站站址。站址的位置应接近大的负荷中心和大的基荷电站（如核电站或大火电站）以及系统的主要输电线路。站址应具有较大的落差，有已建水库和天然湖泊可以利用或有合适的地形可建造水库。

若有几个站址，则可根据水头与库容初步确定各电站的装机容量，进行枢纽布置，根据初步确定的建筑物尺寸，估算工程量和投资，通过技术经济比较，选择第一期开发的工程。由于系统负荷是逐步增长的，且实际的增长过程可能和规划的增长过程有很大的出入，所以抽水蓄能电站应根据系统负荷的实际增长过程逐个加以开发。

3）选择抽水蓄能电站的特性参数。根据电力系统的要求和选定站址的自然条件，通过技术经济比较，最后选定抽水蓄能电站的特性参数。在各特性参数中，最主要的是装机容量。在水头已定的条件下，装机容量的大小取决于库容的大小，即取决于挡水建筑物的高低。对于利用已有水库和天然湖泊的情况，有的还可根据需要与可能考虑加高建筑物以增加调蓄库容。这些都应通过全面的技术经济比较来确定。

（4）推荐近期开发站址。从已经选定的、具有较好建设条件的站址中，根据电网调峰的需求和各站址的具体建设条件，遵照站址选择的基本原则，通过进一步的比较、分析、论证工作，好中择优，推荐出具有近期开发价值的抽水蓄能电站的站址，进行电站规划设计的前期工作。

4.1.2　容量配置

1. 装机容量的意义及组成

（1）装机容量的意义。抽水蓄能电站的主要任务是承担调峰和旋转备用，同时也起调频、调相和跟踪负荷变化等作用，装机容量是抽水蓄能电站的主要指标，主要包括工作容量、事故备用容量、负载备用容量和检修备用容量。电站的总装机容量根据可能的抽水蓄能电量和系统要求的工作小时数来确定，单机大小是根据电网运行灵活性和机组制造能力等综合因素确定的。装机规模确定后，才能进行其他建筑物的相应设计。

抽水蓄能电站的工作容量是由其在日负荷图上工作位置所对应的"顶峰容量"或"填谷容量"决定的。顶峰容量可以替代其他电源的工作容量，而填谷容量只起提高低谷负荷率作用，不起替代系统其他电源的工作容量的作用。从这个意义上说，抽水蓄能电站的工作容量应由顶峰容量来决定。但是，在特殊情况下，当系统低谷负荷小于火电机组技术最小输出功率时，迫使部分火电机组停机，使这部分停机机组次日无法跟上负荷需要，要求抽水蓄能电站以填谷容量来提高低谷负荷率，系统对填谷容量的需求比对顶峰容量的需求更为迫切时，就有可能使填谷容量在决定抽水蓄能电站工作容量中的分量加重。作者曾接触到某省电网的统计资料，在 20 世纪 90 年代后期，因受东南亚金融危机的影响，电力负荷一度出现负增长，低谷负荷降到全部火电机组技术最小输出功率以下，迫使部分火电机组低谷时停机，而因火电机组增负荷较慢，次日开机后跟不上负荷增长，于是出现了各家火电厂争抢低谷发电权的局面，因为有了低谷发电权，才能在次日高峰时段带负荷，才能维持全天发电运行。在这种情况下，如果有抽水蓄能电站投入运行，则低谷时段抽水就不至于发生低谷发电危机。此时抽水蓄能电站的填谷容量在装机容量中的分量就是很重的。当然，这种情况是在电网处于不正常状态下发生的，不具有代表性。

可逆电机的容量参数由发电机的输出功率和电动机的轴功率来表示，在一般情况下，为了充分发挥可逆电机两种工况的效益，在机组选型时应尽量使发电机的输出功率与电动机的轴功率相接近。但在特殊情况下，也可按系统需要，以一种工况为主，另一种工况为辅来选择可逆电机的容量参数。

由于抽水蓄能电站的发电利用小时数较少（一般日满发 5h），除满发时间外，其余时间（包括抽水时间）均可承担事故备用和负荷备用，在抽水工况下，随时可向系统提供备用容量。因此一般不需要专门设置备用容量，只要在发电站需调节库容之外再增加一部分库容，即可承担上述备用任务。但是，在特殊情况下，当系统在其他电站设置旋转备用容量不如在抽水蓄能电站设置旋转备用容量经济合理时，就需要考虑在抽水蓄能电站另设备用容量的问题。

（2）装机容量的组成。装机容量的组成为

$$N = N_W + N_K + N_L + N_M \tag{4-1}$$

式中：N 为装机容量；N_W 为经电力平衡后工作容量，即为电力系统需要的调峰容量；N_K 为事故备用容量，它的选定可按该电站在电力系统中占最大负荷的比重选定，但对抽水蓄能电站，尤其是纯抽水蓄能电站，一般不另设事故备用，因为抽水蓄能与火电厂和常规水电站相比，年发电小时较少，如果再留事故容量，设备利用率太低，很可能使电站造价增加；N_L 为负载备用容量，应付突增负荷之用；N_M 为检修备用容量，电力系统中各电站的机组都要定期检修，一般检修安排在负荷较低的月份，因为一年四季各月的负荷不一样，如果各季负荷相差不大，则只靠负荷低时来安排机组检修，满足不了检修所需的容量，就需设检修备用容量。检修备用容量由哪些电站担负，需经电力电量平衡和根据各电站的性能分析后比较确定。

2. 装机容量选择的基本依据与主要因素分析

抽水蓄能电站的装机容量是抽水蓄能电站最主要的设计参数，它直接决定电站的规模、投资、作用和效益，必须慎重对待。

抽水蓄能电站装机容量的选择是一个复杂的技术经济问题，它涉及面广、考虑因素多，必须收集大量的基础资料，进行广泛而深入的分析、计算与论证，才有可能选出经济合理的装机容量。

选择抽水蓄能电站装机容量所依据的资料，所考虑的因素，其中很多与常规水电站是相同的，不再在这里重述。下面针对抽水蓄能电站的特点，就直接影响装机容量选择的一些最基本的依据和最主要的因素进行必要的分析。

（1）系统负荷的大小与峰谷形态。电力系统负荷的大小与特性是选择抽水蓄能电站装机容量的基本依据之一。目前水量系统能容纳抽水蓄能电站容量是有一定限度的，抽水蓄能电站投入系统的容量应与系统负荷增长保持一定的合理比例，投入多了，不能充分发挥抽水蓄能电站应有的作用；投入少了，系统的调峰填谷问题不能解决，在具体选择装机容量时，应根据电站投产年份和设计负荷水平年（第一台机组投产后的5年或10年）的最大日负荷图，通过系统电力电量平衡的结果来确定装机容量的初值。

抽水蓄能电站是在系统日负荷的高峰和低谷负荷区域工作的，因此系统日负荷图的峰谷形态及峰谷差大小对装机容量的选择会产生较大影响。日平均负荷率 γ 和日最小负荷率 β 越小，日负荷曲线峰谷形态越尖瘦，峰谷差越大，则要求抽水蓄能电站提供的调峰和填谷的容量也就越大（在转换电量给定的条件下）。所以在选择装机容量时，对系统日负荷图应进行峰谷分析，其内容包括峰、谷负荷出现的次数、时间、大小、差值和负荷升降坡度等。

（2）系统电源结构与调峰能力。电力系统中各类电站的调峰能力是不等的。一般而言，核电机组无调峰能力，只能按额定输出功率在基荷稳定运行；火电机组的一定调峰能力，可以在额定输出功率的70%～100%范围内运行，即可调能力为30%，燃气轮机机组可调能力扩大到50%；具有调节水库的水电机组有较强的调峰能力。最大时可达100%，但在汛期为了充分利用水能在基荷工作，失去调峰能力。所以系统电源结构不同，其调峰能力也不相等。以火电、核电为主的系统，都严重缺乏调峰容量，迫切需要兴建抽水蓄能电站，扩大装机以解决系统调峰问题；必要时尚需补充其他调峰措施，例如，从网外输入尖峰电力，才能满足调峰要求。水电占一定比重的混合系统常采用抽水蓄能电站与常规水电站联合调峰的方式，就可解决系统调峰问题。

由此可见，在选择抽水蓄能电站的装机容量时，必须对系统原有调峰能力进行分析研究，组成多种调峰方案，在系统调峰能力平衡的基础上来确定抽水蓄能电站装机容量。

（3）抽水能源。抽水能源是指系统在低谷负荷时可供抽水电能的数量、类型（水电、火电或核电）、输出功率过程以及这部分低谷电能的发电成本和保证率。

在抽水蓄能电站上、下水库蓄能库容不受限制的条件下，抽水电能的数量与输出功率过程是直接制约装机容量大小的关键因素；抽水电能的类型与发电成本影响最优装机的选择；而抽水电能保证率直接决定着抽水蓄能电站的工作保证率。因此，在选择抽水蓄能电站的装机容量时，对抽水电能进行适当的研究是十分必要的。

一般而言，抽水蓄能电站的抽水能源有以下3种类型。

1）以火电为抽水能源。这是最常见的一种抽水能源。随着电力系统不断扩大和负荷不断增长，高温、高压、高效的大容量火电机组的大量投入。由于这些机组宜在基荷工作，所以迫使系统原有效率较低，火电机组的工作位置不断上移，进入腰荷区工作，提供抽水电能。由于这种火电发电成本比水电、核电贵，所以这种抽水电能成本也比较高。

2）以核电为抽水能源。可以保证核电机组按额定输出功率在基荷稳定运行，降低发电成本，同时又为抽水蓄能电站提供比火电更廉价的抽水电能，所以核电站常与抽水蓄能电站配套兴建。

3）以水电为抽水能源。在汛期当水电站在基荷工作时，其输出功率大于系统最小负荷，则在负荷低谷时必须将发生无益弃水（径流式水电站或有调节能力的水电站在水库蓄满情况下），这部分强迫弃水电能，是最廉价的抽水电能，因水电站发电成本远低于核电站和火电站发电成本。如果抽水电能由水电站提供，则将提高抽水蓄能电站在调峰电源选择中的竞争能力。但是以水电为抽水能源，其保证率低于火电和核电提供能源，同时也失去了改善腰荷火电运行条件而产生的填谷节煤效益。

总之，以哪一种电能作为抽水蓄能电站的抽水能源，主要取决于系统电源的组成和系统运行方式。在一个水、火电混合系统的实际运行中，抽水能源的类型常随运行方式和季节而改变，例如，夏、秋季汛期可以水电为抽水能源，冬、春枯水期必然以火电为抽水能源。

（4）替代电站。抽水蓄能电站装机容量的选择，应与替代方案进行比较后才能确定。因此替代电站（或其他替代措施）选择是否正确，以及相关资料是否可靠，常决定着抽水蓄能电站装机容量方案的取舍问题，所谓替代电站，是指在技术能起到与拟建抽水蓄能电站相同的作用。具体来说，所选替代电站在以下方面应与抽水蓄能电站是等效的。

1）对电力系统能提供同样大小的电力与电量。

2）能调节同样大小的峰谷差。

3）具有同等的灵活性和可靠性。

具有以上这些条件的替代电站称为等效替代电站。在与抽水蓄能电站进行比较时，可选用如下替代电站。

1）水电站是较理想的替代电源，除了没有填谷作用外，在启停机迅速、运行灵活性、调峰、调频、调相、事故备用等方面都具有与抽水蓄能电站同等功能。但在水能资源开发程度较高的电力系统内，选用水电站作为替代电站的现实性已不存在。

2）燃气轮机电站也是比较好的替代电站，运行灵活可靠，调峰能力强。但在我国由于燃料成本高、容量小，目前限制使用燃气轮机。

3）燃煤火电站也可选为替代电站，但调峰方式随机组类型而不同，高温高压大容量的调峰火电机组，常以压负荷方式调峰；系统中现存的中低压燃煤机组，常以开停机方式调峰。在论证抽水蓄能电站装机容量的经济性时，今后应选用调峰火电机组的替代方案为主。

（5）地形、地质条件。在选择装机容量时，抽水蓄能电站的站址、类型（纯抽水蓄能电站或混合式抽水蓄能电站）和调节性能（日调节、周调节或季调节）均已基本确定，因而对装机容量选择有直接影响的自然资料只有上、下水库区的地形、地质条件，它决定上、下水库的极限正常高水位和极限死水位，因而也决定上、下水库的最大蓄能库容和最大水头。

综上所述，由于抽水蓄能电站自身的工作特点，其装机容量选择的基本依据，所考虑的主要因素，与常规水电站有所不同，掌握这些不同特点，对确定抽水蓄能电站的装机容量是十分必要的。

3. 装机容量选择的方法和步骤

抽水蓄能电站装机容量选择关系到电站的建设规模、工程投资和经济效益，并且决定着抽水蓄能电站在电力系统中的作用，是一个十分重要的基本工程参数，需要通过认真的技术经济比较来确定。比较的原则是在同等程度满足设计水平年电力系统静态需求和动态需求的前提下，系统年费用现值最小。装机容量选择的具体方法和步骤如下。

（1）比较方案拟定。根据电站自身具备的地形、地质条件和水工布置要求，初步拟定上、下水库的正常蓄水位和死水位，计算电站日调节发电输出功率和电量，按照日发电小时数（一般按满发 5h）估算电站可能提供的工作容量。在此基础上考虑电力系统的备用需要，拟定若干个抽水蓄能电站装机容量方案。

（2）各比较方案的抽水蓄能电站上、下水库特征水位推求。对每个比较方案进行各月典型日（或夏、冬季典型日）电力电量平衡，求出发电输出功率过程及抽水输入功率过程；并进行能量转换计算，确定与各比较方案相应的上、下水库特征水位。

（3）进行各比较方案的抽水蓄能电站工程投资估算。进行各比较方案的抽水蓄能电站工程枢纽布置、机电设备及金属结构选择、施工组织规划、工程投资估算。

（4）推求各比较方案的补充电源装机容量。根据电力发展规划确定的设计水平年负荷水平、负荷特性及电源结构，对每个装机容量比较方案进行设计水平年各月典型日（或夏、冬季典型日）电力电量平衡，确定在同等程度满足设计水平年电力系统需求的条件下，各方案系统各类电源的装机容量，推求各方案补充电源装机容量。

（5）进行各比较方案的补充电源投资计算。根据各比较方案补充电源的装机容量，计算各方案各类电源新增装机的工程总投资及施工期投资分配。

（6）进行各方案的电力系统生产模拟计算，推求各比较方案年运行费及燃料费。根据电力电量平衡求得的各方案各类电源的工作容量，进行电力系统生产模拟计算，推求各方案各类电源逐时发电量及相应燃料消耗量，并计算相应的年运行费。

（7）进行经济比较和综合分析。根据各比较方案各类电源的投资流程及年运行费流程，按照选定的折现率计算各方案年费用现值。

比较各方案年费用现值，分析各方案优缺点，通过综合分析选定装机容量。

4. 纯抽水蓄能电站的最大可能装机容量

抽水蓄能电站的装机容量是指发电工况下电厂内所安装各机组铭牌输出功率（额定输出功率）的总和的装机容量，在一般条件下，就是工作容量，不再专设备用容量。但这并不是说纯抽水蓄能电站不能担负备用和事故备用，而是说正在发电的工作容量不承担备用，发电之余工作容量仍可承担各种备用。抽水蓄能电站不专设备用容量的理由是其机组每天发电仅数小时，年发电利用小时数很低，如再增设备用容量，设备利用率更低，太不经济。但在少数情况下，也有考虑增设负荷备用和事故备用容量（当然应有一定事故备用库容）。这样，装机容量是由工作容量和备用容量两部分组成的。抽水蓄能电站都不专设检修备用容量，机组检修时调用系统内其他电站的机组顶替工作。

根据抽水蓄能电站能量转换的工作特点，在一定负荷水平条件下，其装机容量有一定极限值，称为最大可能装机容量（实质上是最大工作容量），其值通过抽水工况与发电工况的容量与电量平衡及水量平衡来确定。

（1）电力电量平衡。

1）抽水与发电工况的电量平衡。假定抽水蓄能电站上、下水库的蓄能库容不受限制，则最大可能主要取决于电力系统在负荷低谷时所能提供的抽水电量和在负荷高峰时所要求的调峰电量，即抽水与发电两工况下电量应达到平衡，即

$$E_T = \eta E_P \qquad (4\text{-}2)$$

式中：E_T 为调峰电能，即抽水蓄能电站的日发电量，kWh；E_P 为抽水电量，即被抽水蓄能电站利用的低谷剩余电量，kWh；η 为抽水蓄能电站的综合效率。

由于日负荷曲线各小时的负荷是不同的，式（4-2）应改写为

$$\sum_{h=1}^{m} N_{Th} = \eta \sum_{h=1}^{n} N_{Ph} \qquad (4\text{-}3)$$

式中：N_{Th} 为第 h 小时的发电输出功率，kW；N_{Ph} 为第 h 小时的抽水功率，kW；m、n 分别为发电与抽水累计小时数，h。

在电量平衡的计算中，应注意到系统负荷低谷处的剩余电量经常是不可能全部被利用的实际情况。例如，当某小时的低谷剩余输出功率（指日负荷图上基荷火电最高工作位置水平线与其下相对应的该小时负荷之差）过大，大于该电站电动机最大功率时，作为抽水功率只能按电动机最大功率计算，余下的处理不能计入内，负荷低谷处剩余电量利用如图 4-1 所示。又如，当某小时的低谷剩余输出功率过小，小到工作的电动机效率很低时，抽水能量小，抽水时间太长，运行很不经济，这样小的低谷剩余输出功率当然也不能加以利用。

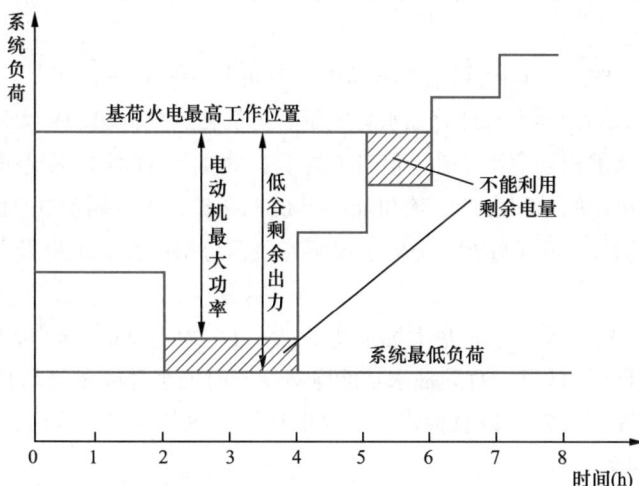

图 4-1 负荷低谷处剩余电量利用

2）抽水与发电工况的容量平衡。现代的抽水蓄能电站，当采用可逆式机组时（一般发电机的功率因数 $\cos\phi_T = 0.85$），抽水工况时的电动机容量 N_P 与发电工况时发电机

容量 N_T 之间的关系见式（4-4），式中 0.95 指保留了 5% 的富裕量。可逆式电动机容量与发电机容量比值为 1.12，才能达到容量平衡的要求。

$$N_P = (N_T / \cos\phi_T) \times 0.95 = 1.12N_T \tag{4-4}$$

3）最大可能之间容量的确定。根据上述抽水与发电两种工况下的容量与电量平衡原理，日调节纯抽水蓄能电站的最大可能之间容量可在设计负荷水平年负荷最大月份的典型日负荷图上求得，抽水蓄能电站最大可能装机容量的确定如图 4-2 所示，抽水蓄能电站最大可能装机容量的确定具体步骤如下。

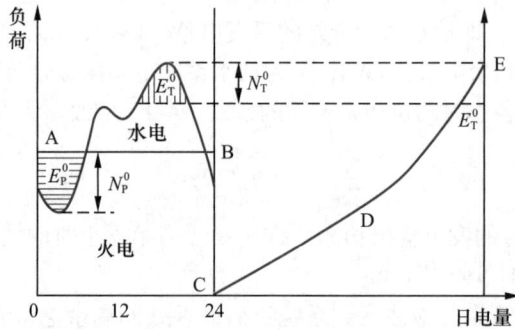

图 4-2　抽水蓄能电站最大可能装机容量的确定

① 通过系统的电力电量平衡，已知火电站在日负荷图上最高工作位置，见图 4-2 中 AB 水平线，则负荷低谷处火电站剩余电量 E_P 也同时确定，如图 4-1 中阴影水平线面积所示。

② 假定剩余电量 E_P^0 全部被利用，按式（4-2）可求得抽水蓄能电站的调峰电量 $E_T^0 = \eta E_P^0$，则电站最大发电容量可通过日负荷分析（累计）曲线 CDE 求得，如图 4-2 中的 N_T^0。

③ 根据 N_T^0，按式（4-4）可求得电动机最大抽水功率 $N_P^1 = 1.12N_T^0$，且 $N_P^1 \leqslant N_P^0$。

④ 按抽水功率 N_P^1 逐小时计算抽水耗电量。当低谷剩余输出功率大于 N_P^1 时，按 N_P^1 计算；当低谷剩余输出功率小于某一值时（如小于 50% 的 N_P^1 时），则停止抽水。这样逐小时累加抽水耗电量的总和为 E_P^1，有可能小于原来的 E_P^0，部分剩余电量没有被利用。

⑤ 根据新的 E_P^1，可求得 $E_T^1 = \eta N_P^1$，又可在负荷分析曲线上求得最大发电容量 N_T^1，且 $N_T^1 \leqslant N_T^0$。

⑥ 根据新的 N_T^1，又可求得最大抽水功率 $N_P^2 = 1.12N_T^1$，再计算抽水耗电量 E。

⑦ 如此循环迭代计算，直到抽水蓄能电站低谷时抽水耗电量与高峰时发出调峰电量满足电量平衡式（4-2），以及抽水工况时电动机功率与发电工况时发电机容量满足容量平衡式（4-4）。

按照上述步骤所求得的最大发电容量就是日调节纯抽水蓄能电站的最大可能装机容量（不考虑备用电量）。这是根据充分利用午夜负荷低谷处的剩余电量的原则求得的，因而是有抽水能源保证的。在进行抽水蓄能电站装机容量的经济比较时，所拟定的比较方案中的装机容量值，均不能大于此最大可能装机容量值（备用容量例外），否则，无抽水能源保证，装机再大，也是虚假的。

一般而论，随着系统负荷的增长，峰谷形态会发生变化，峰谷差绝对值也会增大，因而负荷低谷处能提供抽水剩余能力增多，负荷高峰时所需调峰峰谷容量也增大，所以随着系统负荷增长，抽水蓄能电站装机容量会不断扩大。我们所称最大可能装机容量，是指在系统的设计负荷水平条件下达到的最大可能装机容量。

若抽水蓄能电站上、下水库的蓄能库容，由于受地形、地质条件的限制，不能储存按容量和电量平衡计算所得的能量，则只是按上、下水库中蓄能库容最小的一个水库能储存的最大能量来确定最大可能装机容量。

（2）水量平衡。在经过电力电量平衡初步选定出抽水蓄能电站的工作容量和运行方式后，就可选择抽水蓄能电站的机组机型，接下来进行水量平衡，已确定容量规模。水量平衡就是计算发电放到下水库的水量，通过多长时间抽到上水库。表达式为

$$W_{\mathrm{T}} = W_{\mathrm{P}} \tag{4-5}$$

$$W_{\mathrm{T}} = \sum^{i} Q_i t_i \tag{4-6}$$

$$W_{\mathrm{P}} = \sum^{i} Q_i' t_i' \tag{4-7}$$

式中：W_{T}、W_{P} 分别为发电总水量和抽水总水量；Q_i、Q_i' 分别为发电时段内各小时水轮机流量和抽水时段内各小时水泵流量；t_i、t_i' 分别为发电和抽水时间。

由于可逆机组在水头相等情况下，水泵运行工况比水轮机运行效率要低些，所以发电流量大于抽水流量，这样抽水时间要比发电时间长些才能达到水量平衡。

水量平衡中应先计算电站的综合效率。综合效率 η_{Σ} 指发电和抽水两种运行工况效率值之乘积（一般计算到变压器为止）。其发电效率 η_{P} 和抽水效率 η_{T} 的计算公式为

$$\eta_{\mathrm{P}} = \eta_{\mathrm{wc}} \eta_{\mathrm{t}} \eta_{\mathrm{g}} \eta_{\mathrm{tr}} \tag{4-8}$$

$$\eta_{\mathrm{T}} = \eta_{\mathrm{tr}} \eta_{\mathrm{m}} \eta_{\mathrm{wp}} \eta_{\mathrm{wc}} \tag{4-9}$$

$$\eta_{\Sigma} = \eta_{\mathrm{P}} \eta_{\mathrm{T}} \tag{4-10}$$

式中：η_{wc} 为输水系统运行效率；η_{t} 为水轮机运行效率；η_{g} 为发电机运行效率；η_{tr} 为变压器运行效率；η_{m} 为电动机运行效率；η_{wp} 为抽水机运行效率。

式（4-8）～式（4-9）中的各种效率，查可逆机组的工作特性曲线及水头损失曲线即可求得。

以上论述了纯抽水蓄能电站最大可能装机容量确定的方法，给出了装机容量的极值。装机规模不一定达到极值最好，而是应在极值范围内通过不同规模装机容量方案经济比较，才能最终确定。因为装机容量选择本身就只是一个复杂的经济比较问题。

抽水蓄能电站是在电力系统中工作的，因此抽水蓄能电站的经济比较，并不能孤立地将一个抽水蓄能电站与某一个替代电站进行比较；而必须拟定一个包含拟建的抽水蓄能电站在内的设计系统（方案）进行整体比较，以决定谁取谁舍。这是抽水蓄能电站的经济比较与一般常规水电站经济比较不同之特点。

设计系统（方案）拟建的抽水蓄能电站之外，还必须有一个基荷电源，作为抽水能源。在以火电为主的电力系统中，基荷电源一般采用基荷火电，在某些条件下也可采用核电或水电。替代系统（方案）必须在电力、电量、调节峰谷差能力以及灵活性、可靠性等方面与设计系统（方案）是等效的，才有共同比较基础。作为等效替代电站可选用水电站、燃气轮机电站或燃煤火电站。应指出的是，替代系统（方案）中替代电站不仅是现实可行的，而且应是各种替代措施中最经济合理的一种等效替代措施。这样不仅经济而且有意义，才能做到好中选优。

4.1.3 经济性分析

抽水蓄能电站是一种电能的转换和储备措施。它要消耗能源，电能在转换过程中会有损失。目前抽水蓄能电站的综合效率在70%～75%。但应该看到，火电机组的单位能耗与机组运行工况及它在负荷图上的工作位置有关，基荷处火电单位煤耗较低而峰荷处单位煤耗较高，基荷、峰荷火电厂的热效率是不同的。因此，一般情况下，利用低谷时火电空闲容量抽水蓄能，等到高峰负荷时发电，与火电站担负峰荷的方案相比较，可能节省一些燃料。据国外资料表明："即使纯抽水蓄能电站一次循环的效率为70%～75%（以电能计算），高效率抽水所消耗的燃料能源可以接近或小于效率较低的峰荷火电机组在替代抽水蓄能电站机组发电时所消耗的燃料"。

另外，抽水蓄能电站的填谷作用，提高了腰荷火电机组的设备利用率，改善了它们的运行条件，使得这部分机组均匀地接近满载运行，降低它们的单位煤耗。因此抽水蓄能电站虽然抽水用电，但可以从有关电站避免无形的浪费中得到部分补偿。

修建抽水蓄能电站是否经济，要看抽水蓄能电站与其替代电站在投资与年运行费用方面的比较。在火电为主的系统中，替代电站是调峰火电站。根据我国各地区估算，纯抽水蓄能电站的单位千瓦投资与替代火电站的单位千瓦投资差别很小，但抽水蓄能电的年运行费用比火电站节省一半，因此在一般情况下修建抽水蓄能电站更为经济。随着电网中越来越多更多大容量、高参数火电机组和核电机组以恒定输出功率投入运行，以及电网的负荷率进一步降低，抽水蓄能电站将发挥比目前更为重要的作用，其经济合理性将更为明显。

1. 抽水蓄能电站的经济指标

分析抽水蓄能电站是否经济的原则，是将抽水蓄能电站与其替代电站在投资和年运行费方面进行比较。抽水蓄能电站有如下最基本的经济指标。

（1）抽水蓄能电站投资。抽水蓄能电站投资（即基本建设投资 K），是指达到设计效益所需的全部国民支出，包括国家、企业、集体和个人以各种方式投入的一切资金，用 K 表示，一般分为以下几项。

1）主体工程及附属工程的投资，包括上/下水库挡水、泄水和输水建筑物、发电厂房及机电设备等的投资。

2）配套工程的投资。

3）移民安置和淹没、浸没、挖压占地的赔偿费等。

4）勘测、规划、设计、科研和实验等前期费用。

5）工程建筑单位的生产管理费用。

6）施工期间生活设施和临时建筑物的费用。

对上述投资进行修正得到工程造价。工程造价是指构成固定资产和流动资产价值的那部分投资，在抽水蓄能电站工程投资中考虑下列两项构成本工程造价的投资后即得。

1）增加为保证工程生效所需的抽水用电和发供电必需的输变电工程投资 K_T。

2）扣除工程竣工可回收的那一部分施工建筑物和设备、工具等资金 K_R。回收投资可按施工建筑物和设备的剩余价值计算。

抽水蓄能电站的造价 K_{PS} 可表示为

$$K_{PS} = K + K_T - K_R \qquad (4\text{-}11)$$

（2）抽水蓄能电站年运行费用。年运行费用是指抽水蓄能电站在运行管理中为保证工程正常生产工作，每年需支付的费用，以字母 C 表示。一般包括：大修理费、工资和职工福利费、材料费、厂用电费、抽水电费和其他费用、流动资金利息、库区维护基金及补水费等。其中大部分与电站装机容量相关。

1）大修理费是用于抽水蓄能电站固定资产大修理的专用基金，其计算式为

大修理费 = 大修理费率 ×（固定资产形成率 × 固定资产＋建设期投资利息）

大修理费率可取 1.0% ～ 1.5%，固定资产形成率为 85% ～ 95%。

2）工资是指抽水蓄能电站全部生产经营管理人员的工资，包括基本工资、附加工资、工资性津贴等，按电站定编人员乘以人均年工资计算。不同电站规模的定编人员可查有关规程，人均年工资按当地电网或电站上年度统计平均值计算。

职工福利费，一般按上年度统计工资值的某一百分数确定。

3）材料费是指电站运行、维修、事故处理等所耗用的材料、备品及低值易耗品等费用，其计算式为

材料费 = 材料费用定额 × 电站装机容量

4）抽水电费。这部分费用是抽水蓄能电站年运行费用的可变部分，是抽水蓄能电站抽水时所耗电能的费用。

5）其他费用是指办公费、差旅费、科研教育费及其他杂费等，其计算式为

其他费用 = 其他费用定额 × 电站装机容量

6）库区维护基金及补水费。由于蒸发、渗漏等造成水量损失，补充这部分水源的费用。有些水电站提取库区维护费计入发电成本，以促进和改善上游水库区的建设。

若年运行费难以分项计算，为粗略计算，则可用固定资产的某一百分数计算，后者称年运行费率，一般可取 2.5% ～ 3.5%。

财务评价年运行费中应计入税金和保险费。

（3）抽水蓄能电站年费用。

1）固定资产。固定资产是长期有效的生产资料，以其本来的物质形态参加生产过程，在多次反复循环的生产周期中，将其价值以提取折旧费的形式，逐步地转移到产品价值中。固定资产应同时具备两个条件：①使用年限在一年以上；②单位价值在规定限额以上，限额值应根据有关的财务规定确定。不同时具备上述两个条件的劳动资

料，称为低值易耗品。

抽水蓄能电站的各类建筑、机电、交通、通信等设备，都是固定资产的范畴。固定资产的价值来自工程投资，当工程建成交付使用时，除去不符合固定资产的投资外，其余的全部转为固定资产价值，形成固定资产原值。固定资产有实物和货币两种表现形态，固定资金是固定资产的货币形态，固定资产是固定资金的实物形态。

固定资金与固定资产投资的比值，称为固定资产形成率。在工程规划阶段初步估算时，水力发电工程的固定资产形成率可采用 0.8～0.85。

2）固定资产折旧。固定资产在其使用过程中，由于生产因素和自然因素的作用，不断地磨损，通过提取年折旧费的办法，将其磨损价值转移到产品成本中，所以折旧费是构成产品成本的重要组成部分。目前国内外计算固定资产折旧费的方法较多。我国《国营企业固定资产折旧试行条例》规定，计算提取折旧费的方法采用平均年限法和工作量法。抽水蓄能电站按平均年限法计算提取，即根据固定资产原值、规定的折旧年限和净残值比例，每年均等计算、提取。根据有关建设期投资利息计入固定资产价值的规定，年折旧费的表达式为

$$年折旧费 D = （固定资产投资 \times 固定资产形成率 + 建设期利息 - 预计净残值）/$$
$$规定的折旧年限$$
$$= 年综合基本折旧率 \times 固定资产原值$$

$$年综合基本折旧率 = （固定资产原值 - 预计净残值）/（固定资产原值 \times 折旧年限）\times 100\%$$

预计净残值是指固定资产报废时剩下的残料价值减去清理时拆卸、搬运等费用后的价值。

3）总费用。这是经济分析中常用的指标。总费用是指折算到基准年的总投资与折算到基准年的总运行费之和；年费用是指折算的年投资和年运行费用两项之和。

4）成本、利润和税金。成本是构成产品的基本因素。产品价格不变，降低成本，就相应增加了利润，是衡量企业经营管理水平的一个综合指标。

① 总成本费用。抽水蓄能电站总成本费用包括项目在一定时期内为生产、运行及销售产品和提供服务所花费的全部成本和费用，即包括年运行费、折旧费、摊销费和利息净支出，年运行费组成如前所述。因此总成本费用为

$$总成本费用 = 生产成本 + 销售费用 + 管理费用 + 财务费用$$
$$= 年运行费用 + 折旧费 + 摊销费 + 利息支出 + 其他费用$$

② 生产成本。产品的生产成本是指在一定时期内企业为生产该产品所需支出的全部费用，包括年运行费、年折旧费、保险费和借款利息等。产品的销售成本则由生产成本和销售费用组成。而销售费用是指产品在销售过程中所需包装、运输、储存及管理等费用。例如，对抽水蓄能电站来说，售电成本由发电成本和供电成本两部分组成。

③ 税金。国家为了实现其职能，按照法律规定，向经营单位或个人无偿征收货币或实物，称为税金，对国家而言可称为税收。

④ 利润。利润是指实现销售收入后扣除销售成本和税金后的余额。

$$利润 = 销售收入 - 销售成本 - 税金$$

（4）抽水蓄能电站工程寿命或年限。

1）施工年限。施工年限是指工程开始施工至全部投入正常运行的间隔年数。工程的投资是在施工年限内分期投入的。对大型工程，由于工程量大，工程投入和效益发挥是逐步增加的。此时工程投资的主要部分在施工的前一段时期（可称为建设期）投入，以后随着工程配套还有部分投资继续投入，而部分工程则相继投入生产（可称为投产期）。

2）工程物理使用年限。这是指工程建成投产至终止发挥效益（工程完成报废）的年限，即工程的实际寿命。这与工程本身的性质及材料构成有关。一般水利水电工程建筑类寿命较长，如坝、闸及电站厂房等，而机电设备及输变电线路则较短。

3）经济寿命和折旧年限。工程或设备在使用过程中，由于磨损老化，维修费日益增多，这种依靠高额维修费以保持工程设备发挥正常效益的做法不一定经济合理。一般来讲，一项工程或设备，若使用年限长，则每年折旧费少，但年运行维修费大；反之，若使用年限短，则每年折旧费大而年运行费小。因而，在整个有效使用年限内，可以找到一个年度，当工程或设备使用到这一年时，在该年限内平均每年的费用（包括折旧费和年运行维修费之和）为最小，这个间隔使用年限就是经济寿命。此寿命一般都小于工程或设备的物理寿命。

折旧年限是用于提取折旧费的一个计算年限。它与工程及设备的性质以及其他社会、经济因素有关。一般情况下，常以经济寿命作为折旧年限。

分析抽水蓄能电站是否经济的基本原则是将抽水蓄能电站与其替代电站在投资和年运行费方面进行比较，特别是对电能成本进行比较，看修建哪种电站经济上更为合理。替代电站指在电力系统中能够替代抽水蓄能电站起调峰作用的电站。燃气轮机火电站因需燃油，运行费高，加之我国实行节约用油政策，不予考虑。我国只有煤电作为替代电站。

2. 抽水蓄能电站的经济效益分析

抽水蓄能电站的经济效益由静态效益和动态效益构成。

所谓静态效益，即由调峰填谷作用产生的经济效益，而担任系统的调峰、调频、调相，负荷和事故备用等任务取得的经济效益，称为动态效益。

（1）静态效益。

1）容量效益。抽水蓄能电站能够有效担任电力系统的工作容量和备用容量。由于抽水蓄能电站的站址选择受到的限制少，常具有良好的地形、地质条件和优越的地理位置，其造价一般要低于常规水电站、火电站和核电站的造价，建设工期比同容量的常规水电站短。与火电相比，其运行费用低，不仅不会污染环境，而且可以美化环境。当系统中缺乏调峰电源时，建设抽水蓄能电站可减少其他火电装机容量，改变能源结构，减少电力建设投资。

2）能量转换效益。抽水蓄能电站抽水时的填谷作用，可以改善提供抽水电源的火电机组的运转条件，使该部分机组能均匀输出功率在最优工况下运行，这样可提高火电设备利用率和运转效率，而且可延长机组使用寿命，减少运行维护费用，降低发电煤耗和厂用电消耗。抽水蓄能电站通过能量转换，将低谷处电能转换为峰荷处电能，可以取代高发电成本的峰荷火电机组，节约系统的燃料费用和运行维护费用。

（2）动态效益。

1）调峰效益。抽水蓄能电站不仅可以顶峰发电，以补充系统负荷高峰时容量的不足，而且可以迎峰发电，即在负荷高峰出现时，快速启动、增加负荷运行，弥补火电机组承接负荷慢的缺点。

随着电力系统的不断发展和扩大，系统负荷的变化也越来越大。据初步分析，当最高发电负荷达 30000MW 以上时，高峰负荷变化平均为 50MW/min，在晚间高峰时将达 100MW/min 左右。火电机组由于受到锅炉燃烧稳定性、汽轮机转子应力和疲劳损坏的限制，对负荷的反应速率比较小，根据 200 ～ 300MW 的大型火电机组资料，其负荷反应速率仅为 1% ～ 2%。因此，火电机组很难适应电力系统负荷的急剧变化。

抽水蓄能电站承担负荷调整和满足日负荷曲线陡坡部分的变化要求方面，只有燃气轮机可以与其相比。抽水蓄能电站可以在系统中替代燃气轮机承担调峰任务，节约燃油消耗，减少运行费用。

2）旋转备用效益。为满足电力系统的正常供电需要，除要求电站有足够的工作容量外，还必须预留一定数量的备用容量。电力系统设置各种备用容量的数量与系统总负荷的大小、负荷年内变化情况、各电站发电机组的数量、单机容量的大小，机组的运行特性等因素有关，有时还应考虑用户特性和电源结构。

备用容量一般可分为负荷备用、事故备用和检修备用三类。负荷备用容量用来应付难以预测的负荷增加；事故备用容量用来迅速顶替发生事故的发电机组，使系统迅速脱离事故状态，避免大面积停电甚至系统瓦解的危险；检修备用容量是为保证检修要求而设置的备用容量。为保证系统安全可靠运行，负荷备用容量及事故备用容量中的一部分必须经常处于旋转状态，这部分备用容量称为旋转备用容量。火电机组承担的旋转备用容量，一般分散于系统中若干效率较低的机组上，即有些机组要处于空转或少负荷运行状态，由于这些机组偏离最优工况运行，系统中火电站的燃料消耗量增加，抽水蓄能电站能够快速启动，工况转换迅速，由它承担系统旋转备用容量，可以减少火电机组所承担的旋转备用容量，改善火电机组的运行方式，减少系统的燃料消耗量，对稳定系统频率和缓解事故起到重要作用。由此而取得的效益称为旋转备用效益。

3）调频效益。电力系统负荷瞬间及突然变化，影响着电网的频率稳定。为应付电力系统负荷的瞬间波动，在一些发电机组上常需装设自动调整装置。具有活动导叶设备的抽水蓄能电站输出功率变化范围为 50% ～ 100%。调整灵活，运行效率变化较小，负荷跟踪性能远比火电机组优越，可保持周波和电网运行稳定。由此而取得的效益称为调频效益。

4）调相效益。电力系统的无功电力不足，会造成电网电压下降，这不仅影响到供电质量，还直接影响电力系统的安全可靠运行。因此，在电力平衡中，除进行有功电力平衡外，还要进行无功电力平衡。当系统无功电力不足时，常需装置调相机，有时也将同步发电机改为调相运行增发无功功率，以补充系统无功的不足。

抽水蓄能电站的机组是同步电机，在空闲时（即不发电也不抽水时）可供调相用，在发电及抽水的同时也可给电力系统提供无功补偿，由此而获得的效益称为调相效益。

5）提高系统运行可靠性效益。电力系统中突然发生的事故停电，将给国民经济带来巨大经济损失。提高电力系统供电可靠性，除了系统中设置足够的备用容量外，还必须采用运行可靠性较高的发电设备，并提高电网的自动化水平。抽水蓄能电站机组与火电机组相比，发电及控制设备相对简单，自动化水平比较高。根据国内外水、火电站运行资料分析，水电站及抽水蓄能电站机组的运行事故率大大低于火电站。因此，采用抽水蓄能电站作为电力系统的功率调整手段，可减少系统中火电机组强迫停运的次数和时间，提高供电可靠性，减少电力系统的停电损失。由此而获得的效益，称为提高系统运行可靠性效益。

应该指出，由于电力系统特性、电源构成情况、抽水蓄能电站地理位置和布局特点的不同，并不是所有抽水蓄能电站都具有以上各个方面的动态效益。对火电为主的电力系统来说，抽水蓄能电站的主要作用是替代火电机组承担电力系统调峰与备用任务。一般情况下，纯抽水蓄能电站的调节库容相对较小（一般仅进行日调节或周调节），其机组埋没深、吸出高度负值大，承担电力系统的调频、调相比大型常规水电站和火电站要少些。抽水蓄能电站的静态效益和动态效益在电力系统运行中是相互联系的，承担不同方式的动态效益也没有一个严格的界限。过去的系统经济分析工作中，多偏重对其静态效益的分析，对发电站所提供的电量与容量效益，一般可以用具体的货币指标来表示，而对其动态效益研究较少，更缺乏定量分析。

4.2　电化学储能系统的规划配置

4.2.1　选址

1. 选址基本原则

电化学储能系统应根据应用场景、需求类型、建设规模、线路走廊、周边电网情况等条件选址，并应符合 GB 51048—2014《电化学储能电站设计规范》有关规定，具体要求如下。

（1）站址选择应根据电力系统规划设计的网络结构、负荷分布、应用对象、应用位置、城乡规划、征地拆迁的要求进行，并应满足防火和防爆要求，且应通过技术经济比较选择站址方案。

（2）站址选择应因地制宜，节约用地，合理使用土地，提高土地利用率，宜利用荒地、劣地、坡地、不占或少占农田，合理利用地形，减少场地平整土（石）方量和现有设施拆迁工程量。

（3）站址应有方便、经济的交通运输条件，与站外公路连接应短捷，且工程量小。

（4）站址应满足近期所需的场地面积，并根据远期发展规划的需要，留有发展的余地。

（5）下列地段和地区不应选为站址。

1）地震断层和设防烈度高于九度的地震区。

2）有泥石流、滑坡、流沙、溶洞等直接危害的地段。

3）采矿陷落（错动）区界限内。

4）爆破危险范围内。

5）坝或堤决溃后可能淹没的地区。

6）重要的供水水源卫生保护区。

7）历史文物古迹保护区。

（6）站址不宜设在多尘或有腐蚀性气体的场所。

（7）站址选择的防洪及防涝应符合下列规定。

1）大型电化学储能电站站址场地设计标高应高于频率为1%的洪水水位或历史最高内涝水位。

2）中、小型电化学储能电站站址场地设计标高应高于频率为2%的洪水水位或历史最高内涝水位。

3）当站址场地设计标高无法满足上述要求时，应设置可靠的挡水设施或使主要设备底座和生产建筑物室内地坪标高高于上述高水位。

2．选址优先原则

电化学储能电站的选址是一个复杂而关键的过程，需要综合考虑多个因素以确保电站的安全、经济和环保性能。以下是电化学储能电站选址的优先原则。

（1）电化学储能电站的站址选择应满足防火防爆、防洪防涝、防尘防腐的安全性要求。

1）站址不得贴邻或设置在生产、储存、经营易燃易爆危险品的场所。不得设置在具有粉尘、腐蚀性气体的场所。不得设置在可能积水的场所，必要时应设置挡水排水设施或采取抬高措施。

2）锂离子电池设备间（舱）不得设置在人员密集场所，不得设置在建筑物内部或其地下空间（不得有非运行维护检修人员在此工作）。

3）站房式储能电池单元应不超过500kWh，预制舱式储能电池单元额定容量应不超过3000kWh。

4）大型电化学储能电站，当选用梯次利用动力电池时，应进行一致性筛选并结合溯源数据进行安全评估。

5）电站宜设置在市政消防管网覆盖区域或靠近可靠水源。

（2）电化学储能电站的站址选择应进行环境现状调查和评价。

1）环境质量现状调查包括：①站址区域及周边大气环境功能区划、主要大气污染物源排放情况、环境空气质量现状；②站址区域及周边水环境功能区划、主要水污染源排放情况、水质现状；③站址区域及周边土壤类型、主要土壤影响源排放情况、土壤污染现状；④站址区域及周边声环境功能区划、主要噪声源排放情况、声环境质量现状；⑤站址区域及周边电磁敏感目标、周边其他电磁设施情况、电磁环境现状；⑥站址区域及周边生态功能区划、主要生态问题、生态保护现状。

2）环境敏感对象调查应符合下列要求：①涉及自然保护区、风景名胜区、森林公园、地质公园、世界文化与自然遗产地等环境敏感区的，应调查环境敏感区的保护级别、面积、功能分区、相关保护和开发规划、与电化学储能电站位置关系等情况；②涉及饮用水水源保护区的，应调查地表水和地下水水源类型、规模、保护区划分、水质目标、保护要求、与电化学储能电站位置关系等情况；③涉及珍稀濒危野生动物分布区、重要水生物的自然产卵场等其他环境敏感区的，应调查环境敏感区的规模、特性、与电化学储能电站位置关系等情况。

3）评价一般规定：①环境影响预测与评价包括电化学储能电站建设、运行、拆除过程对环境产生的影响和对环境敏感对象的影响；②根据环境影响评价标准合理选择评价因子，对尚无环境标准的评价因子，可采用有无电化学储能电站的变化进行对比，通过环境背景值、生态阈值等进行评价。

（3）储能电站应优先安装在配电网的配电变压器台区出线侧。

（4）根据电网结构和负荷特性，储能电站宜优先安装在以下易出现应急需求的节点：

1）根据配电网配电变压器的容量、负荷的历史数据和预测数值，储能电站应安装在易出现过载的配电变压器低压侧。

2）根据线路的载荷量，储能电站应安装在易出现过载的线路下游。

3）根据配电网的电源、网架和负荷进行计算，储能电站应安装在出现过电压和低电压问题的节点。

（5）在无特殊要求时，储能电站应优先安装在电压灵敏度高的节点。

4.2.2 容量配置的基本概念和流程

储能容量配置在储能系统规划设计中占据核心地位，对于确保系统性能、提升经济效益及增强系统稳定性至关重要。它是根据特定的应用需求和场景，经过综合分析和计算后，确定的储能系统能够存储的电能总量。

储能容量配置的流程是根据储能系统的设计原则、应用场景的需求、技术条件和经济因素等综合考虑而制定的。以下是制定储能容量配置流程的主要依据。

（1）应用场景和需求：储能系统的应用场景和需求是制定储能容量配置流程的首要考虑因素。不同的应用场景，如电力系统调峰、可再生能源输出功率平滑等，对储能容量的需求和要求是不同的。因此，在制定流程时，需要深入了解和分析应用场景的具体需求，以确保储能容量配置能够满足实际应用的要求。

（2）技术条件：储能技术的性能、成本、寿命等因素也是制定储能容量配置流程的重要依据。不同的储能技术具有不同的储能效率、功率和能量密度等特点，需要根据具体应用场景选择适合的储能技术，并考虑其技术限制和要求，以确保储能容量配置的合理性和可行性。

（3）经济因素：储能容量配置还需要考虑经济因素，包括投资成本、运营成本和维护成本等。在制定流程时，需要综合考虑不同储能容量配置方案的经济性，以选择最优的方案，确保储能系统的经济效益和投资回报。

（4）标准和规范：储能系统的设计、建设和运行需要遵循相关的标准和规范，以确保系统的安全性和稳定性。在制定储能容量配置流程时，需要参考国家和行业的相关标准和规范，确保流程的合理性和合规性。

总的来说，储能容量配置主要需要明确应用场景、技术需求、应用模式、各应用模式下的技术性和经济性目标、技术类型、储能系统的控制策略或运行边界、优化配置模型及求解，最后通过对储能配置效果进行预评估分析形成配置工作的闭环。

常规的配置流程大致如下：首先，基于典型时段的电站历史运行数据、调度数据、网侧数据等明确应用场景和模式；其次，以储能系统的额定功率、额定容量，有时还包含储能系统的接入位置作为决策变量，建立技术性或技术/经济联合优化模型；接着，再对应选择适用的求解算法，计算得到储能优化配置方案；最后，进行储能系统配置效果评估。储能优化配置流程图如图 4-3 所示。

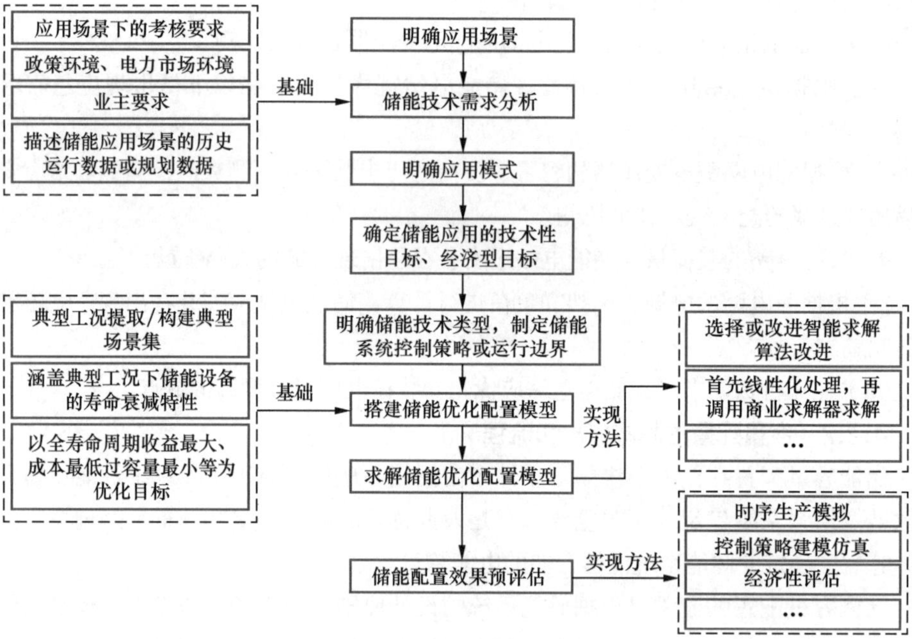

图 4-3　储能优化配置流程图

电化学储能系统容量配置按照储能系统接入位置可分为电源侧、电网侧、用户侧三类。电源侧主要保障新能源高效消纳利用，提升新能源并网友好性和容量支撑能力。电网侧提高电网安全稳定运行水平和应急保障能力，延缓或替代输变电设施升级改造。用户侧支撑分布式电源建设，提高综合用能效率效益，降低用能成本，提升用户灵活调节和智能高效用电水平。

本节将分别从电源侧、电网侧、用户侧三方面介绍电化学储能系统容量配置的典型方法。

4.2.3　电源侧储能容量配置

电源侧储能容量配置的基本概念指的是在电力系统中的电源端（即发电侧），根据电网的特性和需求，合理配置储能设备的容量，以优化电源的运行、增强电网的稳定性、提升可再生能源利用率及改善供电质量。

随着能源结构的转型和可再生能源的大规模并网，电网中的电源结构变得愈发多样化。为应对不同电源特性所带来的挑战，储能技术开始在电源侧得到广泛应用。电源侧储能将储能系统集成至电源内部或者电源附近，以便在电力需求高峰或新能源输出功率不足时提供电力支持，确保电网的稳定运行；在电力需求低谷或新能源输出功率过剩时，储能系统可以储存多余的电力，以供后续使用。

电源侧储能容量配置的大小需要根据电源特性、电网结构、电力负荷、新能源发电输出功率等多种因素进行综合考虑。合理的储能容量配置可以平衡电力供需，提高能源利用效率，降低系统运行成本，同时也有助于推动可再生能源的并网和应用，促进绿色能源的发展。

本节从常规电源侧和新能源发电侧两方面来介绍电源侧储能容量配置方法。

配置于常规电源侧的储能系统，有利于提升常规电源机组的调节性能和运行灵活性，其容量配置宜从满足机组最小技术输出功率和机组调节速度的角度考虑。

配置于新能源发电侧的储能系统，可实现新能源的平滑输出功率，提高风、光等资源的利用率。容量需求确定可以参考以下原则。

（1）当风电场有功功率变化超出表 2-1 所示限值时，可根据风电场有功功率变化范围和持续时间，计算配置的储能功率和容量。

（2）当光伏电站的有功功率输出功率变化超过 10% 额定容量 /min 时，可根据光伏电站有功功率变化范围和持续时间，计算配置的储能功率和容量。

（3）当风电场或光伏电站有弃电情况时，可根据弃电量计算需配置储能的容量。

（4）可根据风电、光伏输出功率预测曲线考核要求，配置相应的储能容量。

1. 常规电源侧储能容量配置方法

常规电源侧储能容量配置指的是在电力系统的常规电源端（如火电、水电等），合理配置储能设备的容量。这种配置通过储能设备的快速响应和能量调节功能，平衡电力供需，缓解电力系统中可能出现的瞬时功率波动和频率变化，提高电力系统的稳定性。

本节以调频应用为例介绍储能容量配置方法。

常规电源主要为火电和水电，目前我国的调频电源主要为火电机组，通过调整机组有功输出功率，跟踪系统频率变化，但是火电机组响应时滞长、机组爬坡速率低，不能准确跟踪电网调度的调频指令，存在调节延迟、调节偏差和调节反向等现象。此外，火电机组频繁变换功率运行，会加重机组设备疲劳和磨损，影响机组的运行寿命。电力储能系统响应速度快，短时功率吞吐能力强，调节灵活，可在毫秒至秒内实现满功率输出，在额定功率内的任何功率电实现精准控制。

因此，采用电化学储能系统替代部分常规电源参与电网调频，可有效提升电力系统调频能力，提高电网的电能质量和系统稳定性。电化学储能系统参与电网调频的容量配置是指储能通过充放电来代替常规机组通过原动机调整有功功率参与电网调频作用的容量。

面向电网调频，储能容量配置研究主要基于实测信号展开。从实测频率和调频信号出发，依据前者确定储能电池参与一次调频的动作深度，依据后者中的高频 / 短时分量确定储能电池参与二次调频的动作深度，再通过确定的动作深度计算储能电池在运行周期内的能量值，以最大能量差作为配置的额定容量。

（1）一次调频容量配置。基于火电机组一次调频参数，计算其所具备的最大一次调频能力，同时考虑电池储能功率与容量的特性，确定与该火电机组具备同等一次调频能力的电池储能功率与容量。为避免电网允许的小负荷波动造成电池储能的频繁动作，应对电池储能设置调频死区。频率偏差死区的规定可参考各区域电网的具体要求。当频率偏差越过死区后，一次调频机组/设备需动作。火电机组的一次调频幅度由额定转速阶跃至（$3000\pm\alpha$）r/min 时，设其对应的负荷变化幅度为 $\pm\beta$ 倍的机组额定容量（α、β 为实数）。根据火电机组一次调频的负荷变化限幅要求，可确定与此机组具备同等一次调频能力的电池储能功率为

$$P_{\text{B\_prim}} = \beta P_{\text{G}} \tag{4-12}$$

式中：$P_{\text{B\_prim}}$ 为电池储能一次频率调节所需功率；P_{G} 为火电机组额定容量。

设一次调频从响应至频率恢复稳定的时间为 T_{prim}，电池储能替代此火电机组进行一次调频所需的容量为 $E_{\text{B\_prim}}$，由于深充、深放不利于电池的使用寿命，且考虑保证电池储能调频的可靠性，在不考虑充放电损耗的前提下，电池储能所需配备的容量计算为

$$E_{\text{B\_prim}} = 2P_{\text{B\_prim}}T_{\text{prim}} + E_{\text{B\_prim}}SOC_{\text{Lim\_down}} + E_{\text{B\_prim}}(1 - SOC_{\text{Lim\_up}}) \tag{4-13}$$

$$E_{\text{B\_prim}} = \frac{2P_{\text{B\_prim}}T_{\text{prim}}}{SOC_{\text{Lim\_up}} - SOC_{\text{Lim\_down}}} \tag{4-14}$$

式中：$SOC_{\text{Lim\_down}}$ 为电池储能允许放电的荷电状态下限；$SOC_{\text{Lim\_up}}$ 为储能允许充电的荷电状态上限。

我国火电机组的额定容量为 50～1000MW，其中以额定容量为 200～1000MW 的火电机组为主。由式（4-12）可知，与火电机组具备同等一次调频能力的电池储能功率可由火电机组的负荷变化幅度确定，且与其成比例关系。由式（4-14）可知，电池储能的容量取决于火电机组负荷变化幅度、调频持续时间以及电池储能本身的容量上、下限。当火电机组型号确定后，其一次调频参数（如负荷变化幅度等）便可获知为定值；电池储能类型确定，其容量上、下限值便为已知数。因此，与传统机组具备同等一次调频能力的电池储能容量 $E_{\text{B\_prim}}$ 与一次调频持续时间 T_{prim} 为线性关系。一次调频所需电池储能系统容量与持续时间关系如图 4-4 所示。随着一次调频持续时间的增长，所需容量线性增大；同等一次调频持续时间下，机组的额定容量大，所需电池储能容量也大。

（2）二次调频容量配置。基于火电机组二次调频参数，计算其所具备的最大二次调频能力，结合电池储能功率与容量特性，配置与火电机组具备同等二次调频能力的电池储能功率与容量。

设火电机组进行 AGC 调频的功率调节范围为（$\gamma_1 \sim \gamma_2$）P_{G}，对机组功率变化率的要求为不得低于 $\mu_{\text{AGC}}P_{\text{G}}$，火电机组每分钟功率变化率最高为 $\mu_{\text{max}}P_{\text{G}}$，其中 $\mu_{\text{AGC}} \leqslant \mu_{\text{max}}$。若火电机组 AGC 调节的持续时间为 T_{AGC}，则火电机组在时间 T_{AGC} 内可达到的最大功率为

$$P_{\text{AGC}} = \mu_{\text{max}}P_{\text{G}}T_{\text{AGC}} \tag{4-15}$$

式中：P_{AGC} 为火电机组在 AGC 调节时间内可达到的最大功率；μ_{max} 为火电机组每分钟的最高功率变化量。

若电池储能与该火电机组具备同等的 AGC 调频能力，其功率 $P_{\text{B\_AGC}}$ 与火电机组在持续时间内可达到的最大调节功率相同，即

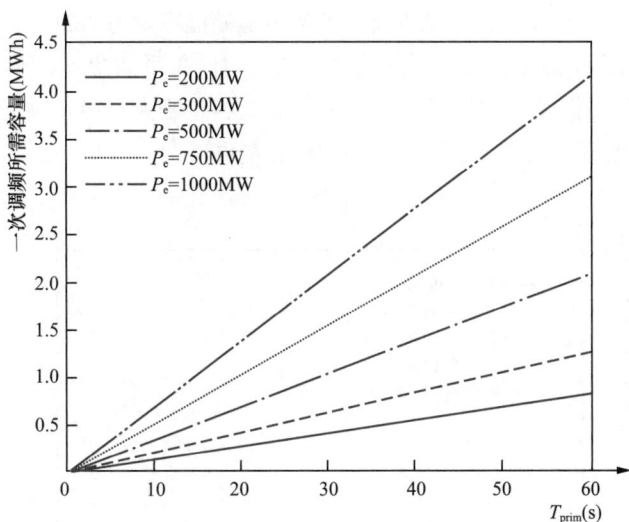

图 4-4 一次调频所需电池储能系统容量与持续时间关系图

$$P_{\text{B\_AGC}} = P_{\text{AGC}} \tag{4-16}$$

在不考虑电池储能充放电损耗的情况下, 所需电池储能容量为

$$E_{\text{B\_AGC}} = \int_0^{T_{\text{AGC}}} 2P_{\text{B\_AGC}}\text{d}t + E_{\text{B\_AGC}}SOC_{\text{Lim\_down}} + E_{\text{B\_AGC}}(1 - SOC_{\text{Lim\_up}}) \tag{4-17}$$

$$E_{\text{B\_AGC}} = \frac{\int_0^{T_{\text{AGC}}} 2P_{\text{B\_AGC}}\text{d}t}{SOC_{\text{Lim\_up}} - SOC_{\text{Lim\_down}}} \tag{4-18}$$

火电机组额定容量确定时, 所需电池储能功率与 AGC 调频持续时间为线性关系。机组容量已知时, 随着调频持续时间增大, 所需电池储能功率线性增大; 同一调频持续时间段内, 机组额定容量值越大, 所需电池储能功率也越大。AGC 调频所需电池储能系统功率与持续时间关系如图 4-5 所示。

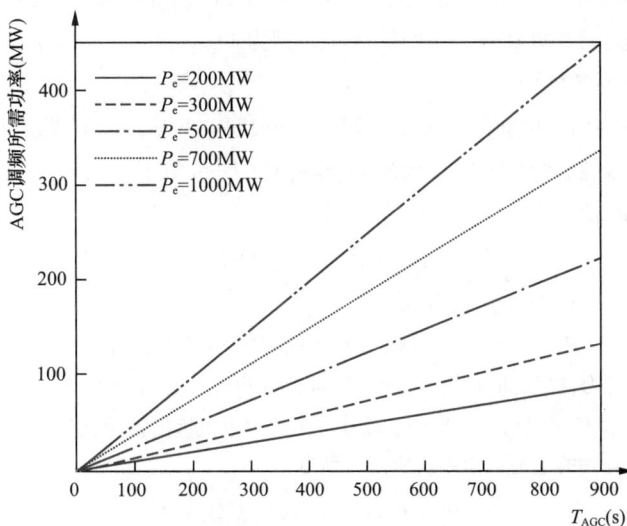

图 4-5 AGC 调频所需电池储能系统功率与持续时间关系图

在火电机组额定容量确定的情况下，所需电池储能容量为 AGC 调频持续时间的二次函数。AGC 调频所需电池储能系统容量与持续时间关系如图 4-6 所示。由图 4-6 可知，随着 AGC 调频持续时间增长，所需电池储能容量增大；AGC 调频持续时间确定时，随着机组额定容量的增大，所需电池储能容量也增大。

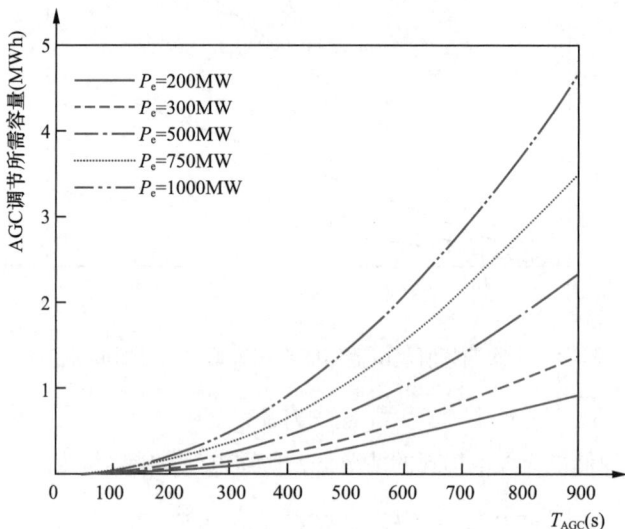

图 4-6　AGC 调频所需电池储能系统容量与持续时间关系图

现就某调频电厂中的一台 200MW 火电机组用电池储能系统来替代，对替代后的一次、二次调频应用方案进行电力储能系统的容量配置。

【例 4-1】　某火电厂的一台 200MW 的机组参与电网的一次、二次调频，应用电池储能系统替代此火电机组来完成调频的任务，确定储能系统功率与容量。

机组一次调频的参数：机组的转速不等率为 4%，频差死区为 2r/min，频率调节范围 12r/min，负荷调节幅度 ±20.0MW。即由额定转速阶跃至（3000±12）r/min 对应 ±10%P_e 的负荷变化幅度，一次调频响应之后时间为 5s，一次调频稳定时间为 40s。

机组二次调频的参数如下。

（1）机组投入 AGC 功能时，目标负荷调节响应时间应小于 30s（从调度中心侧命令发出至调度中心监视到命令完成的时间），二次调频持续时间至频率波动的 3min。

（2）机组 AGC 功率调节范围（50% ～ 100%）P_e。

（3）机组 AGC 每分钟功率变化率不得低于额定功率的 1.0%。

解：（1）一次调频所需功率与容量确定。

为了避免电池系统频繁动作，对频差死区的规定参考火电机组，设定频率偏差死区为 $\Delta f_{SQ} = \pm 0.033\mathrm{Hz}$（更为合理的值在投入试验中可进行不断地修正得到）。

当越过频率偏差死区以后，一次调频动作，由此火电机组的负荷变化限幅 ±10%P_e 可得，替代此机组进行一次调频的电池储能系统所需功率为

$$P_1 = 10\%\ P_e = 0.1 \times 200\mathrm{MW} = 20\mathrm{MW} \tag{4-19}$$

设所需容量为 E_1，因为电池储能系统工况特性要求，避免进行深充深放，且需要保证调频

的可靠性，要求一次调频稳定时间为 40s，设电池所规定的 *SOC* 上下限要求分别为 $\pm10\%SOC$，根据式（4-13）那么可求储能系统所需容量为

$$E_1 = \frac{2 \times 20 \times 40}{3600} + 10\%E_1 + 10\%E_1 \tag{4-20}$$

解方程，可得 E_1=0.556MWh。

（2）二次调频所需功率与容量确定。

火电机组 AGC 功率调节范围为（50% ～ 100%）P_e，要求机组 AGC 每分钟功率变化率不得低于额定功率的 1.0%，而火电机组每分钟功率变化率最高为额定功率的 3% 左右。此火电机组 3min 内可达到的 AGC 调节的最大功率为

$$P_{\max} = P_e \times 3\% \times 3 = 18\text{MW} \tag{4-21}$$

电池储能系统替代此火电机组进行二次调频，储能系统所需功率为

$$P_2 = P_{\max} = 18\text{MW} \tag{4-22}$$

二次调频持续时间为 30s ～ 3min，那么，根据式（4-17）电池储能系统所需容量为

$$E_2 = \frac{18 \times 2 \times (180 - 30)}{3600} + 10\%E_2 + 10\%E_2 \tag{4-23}$$

解此方程，可得 E_2=1.875MWh。

（3）具备一次、二次调频能力的储能系统功率与容量的确定。

用储能系统代替具有一次、二次调频能力的 200MW 火电机组进行调频，若储能系统具备一次调频和二次调频能力的话，则功率取一次、二次调频中所需的最大功率，即为一次调频的功率；容量的选取则假设此系统进行了一次调频后又接着投入二次调频，那么储能系统的容量为一次、二次调频所需的总和，则有

$$P_{\text{stor}} = \max(P_1, \ P_2) = 20\text{MW} \tag{4-24}$$

$$E_{\text{stor}} = E_1 + E_2 = 0.556\text{MWh} + 1.875\text{MWh} = 2.431\text{MWh} \tag{4-25}$$

所以，与 200MW 火电机组具有同等调频能力的电池储能系统的功率与容量约为 20MW/2.5MWh。

（4）储能系统与火电机组调频能力的比较。

功率与容量分别为 20MW/2.5MWh 的储能系统拥有的一次、二次调频能力比 200MW 的火电机组的调频性能强，可靠性高，这主要有如下原因。

1）以火电机组的负荷变化限幅 $\pm10\%P_e$ 来计算电池储能系统一次调频时所需提供的最大功率，得出的功率值将大于火电机组在一次调频时实际能提供的功率值，因为火电机组的蓄热不一定能足够支持这个功率值，而电池储能系统在实际中能够输出这么大的功率值，那么计算出的电池储能系统实际能够提供的容量值也将大于 200MW 机组所能提供的容量值。

2）火电机组的爬坡速率为 3% 额定功率值，此火电机组在 3min 时才能达到最大的功率值 18MW，而 3min 前火电机组能提供的功率值是小于 18MW 的，因此以 2.5min 内持续以 18MW 的功率输出计算出的二次调频容量将远大于火电机组实际所能输出二次调频容量值。

3）火电机组在一次调频时受炉内蓄热的影响，二次调频时受机组爬坡速率的影响，其功率值是波动的，实际的输出功率值是小于理论计算的最大功率值。而储能系统则能持续地以额定

功率值输出。

因此，20MW/2.431MWh 的电池储能系统所拥有的一次、二次调频能力将大于 200MW 的火电机组的调频能力。

如果想求得比较接近于 200MW 火电机组调频能力的电池储能系统，可在所求得的储能系统功率与容量值的基础上乘以一个小于 1 的系数。该系数可通过实际的试验不断地进行修正得到。

2. 新能源发电侧的储能容量配置方法

新能源发电侧的储能容量配置是指在新能源发电（如风电、光伏等）系统中，为了平衡电力供需、提高能源利用效率和系统稳定性，而配置一定容量的储能设备。这种配置旨在解决新能源发电的间歇性和波动性对电网带来的冲击。当新能源发电输出功率过剩时，储能设备可以储存多余的电能；当新能源发电输出功率不足时，储能设备可以释放电能以补充供电。通过这种方式，储能设备可以在新能源发电系统中起到"稳定器"的作用，平抑新能源发电的波动，提高电网的稳定性和可靠性。

新能源发电侧储能配置根据新能源发电系统的实际情况、电网的需求以及储能技术的性能和经济性等因素综合考虑。往往需要兼顾单个或多个应用场景下的技术指标和经济指标，需要考虑新能源输出功率特征及时空互补特性，考虑不同储能技术的动态响应特性及互补特性，有的场景还需要涵盖新能源预测误差、调度计划不确定性等多重不确定因素。如何保证储能配置结果的工程适用性，是一个涵盖多时间尺度、多目标、多约束的复杂问题。

本节将分别以跟踪计划输出功率和平滑新能源发电功率波动为目标介绍新能源发电侧的储能系统容量配置方法。

（1）以跟踪计划输出功率为目标的储能容量配置。全球对新能源的依赖度持续上升，尤其是风能、太阳能等间歇性能源的快速发展。然而，这些能源的自然特性导致其发电输出功率难以准确预测和控制，与电网调度所需的稳定、可靠电力供应之间存在显著差距。为了弥补这一差距，储能系统作为灵活调节资源，被寄予厚望来平衡电力供需，确保电网的安全稳定运行。因此，以跟踪计划输出功率为目标的储能容量配置应运而生，旨在通过精细化的储能规划与调度，实现新能源发电与电网需求之间的无缝衔接。

新能源发电功率历史数据的时域特征主要有两种维度，一种是基于不同大小时间窗口连续时间段内的功率波动特征，另一种是对新能源历史发电功率数据的概率统计特征。第一种特征包含时序信息，而第二种特征多为功率的离散分布统计并无时序特性。在研究中，一般根据新能源发电功率及其预测误差的统计信息来进行储能系统容量配置。

为了实现大多数场景下新能源发电与储能系统功率的匹配，需要保证储能系统可以在一定程度上补偿新能源功率预测误差以及相应累计能量偏差。为此对于该种储能配置方法，除需要获得历史新能源输出功率数据外，还需要获得相应时刻的预测功率数据。将实际的新能源发电功率同相应时刻预测功率相减，可以得到功率误差时间序

列数据，求取误差数据标幺值可得

$$e^*(k) = \frac{1}{P_{\text{inst}}}\left[P_{\text{m}}(k) - P_{\text{f}}(k)\right] \quad k = 1, 2, \cdots, N \tag{4-26}$$

式中：$P_{\text{m}}(k)$、$P_{\text{f}}(k)$ 分别为新能源输出功率实测值和预测值；N 为新能源输出功率时间序列的长度；P_{inst} 为新能源发电场站的额定装机容量。

在得到新能源发电的时序功率预测误差后，可以对其进行直方图统计，并利用常见的概率分布概率密度函数对预测误差概率分布直方图进行拟合，建立指标并量化拟合精度误差。

$$I = \sum_{i=1}^{M}\left[f(A_i) - H_i\right]^2 \quad i = 1, 2, \cdots, M \tag{4-27}$$

式中：M 为频率分布直方图的分组数；H_i 和 A_i 分别为第 i 个直方柱的高度及中心位置；f 为拟合所用概率密度函数；$f(A_i)$ 为中心位置 A_i 上拟合概率密度函数值。拟合指标 I 越小，拟合越精确。

通过选取补偿功率上下分位点，从概率分布密度上直接获得与新能源发电联合储能系统配置功率，用数学公式可表示为

$$P_{\text{ESS}} = \max\left\{\left|-P_{\alpha_1}\right|,\ P_{1-\alpha_2}\right\} \tag{4-28}$$

式中：P_{ESS} 为储能装置额定功率；$1-\alpha$ 为置信度；α 为显著性水平；$-P_{\alpha_1}$ 为置信水平 $1-\alpha_1$ 置信区间下分位点；$P_{1-\alpha_2}$ 为置信水平为 $1-\alpha_2$ 置信区间上分位点，$\alpha_1 + \alpha_2 = \alpha$。

新能源发电联合储能系统容量配置方法同功率配置方法相似，首先需要对预测功率偏差 $e(i)$ 数据累加得到由预测偏差所导致的能量变化 $E(k)$，在此基础上对能量数据标幺

$$E^*(k) = \frac{E(k)}{E_0} = \frac{\sum_{i=1}^{k} e(i)T_{\text{f}}}{P_{\text{inst}}T_{\text{w}}} \quad k = 1, 2, \cdots, N \tag{4-29}$$

式中：E_0 为新能源的额定发电量；T_{w} 为运行小时数；T_{f} 为预测时间尺度。

衡量拟合曲线对累积分布函数曲线的拟合效果时可采用拟合优度指标进行计算。当所运用的累积分布函数拟合效果同能量累积偏差情况接近时，累计分布函数的拟合效果越好。对比各种累计分布函数曲线，选择拟合优度最大的累计分布曲线作为计算储能电量配置曲线。储能装置额定电量的选取方法为

$$E_{\text{ESS}} = \min_{c_{\text{p}}}\left\{F^{-1}\left(1-c_{\text{p}}\beta\right) - F^{-1}\left[\left(1-c_{\text{p}}\right)\beta\right]\right\} \tag{4-30}$$

式中：E_{ESS} 为选取的储能装置的额定电量；F^{-1} 为拟合累积分布函数的反函数；c_{p} 为离散化因子，其的取值范围是 $[0，1]$。确定使得 $1-\beta$ 置信水平下 E_{ESS} 达到最小时的离散化因子，相应的置信区间为 $F^{-1}\left(1-c_{\text{p}}\beta\right) - F^{-1}\left[\left(1-c_{\text{p}}\right)\beta\right]$。

【例 4-2】　基于我国华东地区某额定装机容量为 200kW 的光伏电站夏季某月实际发电功率和预测功率数据计算光伏电站的储能系统容量。其中，光伏输出功率及预测数据采集周期为

3min。根据采集光伏电站发出功率和预测功率计算预测误差数据，某一天的样本数据结果，即光伏输出功率预测误差曲线如图 4-7 所示。

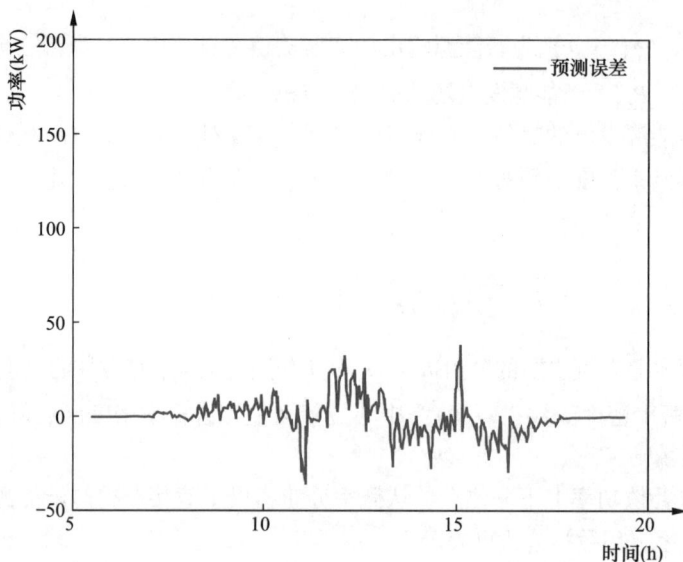

图 4-7　光伏输出功率预测误差曲线

观察曲线可知，光伏输出功率预测误差数值相对较小。根据以上所介绍方法对预测功率误差标幺、分组并绘制直方图，分别采用正态分布、带位置和尺度参数的 t- 分布和极值分布对预测误差 $e^*(k)$ 的概率分布拟合，光伏预测误差统计图如图 4-8 所示。

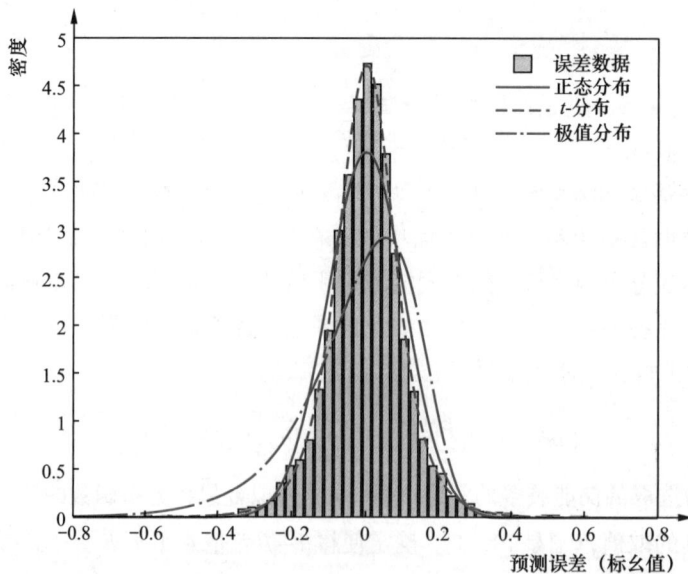

图 4-8　光伏预测误差统计图

采用极大似然估计等参数估计方法计算各种分布形式概率密度函数中的参数，根据式（4-23）

计算不同分布的拟合指标值，预测误差概率密度函数拟合结果见表 4-1。

表 4-1　　　　　　　　　　　预测误差概率密度函数拟合结果

分布	参数估计结果			指标 I 值
正态分布	均值	方差	—	3.8632
	$\mu = -0.0003$	$\sigma_2 = 0.011$		
带位置参数 t- 分布	位置参数	尺度参数	形状参数	0.4868
	$\mu = -0.0004$	$\sigma = 0.0808$	$v = 4.7986$	
极值分布	位置参数	尺度参数		23.1739
	$\mu = -0.0524$	$\sigma = 0.1271$		

根据表 4-1 可知，所采用的三种拟合分布，带位置和尺度参数 t- 分布最适合描述该光伏系统的预测误差。在实际运行中，光伏输出功率预测误差由储能进行补偿，设定功率补偿置信水平为 95%，则表示储能在 95% 的置信水平下能够满足系统补偿预测误差的运行要求。计算相应的置信区间 $\left[-P_{\alpha_1},\ P_{1-\alpha_2} \right]$，则其中 $\alpha_1 + \alpha_2 = 0.05$。

依据概率统计知识，带位置和尺度参数 t- 分布的 95% 置信区间为 $[\mu - \sigma t_{\mathrm{inv}}(0.975,\ v),\ \mu + \sigma t_{\mathrm{inv}}(0.975,\ v)]$，其中 t_{inv} 是 t- 分布的分位数函数。t- 分布拟合预测功率误差及功率型储能配置情况如图 4-9 所示，通过运用统计分析软件可以计算得到对应该 95% 置信区间的功率范围为 [-0.2100，0.2107]，则储能系统额定功率为 $P_{\mathrm{ESS}} = \max\{|-0.2100，0.2107|\} = 0.2107$。因此，该 200kW 光伏系统所配置的储能装置额定功率选取为 42.14kW。

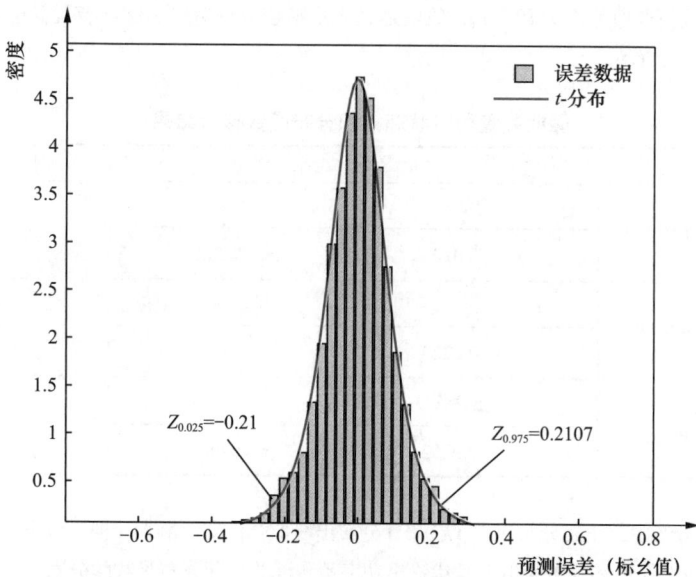

图 4-9　t- 分布拟合预测功率误差及功率型储能配置情况

对光伏输出功率预测误差积分得到荷电状态（State-of-Charge，SOC）情况，对其进行标幺。其中，$P_{\mathrm{inst}} = 200\mathrm{kW}$，$T_{\mathrm{f}} = 15\mathrm{min}$，$T_{\mathrm{w}} = 14\mathrm{h}$。绘制 $E^*(k)$ 累计分布曲线，采用正态分布、罗

切斯特分布、极值分布等三种分布对 $E^*(k)$ 累积分布曲线拟合，运用典型分布累计分布函数来拟合储能荷电状态误差情况示意图如图 4-10 所示。

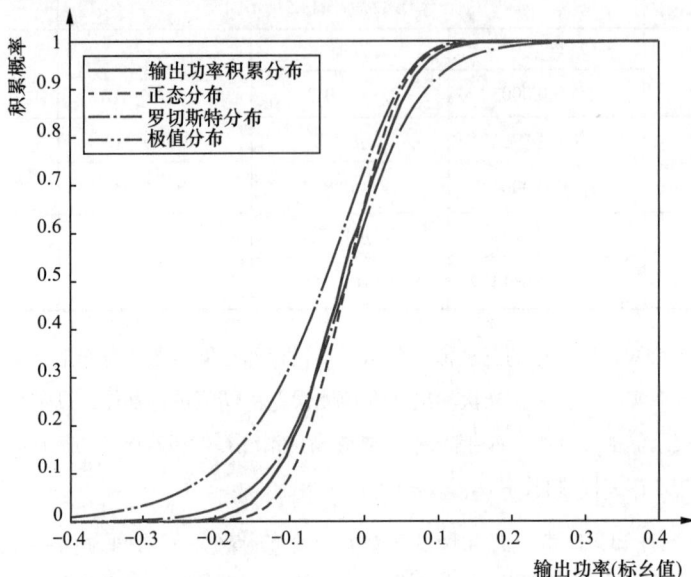

图 4-10　运用典型分布累计分布函数来拟合储能荷电状态误差情况示意图

为衡量拟合效果，首先应当运用统计分析软件估计各种分布的参数值。然后，将这三种累积分布函数的拟合结果数组与实际运行情况的统计结果按拟合优度公式进行计算。根据拟合优度定义可知其数值取值范围为 [0，1]，数值越大表示拟合效果越好。储能装置荷电状态累积分布函数拟合情况见表 4-2。

表 4-2　　　　　　　　储能装置荷电状态累积分布函数拟合结果

分布	参数估计结果		拟合优度 R^2
正态分布	均值	方差	0.9931
	$\mu = -0.0208$	$\sigma_2 = 0.2870$	
罗切斯特分布	位置参数	尺数参数	0.9913
	$\mu = -0.0229$	$\sigma = 0.0492$	
极值分布	位置参数	尺度参数	0.9834
	$\mu = -0.0212$	$\sigma = 0.0823$	

在这三种分布中，正态分布对 $E^*(k)$ 累计分布出线拟合优度值最大，拟合效果最佳。所以针对该算例，经比较选择正态分布为拟合光伏输出功率预测误差累计分布函数的分布。根据所确定的正态分布函数，选取置信水平 $1-\beta$，计算置信区间 $\left[E_{\beta_1}, E_{1-\beta_2} \right]$，其中 $\beta_1 + \beta_2 = \beta$，根据式（4-26）可以计算得到储能系统配置电量。

储能装置额定电量选取方法示意图如图 4-11 所示，选取置信水平为 95%，通过统计分析软件计算得到满足置信度要求的最小置信区间为 [-0.1822，0.1407]。因此，选取储能系统电量标幺值为 0.3229。所以，针对算例中所考虑的 200kW 光伏系统，日光照小时数为 14h 情况下，储能电量应为 904.12kWh。

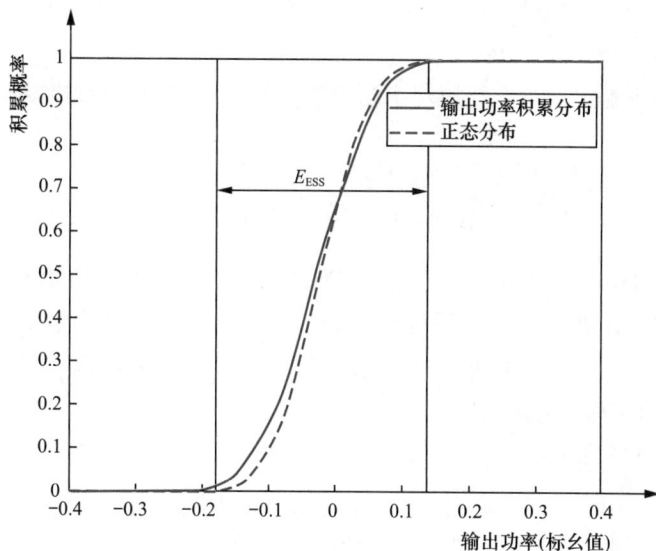

图 4-11 储能装置额定电量选取方法示意图

（2）以平滑新能源发电功率波动为目标的储能容量配置。新能源发电功率波动是指由于新能源资源的特性，如太阳能、风能等自然资源的不可预测性和间歇性，导致新能源发电装置（如太阳能电池板、风力发电机等）在发电过程中产生的功率输出不稳定、时高时低的现象。具体来说，光伏发电的功率波动受天气条件的影响很大，当天气阴雨连绵或天空被浓密云层覆盖时，阳光就无法直接照射到太阳能电池组件上，导致光伏发电的功率大幅降低；而在晴天的时候，光照强度增强，功率相应提升；此外，温度的变化也会影响光伏电池的输出电压，从而影响光伏发电的功率。风力发电的功率波动则主要源于风能的随机波动，风能资源随时间随机变化，规律性差，呈现间歇性、波动性的特点，使得风电功率在形态上表现为随机波动性。

新能源发电功率波动对电力系统的稳定性、可靠性和经济运行都有一定的影响。因此，在新能源发电系统中，需要采取一些措施来平滑这种波动，如配置储能系统、优化调度策略等，以提高电力系统的稳定性和经济性。以平滑新能源发电功率波动为目标的储能容量优化配置与新能源输出功率的随机性密切相关，需要对新能源的输出功率特性进行深入分析，了解其随机性、间歇性和波动性的规律和特点，这有助于确定储能系统的容量需求，确保储能系统能够应对新能源输出功率的不确定性。

新能源输出功率的数据特征量能够反映新能源输出功率波动功率特性，根据所获得历史数据观测域的不同，特征量在时域和频域中又会有不同体现。该种储能配置方法是将所获得的新能源输出功率数据变换至频域，通过选择合适的频率分割点对不同频段的功率运用不同类型和大小的储能进行补偿。最终，通过对新能源发电功率中的高频波动功率分量补偿而达到平滑输出功率的目的。运用储能补偿高频量的这一过程在时域中可以理解为消除大于该频率分量功率在时域中引起的波动，最终实现时域功率平滑。

基于新能源输出功率频域特征分析的储能容量配置方法一般流程可以分为储能功率确定、储能电量确定等环节。

1）储能功率确定。对新能源功率输出数据 $\boldsymbol{P}_\text{g}$ 进行离散傅里叶变换，得到幅频变换结果

$$\begin{cases} \boldsymbol{S}_\text{g} = \mathcal{F}(\boldsymbol{P}_\text{g}) = [S_\text{g}(1), \cdots, S_\text{g}(n), \cdots, S_\text{g}(N_\text{s})]^\text{T} \\ \boldsymbol{f}_\text{g} = [f_\text{g}(1), \cdots, f_\text{g}(n), \cdots, f_\text{g}(N_\text{s})]^\text{T} \end{cases} \tag{4-31}$$

式中：$\boldsymbol{P}_\text{g} = [P_\text{g}(1), \cdots, P_\text{g}(n), \cdots, P_\text{g}(N_\text{s})]^\text{T}$ 为新能源功率输出样本数据；$P_\text{g}(n)$ 为第 n 个采样点输出功率；N_g 为采样点个数；$\mathcal{F}(\boldsymbol{P}_\text{g})$ 表示对样本数据离散傅里叶变换；$S_\text{g}(n) = R_\text{g}(n) + \text{j}I_\text{g}(n)$ 为傅里叶变换结果中第 n 个频率 $f_\text{g}(n)$ 对应的幅值；$R_\text{g}(n)$、$I_\text{g}(n)$ 分别为幅值的实部和虚部。

$\boldsymbol{f}_\text{g}$ 为与 $\boldsymbol{S}_\text{g}$ 对应的频率列向量，则有

$$f_\text{g}(n) = \frac{f_\text{s}(n-1)}{N_\text{s}} = \frac{n-1}{T_\text{s}N_\text{s}} \tag{4-32}$$

式中：f_s、T_s 分别为样本数据 P_g 的频谱分析所对应频率和采样周期（s）。

由采样定理和离散傅里叶变换数据的对称性可知，$\boldsymbol{S}_\text{g}$ 以 Nyquist 频率 $f_\text{N} = \dfrac{f_t}{2}$（频谱分析结果的最高分辨频率，为采样频率 f_t 的 1/2）为对称轴，两侧对称的复序列互为共轭，模相等，故只需要考虑 $0 \sim f_\text{N}$ 频率范围的幅频特性。利用离散傅里叶变换直接获得的 $\boldsymbol{S}_\text{g}$ 为复数向量并非原信号的实际幅值，在使用时需要根据离散傅里叶分析结果求取实际幅值。

基于频谱分析结果求取满足功率输出波动约束的目标功率输出及其对应的储能系统补偿频段。假定 $\boldsymbol{f}_\text{ps}$ 为频谱分析结果的补偿频段，在该频段内的分量均置零则可以获得补偿后消除了相应频段的功率波动 $\boldsymbol{S}_0$，将该结果进行离散傅里叶反变换可得到经过储能系统补偿后的目标功率输出结果 $\boldsymbol{P}_0$

$$\boldsymbol{P}_0 = \mathcal{F}^{-1}(\boldsymbol{S}_0) = [P_0(1), \cdots, P_0(n), \cdots, P_0(N_\text{s})]^\text{T} \tag{4-33}$$

式中：$\mathcal{F}^{-1}(\boldsymbol{S}_0)$ 为对 $\boldsymbol{S}_0$ 进行离散傅里叶反变换；$P_0(n)$ 为第 n 个采样点的目标输出功率。在评价补偿效果时，需要对用于储能配置计算所有特定大小的时间窗波动率进行检验，当有任何一个时间窗口的波动率不满足要求时，需要从高频逐次向低频扩大频率补偿范围重新进行校验，直至获取到满足波动率要求的最大截止补偿频率，计算最小补偿电量。

根据系统功率输出理想值，计及储能系统充放电效率因素，确定能够保证储能系统连续稳定运行的储能系统功率输出和相应储能系统所需最大充放电功率（即额定功率）。储能理想充放电功率序列为理想平滑功率和波动功率之间的差值，但是在实际储能系统运行时，由于充放电转换过程存在一定损耗，因此需要对所获得的充放电功率进行修正，以保证储能系统在样本周期内可以稳定连续运行。修正的原则即保证储能

系统在运行周期内净充放电量为零，通过迭代计算获得目标功率输出平移量 ΔP 对功率修正，最终得到计及储能系统运行损耗的储能系统实际充放电功率序列 $P_b(n)$。在样本周期内，计算得到的储能系统实际充放电功率最大值即为储能系统额定功率值

$$P_{ES0} = \max\left\{ \left| P_b(n) \right| \right\} \tag{4-34}$$

2）储能电量的确定。为满足平滑新能源输出功率波动率的要求，储能系统应具备足够大电量。针对确定的储能系统功率输出，储能系统所需最大电量同样可以利用仿真法获得。

对储能系统输出功率修正后的各个采样点处储能系统充放电电量进行累计可以得到不同采样时刻储能能量波动数据

$$E_{b,\,acu}(m) = \sum_0^m \left[P_b(m) \frac{T_s}{3600} \right], \quad m = 0, 1, \cdots, N \tag{4-35}$$

式中：$E_{b,\,acu}(m)$ 为储能系统在第 m 个采样时刻相对于初始状态的能量波动，亦即前 m 个采样周期内储能系统累计充放电能量之和。

根据计算得到的整个运行周期内储能系统最大最小能量之差，考虑储能 SOC 限制计算储能系统应配置电量

$$E_{ES0} = \frac{\max\left\{ E_{b,\,acu}(m) \right\} - \min\left\{ E_{b,\,acu}(m) \right\}}{C_{up} - C_{low}} \tag{4-36}$$

式中：C_{up} 和 C_{low} 分别表示为储能系统在运行中的 SOC 上、下限；$\max\left\{ E_{b,\,acu}(m) \right\}$、$\min\left\{ E_{b,\,acu}(m) \right\}$ 分别为整个样本数据周期内储能系统相对于初始状态的最小、最大能量；$\max\left\{ E_{b,\,acu}(m) \right\} - \min\left\{ E_{b,\,acu}(m) \right\}$ 为整个样本数据周期内储能系统最大能量波动的绝对值。

【例 4-3】 某地区电网接有装机总容量为 100MW 的风电场，选取 2016 年 4 月 17 日输出功率数据作为典型日数据计算分析风电场储能配置情况，功率采样周期为 1min。平滑目标选取为典型日中任意 20min 时间窗口的新能源输出功率不超过额定装机容量的 10%。储能系统采用电化学储能，其循环充放电效率为 86%，假设充放电效率相等，充/放电效率近似等于 92.7%。储能系统 SOC 运行上限取 1，下限取 0.4。

典型日内，系统最小输出功率为 2.046MW，最大功率为 87.65MW，平均输出功率为 27.96MW，由于数据的采样周期为 1min，则频谱分析所对应的 Nyquist 截止频率 $f_N = 8.333 \times 10^{-3} Hz$。风电场输出功率频谱分析结果如图 4-12 所示。

基于频谱分析结果，可确定满足功率波动约束的储能系统最小补偿频段范围及其对应的理想目标输出。为表述方便，将频段范围以对应的周期值来描述。设补偿周期范围为 $[T_l, T_u]$，T_l、T_u 分别为补偿周期下限及上限。由上文介绍的储能配置方法，从高频波动分量开始对功率补偿。故补偿周期下限 T_l 设为 2min（为 Nyquist 频率对应的周期），采用试差法可寻找到满足功率波动约束的储能系统最小补偿范围对应的 $T = 144min$。

风电场发电功率与平滑目标输出功率如图 4-13 所示，按照计算储能配置所用的滤波方法，经过平滑后风电场 - 储能系统联合功率输出的最大功率值降为 1.64MW，最小功率输出为

74.11MW，典型日内任意 20min 的功率波动最大值为额定风电装机容量的 9.67%。所需配置储能功率为 14.65MW，所需配置储能电量为 8.77MWh，最优储能配置容量方案见表 4-3。

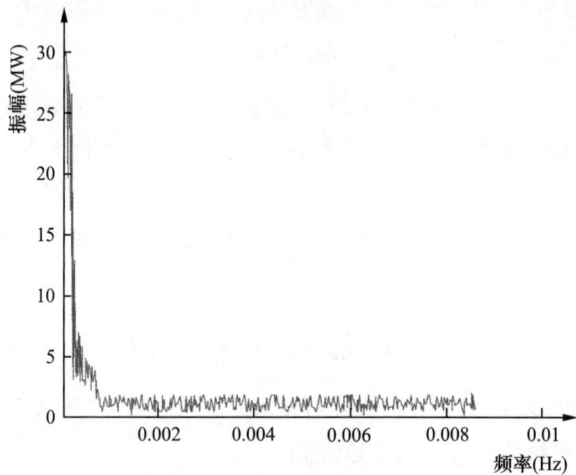

图 4-12　风电场输出功率频谱分析结果

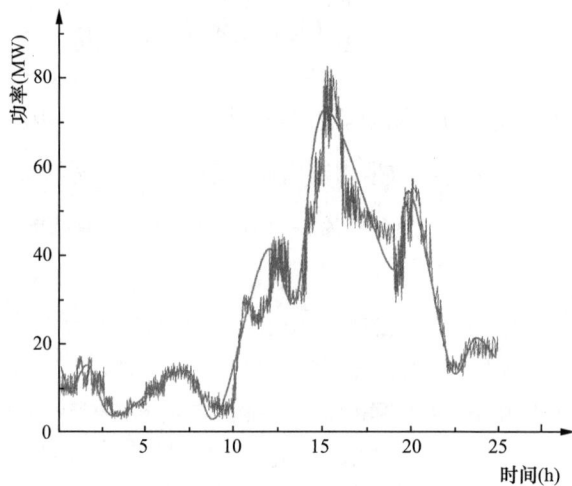

图 4-13　风电场发电功率与平滑目标输出功率

表 4-3　　　　　　　　　　　　　最优储能配置容量方案

T_1 (min)	T_u (min)	F_{20}^{max} (%)	P_{ES0} (MW)	E_{ES0} (MWh)
2	144	9.67	14.65	8.77

4.2.4　电网侧储能容量配置

电网侧储能容量配置指的是在电力系统的电网侧（即输配电环节），根据电网的运行需求、稳定性要求以及经济效益等因素，合理配置储能设备的容量。电网侧储能定容应根据电网的运行情况，考虑保障供电可靠性、设备安全运行、新能源消纳、调峰调频等不同需求的定容场景。本节主要从考虑降低变电站负载率和削峰填谷以降低电网负荷峰谷差率两方面介绍电网侧储能定容方法。

1. 用于变电站降载的储能容量配置方法

由于变电站的建设时间较早，设备选型的技术标准不高，大多数变电站都存在以下问题。

（1）变电站的负载率较高。若变电站的最大负载率超过 90%，则会严重威胁变电站的安全运行。

（2）负荷峰谷差大。部分变电站存在负荷峰谷差较大的情况，导致其设备整体的利用率较低。

配置变电站处储能设备的功率需考虑三种因素：① 保证重要负荷的运行；② 变压器不能存在过载运行的情况；③ 能够将变电站削峰至其重载功率以下。储能功率的选取如下

$$P_{\text{BESS}} = \max\{\max[P(t) - P_{\text{OL}}], P_{\text{C}}\} \tag{4-37}$$

式中：P_{BESS} 为储能的配置功率选取值；$P(t)$ 为实时负荷功率值；P_{OL} 为变电站的重载功率阈值；P_{C} 为重要负荷的功率大小。

基于上述储能功率选取值，配置储能的容量还需考虑：①变电站的重载时间；②重要负荷运行一个周期所需时间。储能容量的选取如下

$$E_{\text{BESS}} = P_{\text{BESS}} \times \max(T_{\text{OL}}, T_{\text{C}}) \tag{4-38}$$

式中：E_{BESS} 为储能的配置容量选取值；P_{BESS} 为储能的配置功率选取值；T_{OL} 为变电站的重载时间；T_{C} 为重要负荷的运行周期。

2. 用于削峰填谷的储能容量配置方法

削峰填谷问题是电网运行的基本问题之一，大多数火电机组的调节能力不足；水电机组具有运行方式灵活、迅速起停的特点，且其调节范围可接近 100%，但是其建设地点的选取完全依赖地理条件。储能因其响应快速且其建设不受地理条件限制的特点，能够满足电网大规模的削峰填谷需求。由于不同地方、不同用电性质等的负荷曲线特性指标不太一样，电网侧储能容量配置仍需结合具体地区变电站进一步分析后确定。

一般情况下，用于削峰填谷的储能功率应取电网调峰的功率最大限值。储能功率的选取如下

$$P_{\text{BESS}} = \max(|\Delta P_1|, |\Delta P_2|, \cdots, |\Delta P_N|) \tag{4-39}$$

式中：P_{BESS} 为储能系统的功率选取值；$|\Delta P_i|, (i = 1, 2, \cdots, N)$ 为各个时刻计算得到的储能系统的输出功率需求值。

基于以上的储能功率确定值，储能的容量选取为

$$E_{\text{BESS}} = \max(N_1, \ N_2) \tag{4-40}$$

$$N_1 = \max(|\Delta P_1 \Delta T|, |\Delta P_1 \Delta T + \Delta P_2 \Delta T|, \cdots, |\Delta P_1 \Delta T + \Delta P_2 \Delta T + \cdots + \Delta P_N \Delta T|) \tag{4-41}$$

$$N_2 = \max\left(\left|\sum_{i=1}^{m_1} \Delta P_i \Delta T\right|, \left|\sum_{i=m_2}^{m_3} \Delta P_i \Delta T\right|, \cdots, \left|\sum_{i=m_j}^{m_n} \Delta P_i \Delta T\right| \right) \tag{4-42}$$

式中：E_{BESS} 为储能系统的容量选取值；ΔT 为数据采样时间间隔；$1 \sim m_1$，$m_2 \sim m_3$，$\cdots$，$m_j \sim m_n$ 为储能处于充放电状态的时间段。

如按照日充放电 1 次为前提计算，储能容量的计算公式可以转化为

$$\begin{cases} \dfrac{1}{\eta_d}\int_{t_{d1}}^{t_{d2}}\left(P_t - P_{\max}\right)\mathrm{d}t + \eta_c\int_{t_{c1}}^{t_{c2}}\left(P_t - P_{\min}\right)\mathrm{d}t = 0 \\[2mm] P_{ES} = \max\left(P_I - P_{\max},\ P_{\min} - P_I\right) \\[2mm] E_{ES} = \dfrac{1}{\eta_d}\int_{t_{d1}}^{t_{d2}}\left(P_I - P_{\max}\right)\mathrm{d}t = \eta_c\int_{t_{c1}}^{t_{c2}}\left(P_I - P_{\min}\right)\mathrm{d}t \\[2mm] P_{I_{\max}} \geqslant P_{\max} \geqslant P_{\min} \geqslant P_{I_{\min}} \end{cases} \quad (4\text{-}43)$$

式中：P_{ES} 为储能系统额定功率；E_{ES} 为储能系统能量；η_d 为储能系统放电效率；η_c 为储能系统充电效率；P_I 为负荷功率；$P_{I_{\max}}$ 为负荷峰值；$P_{I_{\min}}$ 为负荷谷值；$P_{\max}$ 为放电启动功率，即经储能系统平抑后的负荷峰值；$P_{\min}$ 为充电启动功率，即经储能系统平抑后的负荷谷值。

4.2.5 用户侧储能容量配置

用户侧储能是指在电力系统中，位于用户侧的储能设施。其主要功能是在用户端储存电能，以便在需要时释放使用，从而优化电力系统的运行，提高能源利用效率。用户侧储能作为电力系统的一个重要环节，其应用与发展对于实现电力系统的平衡与可持续发展具有关键作用。

用户侧储能就像是用户家里的大型"充电宝"。它可以储存多余的电能，等到家里需要用电但电网供电不足时，再释放出来使用。这样一来，不仅可以满足家里的用电需求，还能减轻电网的压力，让整个电力系统运行得更加稳定，提高供电可靠性。

想象一下，如果家里有一个大"充电宝"，当晚上电价便宜时，我们可以把多余的电能储存起来。等到白天电价高、家里用电需求大时，再使用这个"充电宝"来供电，这就是低储高发套利。这样不仅能降低用电成本，还能为环保出一份力。

除了在家庭中使用，用户侧储能还可以应用于工商业园区、充电站、5G 基站等地方。在这些场景中，用户侧储能可以发挥更大的作用，比如帮助工商业园区节省电费、提高供电可靠性，或者为充电站和 5G 基站提供稳定的电力支持。

总的来说，用户侧储能就像是一个智能的"电管家"，它可以根据我们的需求和电力系统的状况，智能地管理电能。这样一来，我们的生活用电会变得更加便捷、经济、环保。

本节将从提高供电可靠性和降低用电成本这两大主要用户侧储能的应用场景来介绍用户侧储能的容量配置方法。

1. 用于提高供电可靠性

重要用电设施对供电可靠性的要求标准较高，一旦供电系统出现故障而停止向负荷供电，将会造成一定的经济损失。重要负荷附近的储能设备，可作为备用电源或不间断电源，减少因电力供应不足而带来的停电损失。

用户停电事件的发生属于概率事件，用户侧储能容量需求可按照其期望值分析。依据以往停电事件发生的经验，得到供电系统的可靠度。每次停电对于用户造成的电量不足的期望值为

$$E_{ENS} = T_0\left(1 - H_S\right)P_0 \quad (4\text{-}44)$$

式中：E_{ENS} 为用户电量不足的期望值；T_0 为用户年生产小时数；H_S 为市电的供电可靠率；P_0 为保证用户正常生产所需功率。

储能容量期望值可根据投入储能前后的故障停电率之差进行确定，即

$$E_{BESS} = E_{ENS}(\lambda_s - \lambda_0) \tag{4-45}$$

式中：E_{BESS} 为储能容量期望值；λ_s 为未投入储能设备时的故障停电率；λ_0 为负荷用户允许的最大故障停电率。

2. 用于降低用电成本

用户侧采取低储高发套利的方式来降低用电成本，以此为目的储能容量配置方法通常需要考虑多个因素，包括用户的用电需求、电价波动、储能设备的充放电效率、储能技术的特性等，则简化的容量配置公式为

$$E = \frac{D_{peak}T}{\eta_{charge}(\text{或者} \eta_{discharge})\,DoD} \tag{4-46}$$

式中：E 是储能设备的容量，kWh；D_{peak} 是用户用电需求的峰值，kW；T 是放电时长；DoD 是放电深度，表示储能设备放电时释放的电量占其总容量的比例；η_{charge} 和 $\eta_{discharge}$ 分别是储能设备的充电效率和放电效率。

【例 4-4】 针对某大工业用户设计开发一套储能系统，配置其容量。

用户采用 2 路 10kV 高压接入厂区配电房，接线方式为单母线接线，配电变压器容量为 2500kVA 和 2500kVA，两台配电变压器低压侧给厂区设备和空调等负荷供电。某工业用户配电系统图如图 4-14 所示。

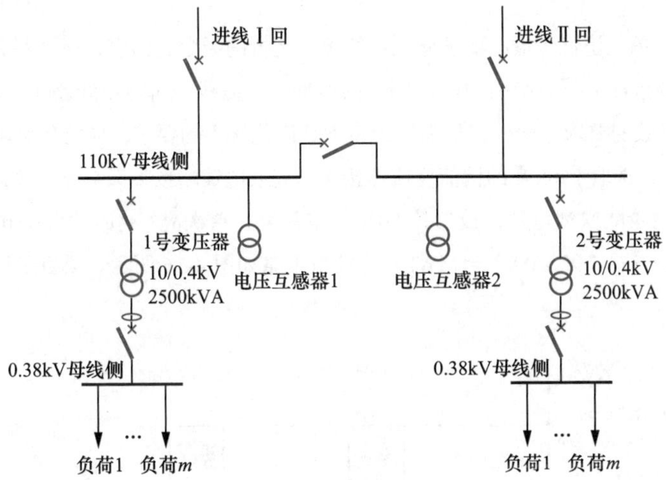

图 4-14　某工业用户配电系统图

用户所在地的供电公司提供用户多年的月均用电量，典型工作日的负荷曲线、典型非工作日的负荷曲线，目前大多数的供电公司出于保护业主隐私的目的，一般难以拿到上述资料，因此可以参考的数据包括用户抄表数据、用户过去年一整年的电费清单、用户峰平谷电价及时间段。根据上述资料可以大致估算出用户的用电数据信息：

峰时段包括 8:00 ～ 11:00、13:00 ～ 15:00、18:00 ～ 21:00，谷时段包括 22:00 ～ 06:00；其余时段为平时段。月户典型月份下的工作日和非工作日的负荷曲线如图 4-15 所示。

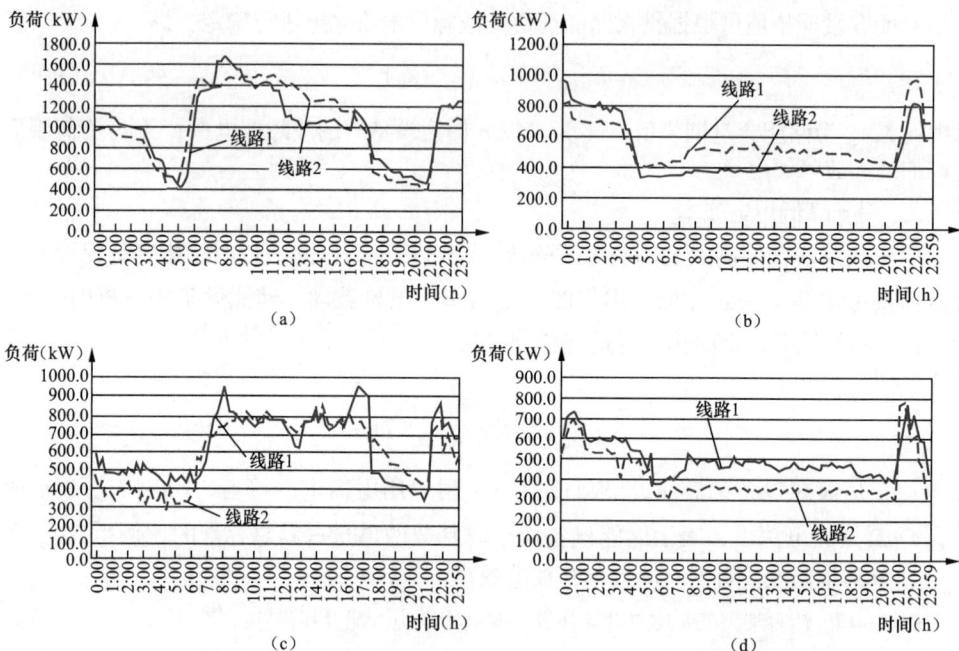

图 4-15 用户典型月份下的工作日和非工作日的负荷曲线

（a）2017 年 7 月工作日平均负荷；（b）2017 年 7 月非工作日平均负荷；
（c）2017 年 11 月工作日平均负荷；（d）2017 年 11 月非工作日平均负荷

项目初步方案：

从储能项目的经济性考虑，要求储能系统每年运行的天数足够多，而且每天放电量也足够多，这样从经济指标上更有吸引力。从用户的典型负荷曲线分析得出线路 1 的配置储能系统，更能满足运行天数的要求。此外，从削峰的角度和简化接入的要求，储能作为辅助调节，配置的功率不宜过大，选取 250kW 的储能变流器接入。充放电策略按每天 2 充 2 放运行，每一次放电时长 3h；选用磷酸铁锂电池，设置按 80% 放电深度，单次充 / 放的效率按 0.92 考虑，则储能电池容量 250×3/（0.92×0.8）=1MWh。充放电策略如图 4-16 所示。项目最终配置的方案为 250kW/1MWh。

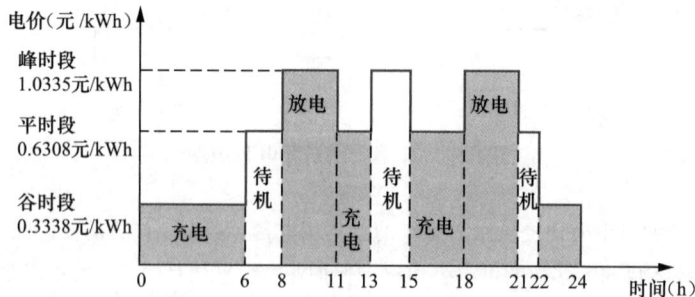

图 4-16 充放电策略

4.2.6 经济性分析

储能经济性分析至关重要，它不仅有助于评估储能技术的实际应用价值，为投资决策提供依据，还能促进储能技术的推广和应用，优化资源配置，推动技术的进步和发展。通过经济性分析，可以全面了解储能项目的成本、收益和经济效益，从而为行业的可持续发展提供有力支持。本节将结合储能在电力系统的应用情况，分别从电源侧、电网侧和用户侧对储能应用的经济性进行分析。为便于学习，本节将结合例题展示具体的储能经济性分析过程，并简要介绍某些典型的储能应用实例。

1. 储能经济性分析概述

储能的经济性分析一般以经济学为基础，计算某一储能项目详细的成本和收益情况，进而评估其经济性，为投资与运行决策提供依据。由于储能在电力系统甚至整个能源系统中具有特殊的地位，储能的经济性分析需要兼顾经济、社会、环境等因素，并考虑电力市场的影响，是一件极为复杂的工作。本节将简明介绍经济性分析的要素，作为后续储能经济性分析的基础。

（1）市场机制。

储能市场机制是指一系列规则、制度和交易方式，它们共同构成了储能系统参与电力市场的基础框架。这些机制旨在促进储能系统在电力系统中发挥积极作用，包括缓解供需矛盾、提高可再生能源利用率、降低系统运行成本等。储能市场机制通过价格信号、市场准入条件、交易规则等手段，引导储能系统的建设和运营，以实现资源的优化配置和经济效益的最大化。目前，储能市场机制的具体实现方式有以下三种。

1）现货市场。储能系统可以通过参与电力现货市场，根据市场价格波动进行充放电操作，实现盈利。现货市场的分时电价机制能够反映电力的供需关系，为储能系统提供经济激励。

2）辅助服务市场。储能系统还可以参与电力系统的辅助服务市场，如调频、调峰、备用等。这些服务对于维护电力系统的稳定运行至关重要，而储能系统因其快速响应和灵活调节的能力，成为提供这些服务的理想选择。

3）容量市场。随着电力市场的不断发展，一些地区开始建立容量市场，以激励投资者建设足够的发电和储能设施来满足未来电力需求。储能系统可以通过参与容量市场获得容量补贴或容量电价。

（2）成本。储能的成本与其类型及应用场景有关，主要分为初始投资成本、运营维护成本等。

1）初始投资成本。假定储能的电能转换设备的初始投资成本为 C_{equi}，储能系统的初始投资成本为 C_{ess}，则整个储能项目的初始投资成本 C_{in} 为

$$C_{in} = C_{equi} + C_{ess} \tag{4-47}$$

据统计，目前抽水蓄能电站的初始投资成本为 1250 ～ 1750 元 /kWh，但由于选址受限，未来可能会出现一定程度的上升。压缩空气储能的初始投资成本为 1500 ～ 2500 元 kWh，随着压缩空气储能的规模化应用，其成本在未来数年内可能会降至 1000 元 /kWh 左右。电化学储能的初始投资成本为 1000 ～ 8000 元 /kWh，但随着电化学储能技术的发展而快速下降，预计到 2035 年将至少下降 60%。飞轮储能和超级电容器的初始投资成本相对较高，为 2500 ～ 3750 元 /kWh。

2）运行维护成本。运行维护成本是指用以维持储能设备正常运行的费用。假定所需的材料费为 C_{mt} ，修理费为 C_{fix} ，工资福利为 C_{wb} ，其他费用为 C_{el} ，则运行维护成本 C_{om} 为

$$C_{om} = C_{mt} + C_{fix} + C_{wb} + C_{el} \qquad (4\text{-}48)$$

由于储能的运行维护成本的构成复杂，精确计算较为困难，为方便应用，也可按其初始投资成本的一定比例近似估算。抽水蓄能电站在运行过程中需要进行不同级别的维修和保养，平均每年的运维成本约为初始投资成本的 2.5%。压缩空气储能电站每年的运维成本约为其初始投资成本的 2%。电化学储能电站每年的运维成本约占其初始投资成本的 0.5%。

（3）收益。储能收益与其商业模式密切相关。储能商业模式是指围绕储能技术的应用和发展，形成的各种商业运营方式和盈利机制。这些模式涵盖了储能设施的投资、建设、运营、维护以及通过储能服务获取收益的整个过程。随着储能技术的不断成熟和电力市场的快速发展，储能商业模式也在不断创新和丰富。

1）辅助服务市场模式。储能作为独立市场主体，直接参与或通过聚合形式参与中长期和现货电能量市场、调峰调频等辅助服务市场获得收益。该模式下，储能项目收益来源于有需求的市场主体，参与调频辅助服务市场收益来源于市场规则规定的市场成本分摊渠道，参与调峰市场收益来源于新能源、火电等电源承担的调峰分摊费用，参与中长期和现货市场的收益来自源于不同时段市场出清价格的价差。我国辅助服务补偿与交易体系呈现"双轨制"，政策补偿机制和市场化机制并存。东北、西北、华北、华东、华中均建立了以调峰为主要品种的"区域 + 省级"两级辅助服务市场架构，南方区域及开展现货市场试点的省区主要以调频为主开展辅助服务市场建设。政策性补偿机制主要以各区域"两个细则"为基础，对没有进行市场化的品种按照"补偿成本、合理收益"的原则固定补偿。针对新型储能的辅助服务交易规则主要有两类形式：一是将新型储能调峰作为市场品种（西北）或视为用户侧储能设施（东北）一并在现有辅助服务市场规则中考虑；二是确定独立新型储能的市场主体地位，专门出台储能作为第三方独立主体参与辅助服务的市场规则，如华北、华中、山西、浙江等地。

参与调峰辅助服务市场来看，以国家电网经营区为例，截至 2023 年 9 月底共有青海、新疆、宁夏、安徽、湖南等五个省份新型储能参与调峰辅助服务市场，平均出清价格 0.42 元 /kWh，整体收益水平不高。青海、新疆调峰出清价格达到 0.7 元 /kWh 和 0.55 元 /kWh，但充放电次数有限，储能单独通过参与调峰市场难以实现盈利。

参与调频辅助服务市场来看，以国家电网经营区为例，2023 年 9 月甘肃、福建共有 3 个新型储能电站参与调频辅助服务市场。甘肃市场采用调频里程补偿方式，2 个电站合计装机规模 21 万 kW，平均调频里程价格 18.1 元 /MW。福建市场采用调频里程补偿和容量补偿方式，电站装机规模 3 万 kW，平均调频里程价格 12 元 /MW，调频容量价格 980 元 /（MW·月）。按照 2023 年 1 ～ 9 月收益水平测算，甘肃电站内部收益率分别为 -8.4%、-29.0%，难以实现盈利，福建电站内部收益率 15.3%，可以实现盈利。

2）低储高发模式。用户侧储能通过"低充高放"可减少用户峰段电量电费和月度需量电费 0 元，降低用户用电成本。该模式下，用户侧储能经济性与等效价差水平、

与光伏时段匹配度、使用频次、容量配置等多因素相关。根据在当前锂离子电池技术经济条件下（成本 1500～2000 元 /kWh、循环次数 6000 次、运行周期 10 年），以 2022 年 1 月各省峰谷电价为例，按两充两放测算，单一制电价模式下，峰谷价差达到 0.715 元 /kWh 时，可实现盈亏平衡。以国家电网经营区为例，浙江、湖北、重庆三省具备经济性（内部收益率高于 8%）；两部制电价模式下，国家电网经营区 18 个省均可实现盈利，由于需量电费不同，各省实现盈亏平衡的峰谷价有所差异。

通常，储能在电力系统的各种应用场景的收益可分为两类：一是储能带来的新增收益；二是因采用储能而减少的投资或运行成本。比如，假定安装储能后可获得风光发电收益 I_{ab} 和低储高发增益 I_{cd}，则储能带来的新增收益 I_{ni} 为

$$I_{ni} = I_{ab} + I_{cd} \tag{4-49}$$

后面还将结合具体应用场景，对储能的各种成本与收益进行详细介绍，此处不再赘述。

（4）现金流量。现金流量是对现金流出、流入及其总量的总称，主要用以反映投资项目在寿命周期内的资金流动全貌。其中，项目产生的现金收入称为现金流入，通常用 CI 表示；项目产生的现金支出称为现金流出，通常用 CO 表示。同一时间节点上现金流入与现金流出之差称为净现金流量，通常用 CI-CO 表示。

（5）资金时间价值及其等值计算。

1）资金时间价值。将资金投入到生产或流通领域，经过物化劳动和活劳动后便可产生增值。由于其外在表现是时间，被称为资金时间价值（利润或利息）。具体而言，资金时间价值是资金在生产和流通过程中随着时间推移而产生的价值增值。

2）利息和利率。资金运动过程中所产生的增值（利润或利息）与投入的资金金额之比，被称为利率或收益率，可记作 i。利率 i 越大，资金增值就越快。

3）资金等值。资金等值是指在时间因素的作用下，不同时点上金额不同的资金在一定利率下具有相同的价值。例如，现在的 5000 元与一年后的 5500 元，虽然其数额并不相等，但如果年利率为 10%，将这笔钱存入银行，则两者的价值是等值的。因为现在的 5000 元，在 10% 利率下，一年后的本金与利息之和为 5500 元。

资金等值的主要影响因素包括资金金额、资金发生时间和利率，它们也是构成现金流量的三要素。根据资金等值概念，将某一时点上的资金金额换算成另一时点的等值金额的过程称为资金等值计算。资金等值计算涉及以下概念：①贴现与贴现率：把将来某一时点发生的资金金额换算到现金流量序列起点的等值金额称为贴现或折现，贴现时采用的利率称为贴现率或折现率。②现值：发生在现金流量序列起点的资金，用符号 P 表示。③年值：指各年等额收入或支付的金额，用符号 A 表示。④终值：发生在现金流量序列终点的资金，用符号 F 表示。

4）资金等值计算。在储能项目经济分析中，为考察某一项目在寿命周期内的经济性，需要对该项目不同时间发生的现金流入和流出进行计算。考虑资金时间价值后，不同时间的资金流出或流入金额需要通过资金等值计算将它们换算到同一时间点上方能进行分析。

① 一次支付终值。一次支付终值是将项目的现金流量折算到未来某一时点上的价

值。如果现在投入资金为 P，年利率为 i，n 年后拥有的本利和 F 为

$$F = P(1+i)^n \qquad (4\text{-}50)$$

式中：系数 $(1+i)^n$ 称为复利支付终值系数，也可用符号 $(F/P,i,n)$ 表示，即

$$F = P(F/P,i,n) \qquad (4\text{-}51)$$

② 一次支付现值。一次支付现值是将项目的现金流量折算到当前时点上的价值。假定在 n 年后投入资金为 F，年利率为 i，则这笔资金折算到现在的资金价值 P 为

$$P = F\frac{1}{(1+i)^n} \qquad (4\text{-}52)$$

式中：系数 $\dfrac{1}{(1+i)^n}$ 为复利现值系数，记为 $(P/F,i,n)$。

③ 等额分付现值。等额分付现值是指在今后每年都有一定等额资金收支的情况下，各年份次款的现值之和。假定在 n 个计息期内，每期末等额收支一笔资金 A，则可结合等额分付现值现金流量情况计算等额分付现值 P 如下：

等额序列可被视为 n 个一次支付现值的组合，进一步根据一次支付现值公式推导等额分付现值公式，有

$$P = \frac{A}{(1+i)} + \frac{A}{(1+i)^2} + \cdots + \frac{A}{(1+i)^n} \qquad (4\text{-}53)$$

对于公比为 $\dfrac{1}{(1+i)}$ 的等比数列，利用级数求和公式，有

$$P = A\frac{(1+i)^n - 1}{i(1+i)^n} \qquad (4\text{-}54)$$

式中：系数 $\dfrac{(1+i)^n - 1}{i(1+i)^n}$ 可记为 $(P/A,i,n)$。

2. 电源侧储能经济性分析

在电源侧，储能主要具有两种应用模式：一是与火电联合运行；二是与新能源联合运行。以下将分别对这两种模式的经济性进行分析。

（1）常规电源侧储能经济性分析。本小节以火电的储能配置为例介绍其成本和收益构成，然后再结合例题分析其经济性。

1）成本分析。在寿命周期内，储能的成本包括初始投资成本、运行维护成本、置换成本和废弃处置成本。为便于理解，本小节后面的成本和收益公式均以年为时间单位进行折算。

① 初始投资成本。储能的初始投资成本由电能转换设备成本和储能系统成本构成，一般可按储能的额定功率和额定容量进行估算，即

$$C_1 = k_p P_{es} + k_q S_{es} \qquad (4\text{-}55)$$

式中：C_1 为储能的初始投资成本；P_{es} 为储能的额定功率；S_{es} 为储能的额定容量；k_p 为与储能功率相关的成本系数；k_q 为与储能容量相关的成本系数。

利用等额分付现值公式式（4-54），对总初始投资成本在项目周期内进行分摊，可得年均投资成本 C_{1_ann} 为

$$C_{1\_ann} = (k_p P_{es} + k_q S_{es}) \frac{i(1+i)^n}{(1+i)^n - 1} \tag{4-56}$$

式中：i 为贴现率；n 为项目周期。

② 运行维护成本。储能系统的年运行维护成本由运行成本和维护成本构成。其中，运行成本可从储能系统每年释放的电量估算；维护成本则由定期的人工维护、人工巡检等产生，可按其额定功率估算，即

$$C_{2\_ann} = k_F P_{es} + k_V Q_{ann}^+ \tag{4-57}$$

式中：k_F 为储能系统运行维修的单价；k_V 为储能系统的放电电价；Q_{ann}^+ 为储能系统的年累计放电量。

③ 置换成本。置换成本是指当储能寿命周期小于整个项目的运行周期时，每次更换储能所产生的费用之和，即

$$C_3 = k_q S_{es} \sum_{\beta=1}^{\tau} \frac{(1-\alpha)^{\beta a}}{(1+i)^{\beta a}} \tag{4-58}$$

式中：α 为储能安装成本的年均下降率；τ 为储能的更换总次数，$\tau = n/a - 1$，a 为储能寿命，当 $n/a - 1$ 为非整数时，τ 进 1 取整；β 为电池本体更换次数的次序。

利用等额分付现值公式式（4-54），可得项目周期内的年均置换成本 C_{3_ann} 为

$$C_{3\_ann} = k_q S_{es} \sum_{\beta=1}^{\tau} \frac{(1-\alpha)^{\beta a}}{(1+i)^{\beta a}} \frac{i(1+i)^n}{(1+i)^n - 1} \tag{4-59}$$

④ 废弃处置成本。废弃处置成本指储能设备的寿命终止后，对其进行处理所需支付的费用，包括设备残值和环保费用支出。设备残值与初始投资成本和回收系数有关，为负值；环保费用支出指对报废的电池进行环境无害化处理所支付的费用，则废弃处置成本为

$$C_4 = (C_{en} - \gamma C_1) \sum_{\beta=1}^{\tau} \frac{1}{(1+i)^{\beta a}} \tag{4-60}$$

式中：C_{en} 为环境无害化处理成本；γ 为电池本体的回收系数，依照现有的废旧电池回收技术，铅碳电池的 γ 一般取为 20%，锂电池的 γ 一般取为 0。

利用等额分付现值公式式（4-54），可得项目周期内的年均废弃处置成本 C_{4_ann} 为

$$C_{4\_ann} = (C_{en} - \gamma C_1) \sum_{\beta=1}^{r} \frac{1}{(1+i)^{\beta a}} \frac{i(1+i)^n}{(1+i)^n - 1} \tag{4-61}$$

2）收益分析。将储能与火电机组联合运行，可以弥补火电机组灵活性不足的短板，使"火储"作为整体更好地参与电力系统的调峰、调频服务；利用储能应对负荷波动，使火电机组保持在经济运行状态，避免机组频繁启停，减少机组损耗并降低其维护成本；利用储能的"低储高发"特性增加系统在高峰时刻的供电能力，起到延缓新建电厂甚至避免新建电厂的作用。因此，火储联合运行可以改善火电机组的灵活性，在调峰、调频、经济运行、减少新建机组投资等方面产生收益。

① 调峰收益。火储联合系统的年调峰收益为

$$I_{g1_{ann}} = P_{pr} \sum_{d=1}^{D_{pr}} Q_{pr}^+ (d) \tag{4-62}$$

式中：$Q_{pr}^+(d)$ 为联合系统在第 d 天内的调峰电量；P_{pr} 为调峰补偿电价；D_{pr} 为一年内联合系统调峰运行天数。

② 调频收益。火储联合系统的年调频收益为

$$I_{g2_{ann}} = \sum_{1}^{12} \sum_{x=1}^{X_{fm}} \left[M_{fm}(x) I_{fm}(x) Kap_{fm}(x) \right] \tag{4-63}$$

式中：X_{fm} 为每月调频市场的交易周期数；$M_{fm}(x)$ 为联合系统在第 x 个交易周期提供的调频里程；$I_{fm}(x)$ 为联合系统在第 x 个交易周期的调频里程补偿；$Kap_{fm}(x)$ 为联合系统在第 x 个交易周期的综合调频性能指标平均值，即

$$Kap_{fm}(x) = 0.25 \times \left[2kap_{fm_1}(x) + kap_{fm_2}(x) + kap_{fm_3}(x) \right] \tag{4-64}$$

式中：kap_{fm_1} 为调节速率指标，反映联合系统响应 AGC 控制指令的速率；kap_{fm_2} 为调节精度指标，反映联合系统响应 AGC 控制指令的精准度；kap_{fm_3} 为响应时间指标，反映联合系统响应 AGC 控制指令的时间延迟。

③ 经济运行收益。火储联合系统的经济运行收益可由机组损耗成本和机组维护成本的减少量衡量。其中，减少的机组损耗成本又可由延长机组寿命带来的收益衡量，即

$$I_{loss_{ann}} = I_{ther} \Delta A \frac{i(1+i)^n}{(1+i)^n - 1} \tag{4-65}$$

式中：I_{ther} 为火电机组年平均运行收益；ΔA 为配置储能后机组运行寿命的延长量。

机组减少的年运行维护成本为

$$I_{om_{ann}} = \Delta k_{om} C_g \tag{4-66}$$

式中：Δk_{om} 为投入储能前后火电机组的运行维护成本费用系数之差；C_g 为火电机组的初始投资成本。

则火储联合系统的年经济运行收益 $I_{g3_{ann}}$ 为

$$I_{g3_{ann}} = I_{loss_{ann}} + I_{om_{ann}} \tag{4-67}$$

④ 减少投资收益。在火电侧储能系统配置，其年均减少投资收益可由提供辅助服务的火电装机成本减少量衡量，即

$$I_{g4_{ann}} = C_{t_{er}} \frac{\sum_{d=1}^{D_{anc}} P_{anc}^+ (d)}{Tq} \frac{i(1+i)^n}{(1+i)^n - 1} \tag{4-68}$$

式中：T 为火电机组的年运行时间；$C_{t_{er}}$ 为单位容量装机成本；D_{anc} 为一年内储能参与辅助服务的运行天数；$P_{anc}^+(d)$ 为储能在第 d 天内参与辅助服务的总放电电量；q 为火电机组参与辅助服务输出功率与最大输出功率的比值。

接下来，以储能辅助火电厂调频为例，分析火储联合运行的经济性。

【例 4-5】 建立一个 9MW/4.5MWh 的磷酸铁锂电池储能电站辅助火电厂调频。储能电站的初始投资成本为 2800 万元，电网向火电厂调频提供的补偿为 6 元 /MW，火储联合系统典型日的

AGC 指令执行情况见表 4-4，加入储能系统后调频性能指标见表 4-5。忽略运行过程中产生的其他成本，且仅考虑发电侧储能电池的调频效益。试求：

（1）首年火储联合调频系统的收益；

（2）倘若从第二年开始，每年的调频效益下降 3%，试求该储能系统投资的静态回收期。

表 4-4　　　　　　　　　　　火储联合系统典型日的 AGC 指令执行情况

典型日	夏季	冬季	春秋季
日调频里程（MW）	1332	1320	927
持续天数（天）	95	75	150

表 4-5　　　　　　　　　　　加入储能系统后调频性能指标

典型日	调节速率（k_1）	响应时间（k_2）	调节精度（k_3）	综合调频性能指标平均值（K）
夏季	4.01 ～ 4.62	0.91 ～ 1.00	0.89 ～ 1.00	2.45 ～ 2.81
冬季	4.10 ～ 4.64	0.93 ～ 1.00	0.91 ～ 1.00	2.51 ～ 2.82
春秋季	4.17 ～ 4.52	0.94 ～ 1.00	0.92 ～ 1.00	2.55 ～ 2.76

解：

（1）调频收益计算。

夏季的调频收益

$$I_{1\_SUmin}=(1332 \times 95 \times 6 \times 2.45)/10000 \approx 186.0（万元）$$

$$I_{1\_SUmax}=(1332 \times 95 \times 6 \times 2.81)/10000 \approx 213.3（万元）$$

冬季的调频收益

$$I_{1\_WImin}=(1320 \times 75 \times 6 \times 2.51)/10000 \approx 149.1（万元）$$

$$I_{1\_WImax}=(1320 \times 75 \times 6 \times 2.82)/10000 \approx 167.5（万元）$$

春秋季的调频收益

$$I_{1\_SPFAmin}=(927 \times 150 \times 6 \times 2.55)/10000 \approx 212.7（万元）$$

$$I_{1\_SPFAmax}=(927 \times 150 \times 6 \times 2.76)/10000 \approx 230.3（万元）$$

首年的调频总收益

$$I_{1\_min}=I_{1\_SUmin}+I_{1\_WZmin}+I_{1\_WImin}=547.8（万元）$$

$$I_{1\_max}=I_{1\_SUmax}+I_{1\_WZmax}+I_{1\_WImax}=611.1（万元）$$

（2）投资回收期计算。

最理想情况的现金流量表见表 4-6。将该表的数据代入投资回收期计算为

表 4-6　　　　　　　　　　　最理想情况的现金流量表　　　　　　　　　　（单位：万元）

年份	0	1	2	3	4	5
初始投资	2800	—	—	—	—	—
调频收益	—	611.1	592.8	575.0	557.7	541.0
净现金流量	-2800	611.1	592.8	575.0	557.7	541.0
累计现金净流量	-2800	-2188.9	-1596.1	-1021.1	-463.4	77.6

$$T_p = \left(T_a - 1\right) + \frac{|N_1|}{N_p} \tag{4-69}$$

式中：T_p 为静态投资回收期；T_a 为累计净现金流量出现正值的年份数；N_1 为上一年累计现金

流量；N_p 为出现正值年份的净现金流量。

可得投资回收期为

$$T_p = 5 - 1 + \frac{463.4}{541.0} = 4.9 （年）$$

最不利情况的现金流量表见表 4-7。将该表的数据代入式（4-70），可得投资回收期为

$$T_p = 6 - 1 + \frac{220.4}{470.4} = 5.5 （年）$$

表 4-7　　　　　　　　　　最不利情况的现金流量表　　　　　　　　　（单位：万元）

年份	0	1	2	3	4	5	6
初始投资	2800	—	—	—	—	—	—
调频收益	—	547.8	531.4	515.4	500.0	485.0	470.4
净现金流量	-2800	547.8	531.4	515.4	500.0	485.0	470.4
累计现金净流量	-2800	-2252.2	-1720.8	-1205.4	-705.4	-220.4	250

（2）新能源侧储能经济性分析。由于新能源具有较强的间歇性、波动性和随机性，其并网消纳较为困难，并可能引发一系列安全、稳定问题。通过储能与新能源联合运行，可以使原本难以控制的新能源发电输出功率变得可控，进而提高新能源的消纳率。此外，储能与新能源联合运行时，也可以作为整体参与调峰、调频等辅助服务，获取额外收益。同时，在新能源侧装设储能系统后，由于其可控性增强，还可减少新能源场站所需的备用容量，并节省并网通道建设投入。本小节先介绍新能源发电侧储能的成本和收益构成，再结合例题分析其经济性。

1）成本分析。与配置在火电侧的储能系统类似，新能源侧储能的全寿命周期成本也包括初始投资成本、运行维护成本、置换成本和废弃处置成本，参见式（4-55）~式（4-61），此处不再赘述。

2）收益分析。储能与新能源联合运行的收益包括：促进新能源消纳收益、调峰收益、调频收益和降低备用容量收益。

① 促进新能源消纳收益。在新能源侧配置储能系统，促进新能源消纳的收益可由减少的新能源弃电量衡量，即

$$I_{ngl_{ann}} = (E_{wrer} - E_{wreress}) E_p \tag{4-70}$$

式中：E_{wrer} 为储能接入前新能源弃电量的年期望值；$E_{wreress}$ 为储能接入后新能源电量的年期望值；E_p 为平均电价。

② 调峰收益。配置在新能源侧的储能系统，其调峰收益与火电侧储能类似，详见式（4-62）。

③ 调频收益。在新能源侧配置储能系统，其调频收益与火电侧储能类似，详见式（4-63）。

④ 降低备用容量收益。在新能源侧配置储能系统，每年降低备用容量收益为

$$I_{ng4_{ann}} = \sum_{d=1}^{365} k_{spa} S_{spa}(d) \frac{i(1+i)^n}{(1+i)^n - 1} \tag{4-71}$$

式中：k_{spa} 为备用容量价格；$S_{spa}(d)$ 为配置储能后典型日新能源的备用容量减少量。

【例 4-6】　某光伏电站拟配置额定功率为 15.79MW、额定容量为 4.31MWh 的磷酸铁锂储能系统。电池储能系统参数见表 4-8。配置储能系统后，年弃光量由接入前的 887.999MWh 降低到 239.648MWh，系统的年调峰调频收益为 1705000 元。假设储能系统 的寿命为 20 年，试求配置储能所产生的成本与收益，并确定投资该储能项目的净现值（仅考虑初始投资成本及运行维护成本）。

表 4-8　　　　　　　　　　　　　　　　电池储能系统参数

参数	取值
k_v（元 /MWh）	300
k_F（元 /MW）	500
k_p（万元 /MW）	500
k_q（万元 /MWh）	600
k_{spa}（元 /MWh）	35000
E_p（元 /MWh）	2500
Q^+_{ann}（MWh）	14.4645
S_{spa}（MWh）	0.40
i	0.03

解：（1）储能项目的全寿命周期成本。

1）初始投资成本为

$$C_1 = 5 \times 10^5 \times 15.79 + 6 \times 10^5 \times 4.31 = 1.0481 \times 10^7（元）$$

2）运行维护成本为

$$C_2 = (500 \times 15.79 + 300 \times 14.4645) \times (P/A，3\%，20) = 1.8202 \times 10^5（元）$$

总成本为

$$C_{total} = C_1 + C_2 = 1.0663 \times 10^7（元）$$

（2）储能项目的全寿命周期收益。

1）促进新能源消纳的收益为

$$I_1 = 2500 \times (887.999 - 239.648) \times (P/A，3\%，20) = 2.4115 \times 10^3（元）$$

2）调峰调频收益为

$$I_2 = 1705000 \times (P/A，3\%，20) = 2.6036 \times 10^7（元）$$

3）降低备用容量收益为

$$I_3 = 35000 \times 365 \times 0.40 \times (P/A，3\%，20) = 7.6024 \times 10^7（元）$$

总收益为

$$L_{total} = I_1 + I_2 + I_3 = 1.2618 \times 10^7（元）$$

（3）净现值为

$$NPV_1 = 1.2618 \times 10^8 - 1.0663 \times 10^8 = 1.9550 \times 10^7（元）$$

3. 电网侧储能经济性分析

本节先介绍电网侧储能的成本和收益构成，再结合例题分析其经济性。

（1）成本分析。与配置在电源侧的储能系统类似，电网侧储能的全寿命周期成本也包括初始投资成本、运行维护成本、置换成本和废弃处置成本，参见式（4-55）～式（4-61），此处不再赘述。

（2）收益分析。电网侧储能的收益主要包括：调峰收益、调频收益、降低系统网损收益、提高电网可靠性收益和延缓电网升级扩容收益。

1）调峰收益。配置在电网侧的储能系统，其年调峰收益与电源侧储能类似，可参考式（4-62）进行计算。

2）调频收益。配置在电网侧的储能系统，其年调频收益与电源侧储能类似，可参考式（4-63）进行计算。

3）降低网损收益。一方面，储能"低储高发"会造成功率的双向流动，增加网损；另一方面，储能可以优化系统潮流，降低网损。按典型日的网损情况计算储能降低网损的年收益，有

$$I_{grid3ann} = 365\sum_{h=1}^{24}\left[P_{loss}(h) - P_{lossess}(h)\right]P(h) \tag{4-72}$$

式中：$P(h)$ 为典型日 h 时刻的电价，$P_{loss}(h)$ 和 $P_{lossess}(h)$ 分别为安装储能前后电网在典型日的 h 时刻的网损功率。

4）提高电网可靠性收益。在电网侧配置储能系统，其提高电网可靠性的年收益为

$$I_{grid4ann} = \left(O_{grid} - O_{grid\_ess}\right)E_{grid} \tag{4-73}$$

式中：O_{grid} 为未安装储能系统时电网的年均故障停电时间；O_{grid_ess} 为安装储能系统后电网的年均故障停电时间；E_{grid} 为单位停电时间产生的经济损失。

5）延缓电网升级扩容收益。在电网侧配置储能系统，延缓电网升级扩容的年收益为

$$I_{grid5ann} = C_{equi}S_{grid}\frac{i(1+i)^n}{(1+i)^n-1} \tag{4-74}$$

式中：C_{equi} 为配电设备的单位容量造价；S_{grid} 为安装储能系统后延缓的电网升级扩容容量。

【例4-7】 已知某储能电站的规模为24MW/48Mh，规划周期为20年。配置储能电站后可延缓电网扩容31.5MW，每年提高电网可靠性收益为11万元，调峰调频收益为25万元。假设储能单位功率成本为60万元/MW，单位容量成本为120万元/MWh，年运行费用为88万元，系统单位容量扩建成本为200万元/MW，平均电价为0.3元kWh，基准收益率为6%，配置储能前后典型日的网损情况见表4-9。试求该项目的净现值。

表4-9　　　　　　　　配置储能前后典型日的网损情况

时间	0～7h	8h	9h	10h	11h	12h	13h	14h	15h	16h	17h	18～24h
无储能（MW）	1.2	9.6	11	13	11.5	13.2	13	9	9.8	8.4	8.4	1.4
配置储能（MW）	0.8	8	9	10	9	11	11	6	7	6	7	1.0

解：

（1）储能项目成本现值。

1）投资成本为

$$C_1 = 24 \times 60 + 48 \times 120 = 7200（万元）$$

2）运维成本为

$$C_2 = 88 \times (P/A,\ 6\%,\ 20) = 88 \times 11.47 = 1009.36（万元）$$

（2）储能项目收益现值。

1）调峰调频收益为

$$I_1 = 25 \times (P/A,\ 6\%,\ 20) = 286.75（万元）$$

2）降低系统网损收益为

$$I_2 = 0.3 \times 28.5 \times 365 \times 1000 \times (P/A,\ 6\%,\ 20)/10000 = 3579.50（万元）$$

3）提高电网可靠性收益为

$$I_3 = 11 \times (P/A,\ 6\%,\ 20) = 126.17（万元）$$

4）延缓电网升级扩容收益为

$$I_4 = 200 \times 31.5 = 6300（万元）$$

（3）储能项目的净现值为

$$NPV = I_1 + I_2 + I_3 + I_4 - C_1 - C_2 = 2083.06（万元）$$

4. 用户侧储能经济性分析

本小节先介绍用户侧储能的成本和收益构成，再结合例题分析其经济性。

（1）成本分析。与配置在电源侧和电网侧的储能系统类似，用户侧储能的全寿命周期成本也包括初始投资成本、运行维护成本、置换成本和废弃处置成本，参见式（4-55）～式（4-61），此处不再赘述。

（2）收益分析。用户侧储能系统的收益主要包括："低储高发"收益、减少容量费用收益、提高可靠性收益和提高电能质量收益。

1）"低储高发"收益。在用户侧配置储能系统，其"低储高发"产生的年收益为

$$I_{\text{user1.ann}} = \sum_{1}^{D_{\text{cd}}} \left[\sum_{h=1}^{n_1} \frac{p(h)Q^+(h)}{\eta_{\text{dis}}} - \sum_{h=1}^{n_2} p(h)Q^-(h)\eta_{\text{cha}} \right] \quad （4\text{-}75）$$

式中：D_{cd} 为储能系统发挥"低储高发"效益的年平均运行天数；n_1 为典型日的放电时段数；n_2 为典型日的充电时段数；$p(h)$ 为典型日第 h 时段的电价；$Q^+(h)$ 为典型日第 h 时段储能系统的放电功率；$Q^-(h)$ 为典型日第 h 时段储能系统的充电功率；η_{dis} 和 η_{cha} 分别为储能系统的放电和充电效率系数。

2）减少容量费用收益。在用户侧配置储能系统，每年可减少容量费用收益为

$$I_{\text{user2.ann}} = C_{\text{tr}} \left(S_{\text{tr}} - S_{\text{tr.ess}} \right) \frac{i(1+i)^n}{(1+i)^n - 1} \quad （4\text{-}76）$$

式中：C_{tr} 为专变单位容量造价；S_{tr} 为未配置储能时的运行容量；$S_{\text{tr.ess}}$ 为配置储能后的运行容量。

3）提高可靠性收益。

在用户侧配置储能系统，每年可提高可靠性收益为

$$I_{user3.ann} = (O_{user} - O_{user.ess})E_{user} \tag{4-77}$$

式中：O_{user} 为未安装储能系统时用户年平均故障停电时间；$O_{user.ess}$ 为安装储能系统后用户年平均故障停电时间；E_{user} 为单位停电时间带来的经济损失。

4）提高电能质量收益。在用户侧配置储能系统可以提高电能质量，其年效益可通过储能所能等效代替的电能质量补偿装置的投入成本描述，即

$$I_{user4.ann} = \sum_{z=1}^{Z} -C_{com}(z) \tag{4-78}$$

式中：Z 为电能质量补偿装置的总数；$C_{com}(z)$ 为投入储能系统后，减少的第 z 类电能质量补偿装置的年投资成本。

【例 4-8】 在某 10kV 大工业用户建设容量为 100kW 的储能系统。假定该用户所在省份的工商业尖峰电价为 1.0824 元 /kWh，低谷电价为 0.4164 元 /kWh。采取恒功率放电模式，即在低谷充电、尖峰放电，充放电时长均为 2h。电池技术性能参数见表 4-10，其他相关参数见表 4-11，忽略降损收益。试从净现值和内部收益率的角度，判断该工业用户建设铅炭电池和磷酸铁锂电池能否实现盈利。

表 4-10 电池技术性能参数

技术参数	铅碳电池	磷酸铁锂电池
能量转换效率（%）	90	95
放电深度（%）	70	80
服役年限（年）	10	12
循环次数（次）	3700～4200	3000～5000
每月自放电率（%）	1	1.5
能量成本（元 /kWh）	1200	1400
功率成本（元 /kW）	1200	2000
运维成本占比（%）	1	1.2

表 4-11 其他相关参数

参数	铅碳电池	磷酸铁锂电池
基准收益率 i_0（%）	8	8
年平均运行天数（天）	360	360
S_{tr}（kVA）	500	500
S_{tr_ess}（kVA）	300	300
P_{es}（kW）	100	100
S_{es}（kWh）	180	150
C_{tr}（元 /kVA）	380	380
O_{user}（h）	8.76	8.76
O_{user_ess}（h）	6.13	4.38
E_{user}（元 /kWh）	3000	3000
充电时长（h）	2	2
每月变压器最大需量电价（元 /kWh）	40	40

解：

（1）成本计算。

1）初始投资成本。

对铅炭电池，有

$$C_1 = \frac{1200 \times 100 + 1200 \times 180}{10000} \approx 33.6（万元）$$

对磷酸铁锂电池，有

$$C_1 = \frac{2000 \times 100 + 1400 \times 150}{10000} = 41（万元）$$

2）年运行维护成本。

对铅碳电池，有

$$C_2 = 33.6 \times 0.01 \approx 0.3（万元）$$

对磷酸铁锂电池，有

$$C_2 = 41 \times 0.012 \approx 0.5（万元）$$

（2）收益计算。

1）"低储高发"收益。

对铅碳电池，有

$$I_1 = 360 \times (2 \times 1.0824 \times 100/0.9 - 2 \times 0.4164 \times 100 \times 0.9) \approx 6.0（万元）$$

对磷酸铁锂电池，有

$$I_1 = 360 \times \left(2 \times 1.0824 \times \frac{100}{0.95} - 2 \times 0.4164 \times 100 \times 0.95 \right) \approx 5.4（万元）$$

2）减少容量费用收益。

对铅碳电池，有

$$I_2 = 380 \times (500-300)/10000 = 7.6（万元）$$

对磷酸铁锂电池，有

$$I_2 = 380 \times (500-300)/10000 = 7.6（万元）$$

3）可靠性收益。

对铅碳电池，有

$$I_3 = (8.76-6.13) \times 3000/10000 = 0.8（万元）$$

对磷酸铁锂电池，有

$$I_3 = (8.76-4.38) \times 3000/10000 = 1.3（万元）$$

（3）净现值计算。

对铅碳电池，有

$$NPV = 7.6 + (6.0+0.8) \times (P/A, 8\%, 10) - [33.6+0.3 \times (P/A, 8\%, 10)] \approx 8.2（万元）$$

对磷酸铁锂电池，有

$$NPV = 7.6 + (5.4+1.3) \times (P/A, 8\%, 12) - [41+0.5 \times (P/A, 8\%, 12)] \approx 13.3（万元）$$

（4）内部收益率计算。

1）铅碳电池。

若 $i_1 = 12\%$ 时，则有

NPV=7.6+(6.0+0.8)×(P/A，12%，10)-[33.6+0.3×(P/A，12%，10)]≈2.8（万元）

若 i_2=15% 时，则有

NPV=7.6+(6.0+0.8)×(P/A，15%，10)-[33.6+0.3×(P/A，15%，10)]≈-0.4（万元）

可见 IRR 在 12% ~ 15% 之间，可得

$$IRR = i_1 + \frac{NPV_1}{NPV_1 + |NPV_2|}(i_2 - i_1) = 12\% + \frac{2.8}{2.8 + 0.4} \times (15\% - 12\%) \approx 14.6\%$$

2）磷酸铁锂电池。

若 i_1=15%，则有

NPV=7.6+(5.4+1.3)×(P/A，15%，12)-[41+0.5×(P/A，15%，12)]≈0.2（万元）

若 i_2=18%，则有

NPV=7.6+(5.4+1.3)×(P/A，18%，12)-[41+0.5×(P/A，18%，12)]≈-3.7（万元）

可见 IRR 在 15% ~ 18% 之间，进一步计算可得

$$IRR = i_1 + \frac{NPV_1}{NPV_1 + |NPV_2|}(i_2 - i_1)$$
$$= 15\% + \frac{0.2}{0.2 + 3.7} \times (18\% - 15\%) \approx 15.2\%$$

综上，在当前的峰谷电价条件下，投资铅炭电池和磷酸铁锂电池均能实现盈利。前者内部收益率为 14.6%，后者为 15.2%。

4.3 电池储能系统集成技术

近 10 年来，由于储能集成技术的快速发展和进步，储能电站规模逐步从兆瓦级向着十兆瓦级、百兆瓦级，甚至吉瓦级跨越式发展。本小节将以电池储能系统为例，对储能系统集成的基本概念、储能系统组成方式进行介绍。

4.3.1 电池成组技术

储能电池单体是组成大规模电池储能系统的基本单元。电池成组技术将电池单体通过不同成组方式组合成比电池单体能量等级更高的电池模组，是大容量储能系统的核心技术之一，电池单体及模组如图 4-17 所示。

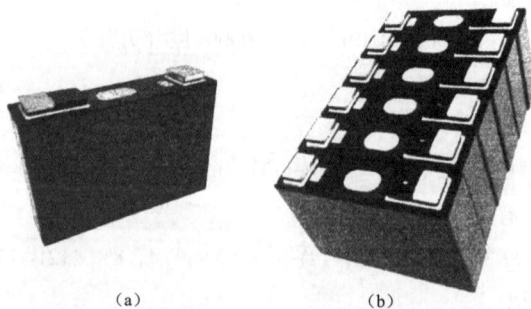

图 4-17　电池单体及模组
（a）电池单体；（b）电池模组

储能电池模组主要有直接串联、先串后并和先并后串这三种成组方式，电池模组成组方式如图 4-18 所示。其中，直接串联的成组方式电路结构简单，便于安装及管理，但需要采用的单体电池容量大、数量多，且单一电池的损坏将直接影响整个系统的正常使用。先串后并的成组方式有利于系统的模块化设计，但需要对每一块单体电池进行监测，且不利于电池组的整体均衡管理，在大规模储能系统应用中会增大电池管理成本。先并后串的成组方式可以保证电池在工作时趋于均衡，但会使电池组的失效率增大，且易于在并联电池组内产生环流，导致电池组不一致性增大。

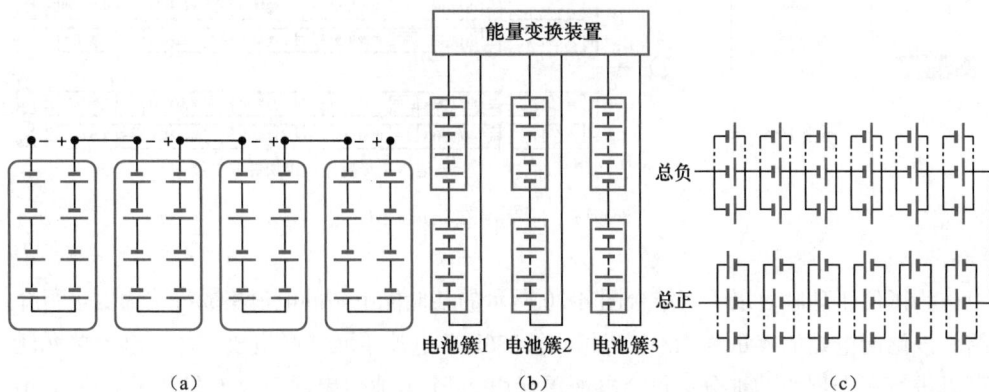

图 4-18 电池模组成组方式
（a）直接串联方式；（b）先串后并方式；（c）先并后串方式

由此可知，储能电池模组的成组方式各有利弊，串联和并联电池的数量需要根据具体的应用需求进行选择。例如，在对储能电站的运行电压等级要求较高时，需增加串联储能电池的个数；在对储能电站的容量要求较高时，需增加并联储能电池的个数。此外，电池的功率（功率大小主要由电压决定）和容量通常是不可兼顾的，在实际设计中需要在两者之间做出权衡。

目前，电池的大容量成组技术还存在以下问题有待解决。

（1）电池成组系统复杂程度高，可靠性低。

（2）储能系统剩余能量难以准确估计。

（3）电池单体的一致性不足，造成大规模电池成组寿命降低。

针对这些问题，一些厂商已经开始了相关的研究，并提出了相应的解决措施。比如，采用均衡电路解决电池成组复杂造成的系统可靠性不足问题；利用等效电路和数据驱动法提高储能系统的能量状态估计精度；设计相应的能量均衡策略减少电池单体的差异。此外，国内储能领域标准化委员会正在积极开展储能系统标准的制定工作，为上述问题提供标准化的解决措施。

4.3.2 电池模组集成技术

将各个电池单体成组为电池模组后，还需要进一步将这些电池模组集成为储能电站，储能电站集成技术如图 4-19 所示。根据实际要求，电池模组通过串并联的方式进行组合后与功率变换系统（PCS）连接，将直流电变换为交流电，再通过升压变压器提高电压等级，经汇流后连接至高压母线上。其中，电池模组间的组合方式与电池单

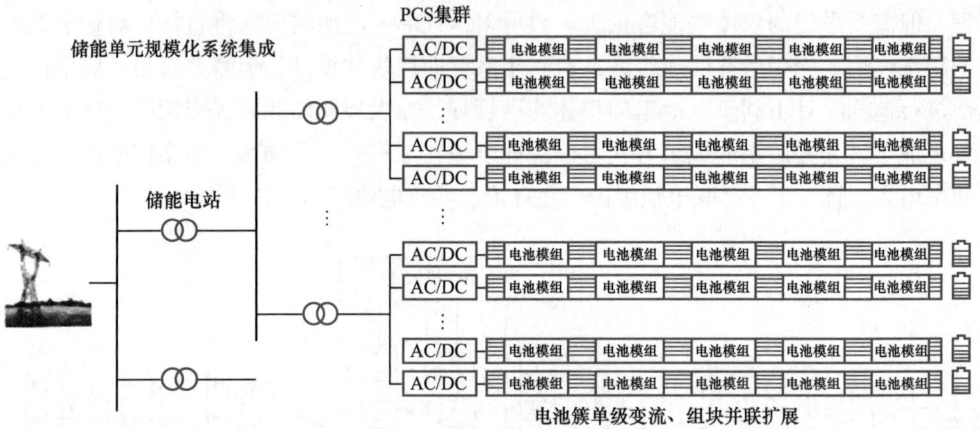

图 4-19　储能电站集成技术

为了便于理解，以下将结合图 4-20 所示的某储能电站的电池集成方式为例进行介绍。该储能电站的容量为 1MW，由 4 个 250kW 电池单元并联组成。每个电池单元还可以进行三个层级的细分：每个电池单元由 20 个电池包串联而成（即采用 1 并 20 串的连接方式），电池单元拓扑结构图如图 4-21（a）所示；每个电池包由 2 个电池模组串联而成；每个电池模组由 12 个电池单体通过 2 并 6 串的方式构成，电池模组拓扑结构图如图 4-21（b）所示。这些电池单体在电路上实现耦合连接，并通过电池管理系统（BMS）和监控系统进行监测和控制。

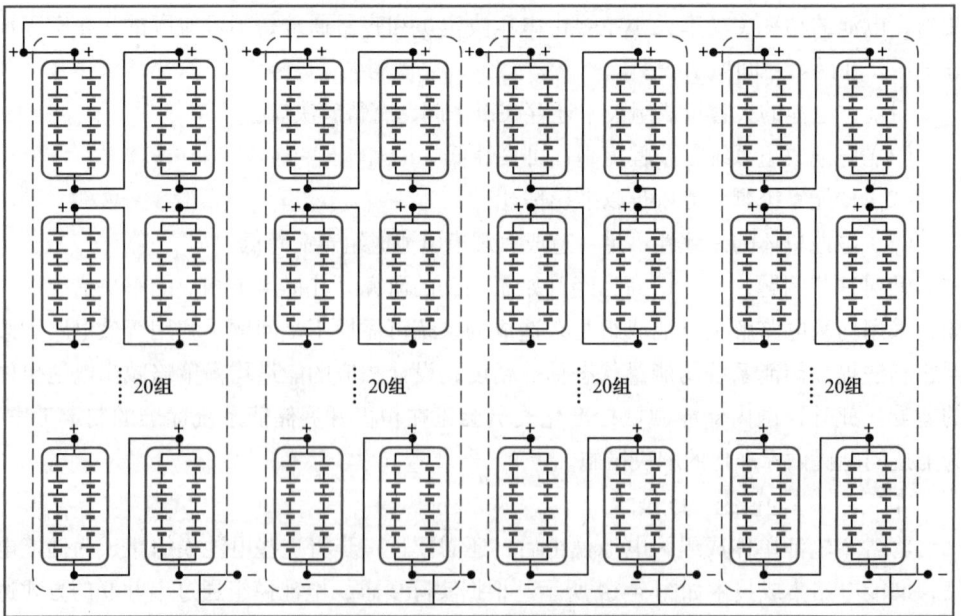

图 4-20　某储能电站拓扑结构图

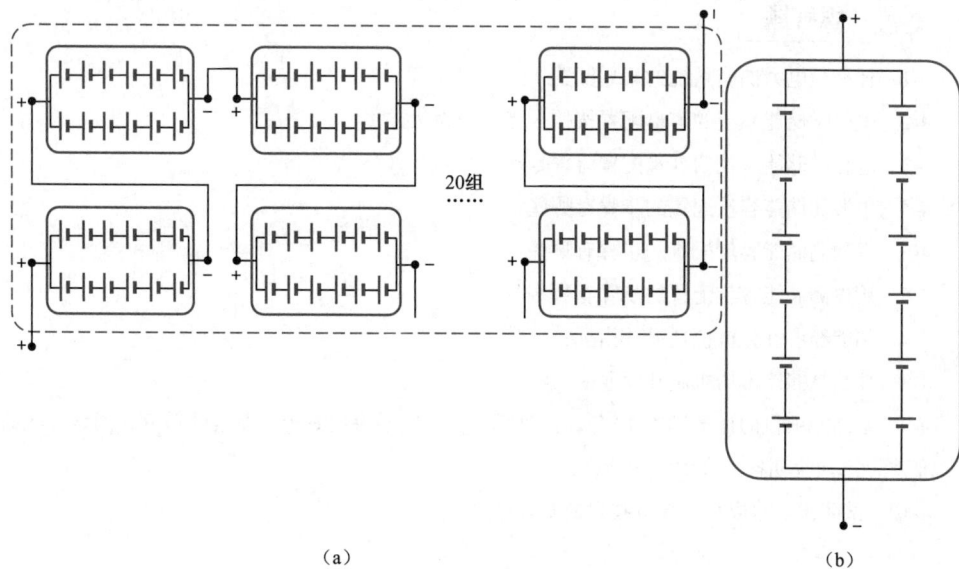

（a）　　　　　　　　　　　　　　　　　　　（b）

图 4-21　某储能电站的电池集成方式

（a）电池单元拓扑结构图；（b）电池模组拓扑结构图

【例 4-9】　对于某一储能电站，规划功率为 250kW，电压等级为 768V。采用额定电压为 3.2V，额定电流为 65A，额定容量为 130Ah 的单体电池进行集成。考虑到经济、环境、安全等因素，先将 8 个单体电池组合为电池模组，试计算电池模组和储能电站的电流、电压、功率并推导它们之间的连接方式。

解：对于每个电池模组：

由题意得，每 8 个电池单体串联后构成一个电池模组，则电池模组的额定电压为 $3.2V \times 8 = 25.6V$；电池模组的额定功率为 $25.6V \times 65A \div 1000 \approx 1.66kW$；电池模组的额定容量为 $3.2V \times 130Ah \times 8 \div 1000 \approx 3.33kWh$。

对于集成后的储能系统：

由 $250kW \div 1.66kW \approx 150$，可知该储能系统由 150 个电池模组组成；由 $768V \div 25.6V = 30$，可知有 30 个电池模组是串联关系；又由于一共有 150 个电池模组，故由 $150 \div 30 = 5$ 可知，该储能电站由 5 个电池单元并联组成。

【例 4-10】　对于某储能电站，其放电深度（DOD）为 90%，衰减率为 10%，充放电效率为 93%。（1）若其实际输出功率、能量为 10MW/20MWh，试计算其设计容量。（2）若一个电池单元的额定容量为 358.4kWh，额定电压为 640V；一个电池模组的额定电压为 64V，额定容量为 17.92kWh，试计算所需电池单元的数量（保留整数），并设计电池单元中模组的排列方式。

解：（1）需要配置储能的容量为 $20kWh \div 0.93 \div 0.9 \div (1-0.1) \times 10^3 \approx 26550kWh$。

（2）需要电池单元的数量为 $26550kWh \div 358.4kWh \approx 74$；电池模组的数量为 $358.4kWh \div 17.92kWh = 20$，即每个电池单元由 20 个模组构成。又因为每个电池单元的额定电压为 640V，每个电池模组的额定电压为 64V，$640V \div 64V = 10$，易知每个电池单元中的模组采用 2 并 10 串的方式（即 10 个 64V 电池模组串联，两组 10 个串联的电池模组并联）。

思考题

4-1 什么是电力储能系统的规划配置?

4-2 电化学储能系统的容量配置按接入点可分为几类?

4-3 电化学储能系统的容量配置流程是什么?

4-4 电源侧储能容量配置的步骤有哪些?

4-5 电网侧储能容量配置的步骤有哪些?

4-6 用户侧储能容量配置的步骤有哪些?

4-7 储能经济性分析包括哪些指标?

4-8 什么是储能市场机制和商业模式?

4-9 某储能项目的计算期为 10 年,经计算其内部收益率恰好等于基准收益率,问该方案的净现值和动态回收期各为多少?为什么?

4-10 试简述电池成组、集成技术的基本概念。

第5章 电力储能系统的接入与运行控制

电力储能系统是一个系统工程，除了需要关注各种类型的电能存储设备外，还需要考虑并网接入、运行控制等环节。

本章讲述了电力储能系统的接入电网方案和接入技术要求，包括接入电网前的相关条件分析、接入方案和技术规定；电力储能系统的运行控制方式，重点介绍削峰填谷、频率调节、辅助新能源接入等相关应用场景的控制方式和多储能单元的功率分配原则；电力储能系统的运行维护，包括正常运行、异常运行、故障处理和维护；电源侧、电网侧和用户侧的电力储能系统运行案例。

5.1 电力储能系统的接入

电力储能系统接入电网前需要进行综合考虑，以电化学储能系统为例，接入电网前需要对接入条件进行分析，包括电网现状分析和电网发展规划分析。

电网现状分析包括负荷、电源和网架现状分析。负荷现状包括最大供电负荷、供电量及负荷特性等。电源现状包括电源结构、装机规模、发电量、年利用小时数、调峰调频能力及波动特性等。网架现状包括电网接线方式、变电站规模、线路走廊条件、设备负载、系统接地情况、安全自动保护及自动化装置情况等。

电网发展规划分析包括对相关电网的负荷水平及增长趋势、电力资源的建设方案和建设进度、变电站布局及规模和电网接线方式的分析预测。

经过电网现状和发展规划分析后，还需要确定合适的接入方案，并符合相关技术要求。

5.1.1 接入电网方案

电化学储能系统接入方案包括接入电压等级、电气量计算要求、电气参数及接口要求、继电保护、电能计量和通信系统要求等内容。

电化学储能系统接入电网的电压等级由储能系统充放电容量、接入点电网网架结构等条件，经综合技术经济比较后确定。电化学储能系统接入电网电压推荐等级见表5-1。

表 5-1   电化学储能系统接入电网电压推荐等级表

电力储能系统额定功率	接入电压等级	接入方式
8kW 及以下	220V/380V	单相或三相
8 ～ 1000kW	380V	三相
500 ～ 5000kW	6 ～ 20kV	三相
5000 ～ 100000kW	35 ～ 110kV	三相
100000kW 以上	220kV 及以上	三相

电化学储能系统经并网点接入电网，该电网可能是公用电网，也可能是内部电网。对于有升压变压器的储能系统，并网点是升压变压器高压侧母线或节点。对于无升压变压器的储能系统，并网点是储能系统的输出汇总点。而公共连接点是指储能系统接入公用电网的连接处。并网点与公共连接点说明如图 5-1 所示。

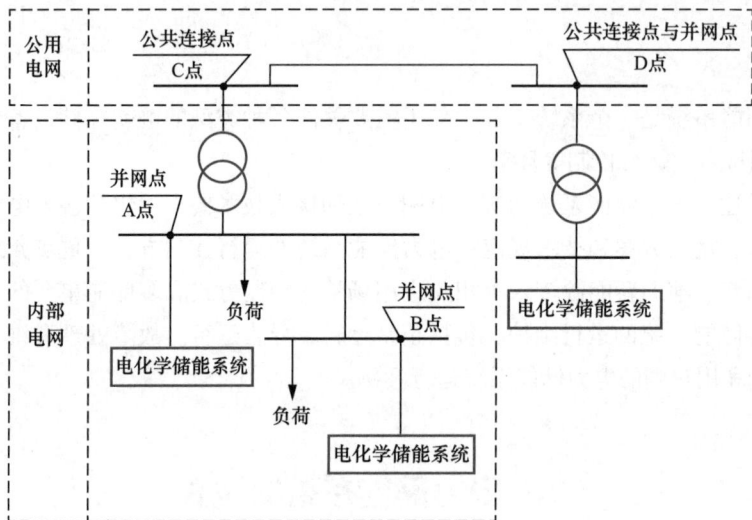

图 5-1　并网点与公共连接点说明

在图 5-1 中，内部电网通过公共连接点 C 点与公用电网相连。在内部电网中，有两个电化学储能系统，分别通过 A 点和 B 点接入（A 点和 B 点均为并网点，但不是公共连接点）。在 D 点则由电化学储能系统直接与公用电网相连（D 点是并网点，也是公共连接点）。

电化学储能系统接入电网前，应考虑电网接入条件、选址布置和容量配置等因素，需进行潮流计算、短路电流计算和电能质量计算，具体要求如下。

（1）针对储能系统满功率充、放电运行工况下的电网最大、最小负荷运行方式，检修运行方式以及事故运行方式进行潮流计算，避免出现线路功率越限或节点电压越限。

（2）考虑储能系统不同应用模式和电网运行方式，计算储能系统主要节点最大和最小短路电流，为设备选型、保护装置配置、定值整定和更换提供依据。

（3）进行电能质量计算，确保公共连接点处的电能质量满足相关规定。

同时，电化学储能系统的主要电气设备参数及接口需符合下列要求。

（1）主变压器的参数，包括台数、额定电压、额定容量、阻抗、调压参数、分接头及中性点接地方式等应符合变压器相关标准的规定。

（2）并网点应安装可闭锁、具有明显开断点、可实现接地功能的开断设备，具备开断故障电流的能力，可就地或远方操作。

（3）并网点处的电气设备应满足相应电压等级的电气设备绝缘耐压规定。

电化学储能系统继电保护的配置及整定需要与电网侧保护相适应，与电网侧重合闸策略相协调，与储能系统的低 / 高电压故障穿越特性相配合，且具备防孤岛保护功能。

电化学储能系统接入电网前，需明确计量点，可以设在公共连接点，也可以设在储能电站出线侧。计量点处的电能计量装置需具备双向有功和四象限无功计量功能，具备本地通信和远程通信的功能。

电化学储能系统需要具备与电网调度部门之间进行双向数据通信的能力，其监控系统需要实现遥测、遥信、遥调、遥控等远动功能，协调各储能单元，并具有与上级管理监控系统交换信息的能力。

电化学储能系统向电网调度机构提供的信息包括但不限于以下信息。

（1）电气模拟量：并网点频率、电压、电流、有功功率和无功功率、功率因数等。

（2）电能量：可充 / 可放电量、充电电量、放电电量等。

（3）状态量：并网点开断设备状态、充放电状态、故障信息、远动终端状态、通信状态等。

5.1.2　接入电网技术要求

电化学储能系统接入电网的技术要求包括功率控制、故障穿越、运行适应性等技术要求。

1. 功率控制

在有功功率控制方面，电化学储能系统应具备有功功率控制能力，应能接受就地和远方有功功率控制指令，实现有功功率的连续调节。电化学储能系统可以参与一次调频和自动发电控制（AGC），且具备紧急功率支撑的能力。

在无功功率控制方面，电化学储能系统应具有无功功率调节和电压控制能力，能接受就地和远方控制指令，实现无功功率 / 电压的连续调节。

电化学储能系统应具备过载能力，在标称电压下，运行 110% 额定功率时间不应少于 10min，运行 120% 额定功率时间不应少于 1min。

2. 故障穿越

对电化学储能系统的故障穿越要求主要是要求储能变流器具备低电压穿越、高电压穿越、连续低电压穿越和连续低 - 高电压穿越能力。

接入 10（6）kV 及以上电压等级电网的电化学储能系统并网，电化学储能系统低电压穿越要求见表 5-2，电化学储能系统的低电压穿越图如图 5-2 所示。并网点电压跌落在图 5-2 中阴影范围及电压轮廓线以上区域，电化学储能系统应不脱网连续运行；否则，允许电化学储能系统与电网断开连接。

表 5-2　　　　　　　　　　电化学储能系统低电压穿越要求

并网点电压	要求
U 跌落至 90%U_N	不脱网连续运行 2s
U 跌落至 20%U_N	不脱网连续运行 0.625s
U 跌落至 0	不脱网连续运行 0.15s

注　U_N 是电化学储能系统并网点处的标称电压；U 是电化学储能系统并网点处的电网电压。

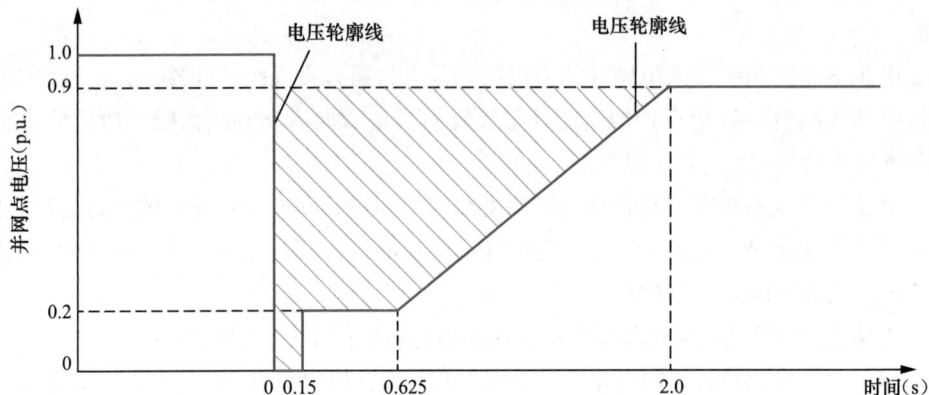

图 5-2 电化学储能系统的低电压穿越图

注：电力系统发生三相短路故障和两相短路故障时，电化学储能系统低电压
穿越考核电压为并网点线电压，电力系统发生单相接地短路故障时，
电化学储能系统低电压穿越考核电压为并网点相电压。

接入 10（6）kV 及以上电压等级公用电网的电化学储能系统在并网点电压发生升高时应具备的高电压穿越要求见表 5-3，电化学储能系统的高电压穿越图如图 5-3 所示，并网点电压在图 5-3 中曲线轮廓线及以下区域，即阴影部分时，电化学储能系统应不脱网连续运行；否则，允许电化学储能系统与电网断开连接。

表 5-3　　　　　　　　　　　电化学储能系统的高电压穿越要求

并网点电压	要求
$1.1U_N<U\leqslant1.2U_N$	不脱网连续运行不少于 10s
$1.2U_N<U\leqslant1.25U_N$	不脱网连续运行不少于 1s
$1.25U_N<U<1.3U_N$	不脱网连续运行不少于 0.5s

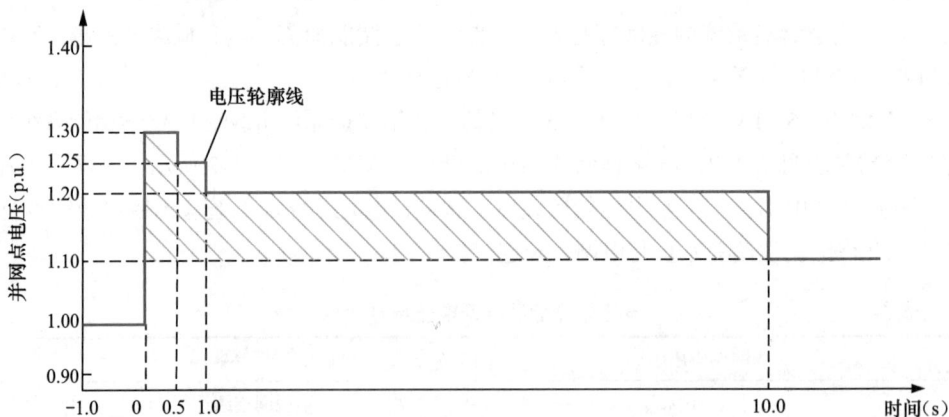

图 5-3 电化学储能系统的高电压穿越图

电化学储能系统应具备连续低电压穿越的能力，即应具备承受至少连续两次低电

压穿越的能力，相邻两次低电压穿越之间的时间间隔宜为 0.2～2s，可根据其送出线路及接入电力系统的故障重合闸动作时间确定。

接入特高压直流送端近区的电化学储能系统应具备连续低－高电压穿越能力，即应具备低电压穿越恢复后立即通过高电压穿越且至少连续三次低－高电压穿越的能力。自低电压阶段恢复时刻至进入高电压阶段时刻之间的过渡时间，相邻两次低－高电压穿越之间的时间间隔可根据电力系统交直流故障特性确定。

3. 运行适应性

电化学储能系统的运行适应性主要包含两部分内容，即电压适应性和频率适应性。电化学储能系统的电压适应性要求见表 5-4。

表 5-4　　　　　　　　电化学储能系统的电压适应性要求

电压（U）范围	运行要求
$U < 90\%U_N$	符合低电压穿越的规定
$90\%U_N \leqslant U \leqslant 110\%U_N$	正常运行
$110\%U_N < U$	符合高电压穿越的规定

电化学储能系统的频率适应性要求见表 5-5。

表 5-5　　　　　　　　电化学储能系统的频率适应性要求

频率范围	运行要求
$f < 46.5\text{Hz}$	不应处于充电状态，应根据允许的最低频率或调度要求与电网脱离
$46.5\text{Hz} \leqslant f < 48.5\text{Hz}$	处于放电状态的储能系统应保持放电状态，连续运行； 处于充电或静置状态的储能系统应在 0.2s 内转为放电状态，并持续放电
$48.5\text{Hz} \leqslant f \leqslant 50.5\text{Hz}$	正常充电或放电运行
$50.5\text{Hz} < f \leqslant 51.5\text{Hz}$	处于充电状态的储能系统应保持充电状态，连续运行； 处于放电或静置状态的储能系统应在 0.2s 内转为充电状态，并持续充电
$f > 51.5\text{Hz}$	不应处于放电状态，应根据允许的最高频率或调度要求与电网脱离

注　f 是电化学储能系统并网点的电网频率。

4. 其他

电化学储能系统并网点的谐波、电压偏差、电压波动和闪变、电压不平衡度等电能质量指标应满足相关标准的要求，且应装设电能质量监测装置。

5.2　电力储能系统的运行控制

电力储能系统的运行控制方式与其应用场景密切相关，如削峰填谷、频率调节、辅助新能源接入等，各种典型应用的运行控制方式都不相同，且需要对储能系统中多个储能单元进行功率分配。

5.2.1　削峰填谷运行控制

削峰填谷是储能系统在电力系统中的一个重要应用场景，在电力负荷处于低谷期时，电网向储能系统充电；在电力负荷处于高峰期时，储能系统向电网放电，从而维持电网的负荷水平基本不变。

在削峰填谷应用场景中，储能系统一般采用恒功率充放电、功率差充放电和峰谷套利充放电控制方式。

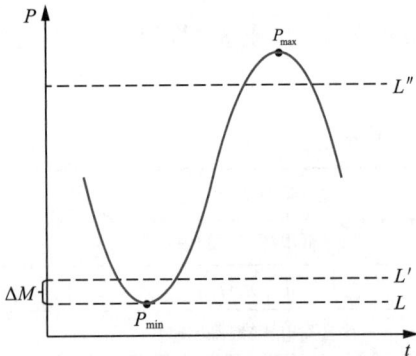

图 5-4　恒功率充放电控制方式示意图

1. 恒功率充放电控制方式

对于大型独立储能电站的储能系统，一般采用恒功率充放电控制方式。在该控制方式下，先根据历史负荷曲线制定出相应的充放电规则，无论实际负荷如何变化，均按照该规则以恒定功率的方式进行充放电。

恒功率充放电控制方式示意图如图 5-4 所示。以下结合图 5-4 对恒功率充放电控制方式的基本步骤进行说明。

（1）步骤 1。由储能系统容量 E 和恒定充放电功率 P 计算出最长的充放电时间为

$$T = E / P \tag{5-1}$$

（2）步骤 2。根据所预测的日负荷曲线确定负荷低谷点，并在该点处作出水平线 L。从负荷低谷点出发，以一个较小的步长 ΔM 将水平线 L 向上移动至 L'，此时水平线 L' 会与预测曲线交于两点，实时测量两点之间的时间间隔。将测出的时间间隔与充放电时间 T 相比：若相等，则说明该区域为储能电站较为合理的充电区域；若不等，则将 L 继续以步长 ΔM 向上移动，直至两者相等，由此确定出储能系统的充电时间段。

（3）步骤 3。用与步骤 2 类似的方式确定储能系统的放电时间段。需注意，若电网负荷曲线存在多个负荷高峰期或低谷期，水平线会与负荷曲线相交于多个点，并形成多个充放电时间段，此时需要判断这几个时间段之和是否等于充放电时间 T。

2. 功率差充放电控制方式

功率差充放电控制方式示意图如图 5-5 所示。以下结合图 5-5 对功率差充放电控制的原理进行说明。

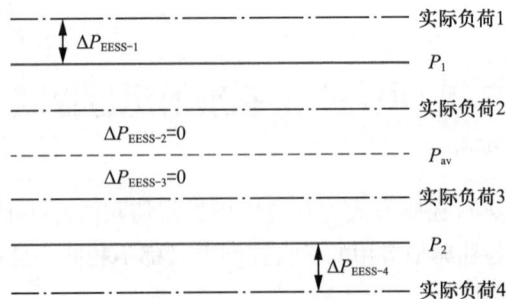

图 5-5　功率差充放电控制方式示意图

首先制定储能放电的基准线 P_1 和充电的基准线 P_2。当实际负荷大于 P_1 时，储能按实际负荷与 P_1 的差值进行放电，以起到削峰的效果（比如，对于实际负荷 1，其超过 P_1，则储能按 $\Delta P_{\text{EESS-1}}$ 放电）。类似地，实际负荷小于 P_2 时，储能按 P_2 与实际负荷的差值进行充电，以起到填谷的作用（比如，对于实际负荷 4，其小于 P_2，则储能按 $\Delta P_{\text{EESS-4}}$ 充电）。当实际负荷处于 P_1 和 P_2 之间，则储能不动作。通过这种方式，可以将负荷的峰谷限制在 P_1 和 P_2 之间。

从图 5-6 可见，P_1 越小，P_2 越大，则削峰填谷的效果越好。但是 P_1 过小、P_2 过大则可能导致储能的容量越限。为此，P_1 和 P_2 的值可确定为

$$\sum_{t=t_{j-1}}^{t_j} \left(P_2 - P_\text{c}\right) \Delta t = E_\text{c} < E \tag{5-2}$$

$$\sum_{t=t_{k-1}}^{t_k} \left(P_\text{d} - P_1\right) \Delta t = E_\text{d} < E \tag{5-3}$$

$$E_\text{c} - E_\text{d} < \varepsilon \tag{5-4}$$

式中：E_c、E_d 分别为储能系统的持续充、放电能量；E 为储能系统的最大容量；ε 为储能系统的充放电平衡系数，其值无限接近 0；Δt 代表单位时间；P_c、P_d 分别为充放电单位时段内的负荷功率，即 $P_\text{d} \in [P_1, P_{\max}]$，$P_\text{c} \in [P_{\min}, P_2]$；$P_{\max}$、$P_{\min}$ 分别为负荷的峰、谷值。

3. 峰谷套利充放电控制方式

峰谷套利充放电控制方式主要应用于工商业用户配置的储能系统。该控制方式的目标是利用峰谷电价差来获取收益。

电力系统运行过程中，为了有效管理负荷，通过价格机制鼓励用户在用电低谷时段多用电，在用电高峰时段少用电，从而降低负荷的峰谷差，使得负荷曲线尽量平坦。因此，电力市场会将每天 24h 划分为"峰、平、谷"用电时段。其中"平"段电价属于标准电价，"峰"段电价偏高，"谷"段电价偏低。工商业用户为了赚取峰谷价差带来的收益，可以借助储能设备，将低谷时便宜的电力存储起来，在用电高峰段放出，减少高峰期从电网买入的高价电，从而减少其用电成本，实现小范围内用电负荷的"削峰填谷"。峰谷套利充放电控制方式示意图如图 5-6 所示。

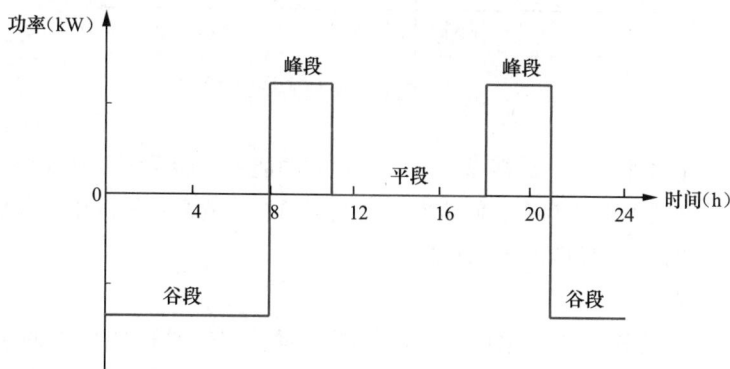

图 5-6　峰谷套利充放电控制方式示意图

如图 5-6 所示，在谷段储能系统吸收电能，在峰段储能系统释放电能，实现"一

充两放"的控制方式。在储能系统进行充放电时，需注意储能系统的 SOC 值不要超过其限值。此外，根据各地电价的不同，储能系统还可以运行在"一充一放""两充两放"等控制方式。

5.2.2 频率调节运行控制

频率调节是维护电网安全运行的关键技术，为保证电力系统安全稳定运行，要求调频机组能快速、精确地响应调度指令。大型火电机组调频响应时间长、爬坡速度慢、调节精度低、控制复杂度高，对环境的影响较大。储能系统参与调频服务的最大优势是调节精度较高，单位功率的调节效率较高，调频响应速度远高于常规火电机组。

储能系统参与系统频率调节形式包括一次调频和二次调频。储能系统参与一次调频是指一旦电网频率偏离额定值，控制系统自动调整储能有功功率的增减，限制电网频率的变化，从而维持电网频率在额定值附近。储能系统参与二次调频，指的是储能系统接收和跟踪调度机构下发的有功功率指令，使得储能系统的输出功率与电网需求相一致。

储能系统参与调频的控制原理示意图如图 5-7 所示。在一次调频环节中，从并网点获得电网频率 f 并与频率额定值 f_{ref} 做差运算得到当前频率偏差 Δf，通过下垂控制模块模拟同步发电机的下垂特性，然后通过计算得到一次调频指令 P_{PFR}；在二次调频环节中，接收调度发出的 AGC 指令 P_{AGC}，一次调频指令和二次调频指令相加后得到当前控制指令 P_{cmd}，发送给 PCS，进行频率调节。

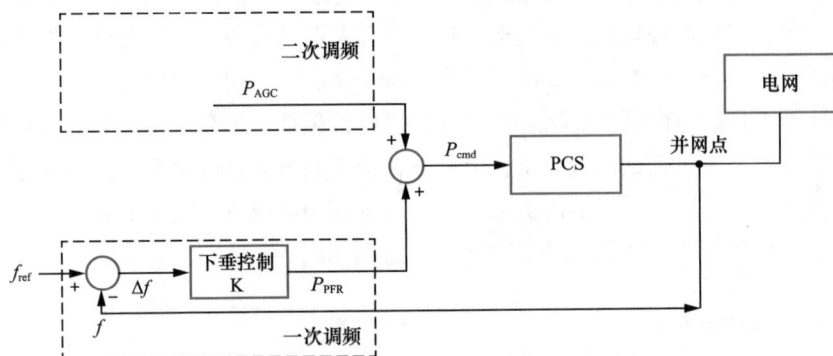

图 5-7　储能系统参与调频的控制原理图

由以上工作原理可知，储能参与一次调频的功能由储能系统就地完成，要求储能系统具备并网点频率采集能力。储能参与二次调频的功能需由调度中心和储能系统配合实现，因此需要开发储能的运行控制系统。

1. 一次调频

传统的调频任务主要由水电、火电等机组承担，但是这些机组的响应速度较慢，储能系统的响应速度较快，可以弥补传统调频机组响应速度的不足。因此，传统发电机组与储能联合调频成为一种较为理想的调频方式。一次调频原理图如图 5-8 所示。

传统机组参与电网一次调频的原理如图 5-8（a）所示，初始运行点 O 为发电机功频特性曲线与负荷功频特性曲线的交点。若电网在 O 点运行时负荷增加 ΔP_{D0}，即负荷的功频特性曲线从 $P_{D0}(f)$ 向上移动至 $P_{D1}(f)$，则发电机输出的有功功率将因调速器的一次调整而增加，同时，负荷所需的有功功率因本身的调节效应而减少。它们的共同作用使系统到达新运行点 O_1，此时系统频率由 f_0 下降到 f_1。在一次调频过程中，传统机组和负荷的功率调节效应描述为

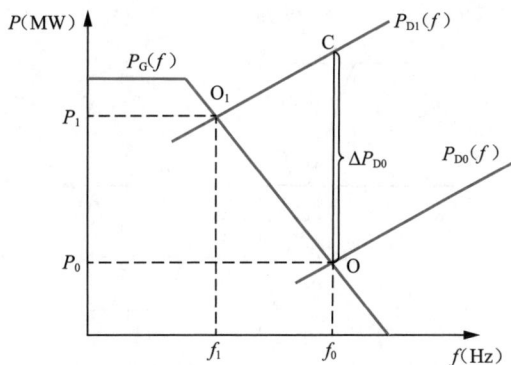

（a）

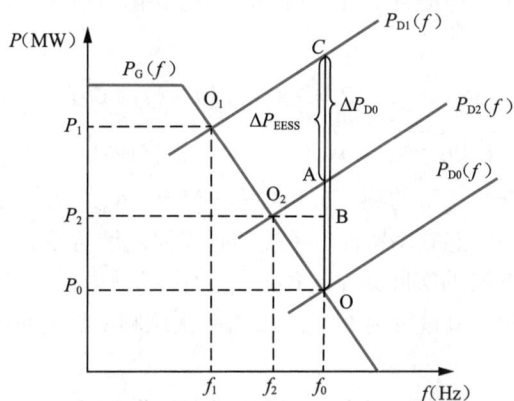

（b）

图 5-8　一次调频原理图
（a）不含储能电站；（b）含有储能电站

$$\Delta P_{D0} = -(K_G + K_D)(f_1 - f_0) \tag{5-5}$$

式中：K_G 为发电机的单位调节功率；K_D 为负荷的频率调节效应系数。

储能系统辅助传统机组参与电网一次调频的原理如图 5-8（b）所示，当负荷增加 ΔP_{D0} 时，储能系统具有类似于减负荷的调节效应，将负荷的功频率特性曲线从 $P_{D1}(f)$ 向下移动至 $P_{D2}(f)$。图中，CA 为储能系统调频输出功率，AB 为负荷的自身调节功率，BO 为传统机组调频输出功率。储能系统、传统机组以及负荷的共同作用使得系统达到新的稳定运行点 O_2，系统频率由 f_0 下降到 f_2。储能系统、传统机组和负荷的功率调节效应可描述为

$$\Delta P_{D0} - \Delta P_{EESS} = -(K_G + K_D)(f_2 - f_0) \tag{5-6}$$

式中：ΔP_{EESS} 为储能系统的调频输出功率。

由图 5-8 可见，储能系统参与一次调频后，系统频率的变化量减小了。

为实现储能系统的一次调频功能，储能系统可以采用下垂控制模式。含频率死区的下垂控制示意图，如图 5-9 所示。

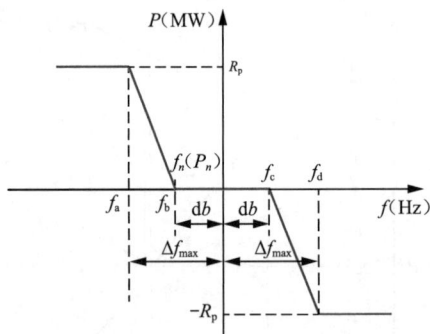

图 5-9　含频率死区的下垂控制示意图

在下垂控制模式下，储能系统有功功率输出的变化与频率偏差成反比，两者的关系为

$$\Delta P_{EESS} = P - P_n = -K_{EESS} \times [f - (f_n + db)] \tag{5-7}$$

式中：P 为储能系统的有功功率，MW（正值对应于释放功率，负值对应于吸收功率）；P_n 为储能系统在额定频率 f_n 下的额定有功功率，MW；K_{EESS} 为储能系统的单位调节功率，由储能系统的正向静态频率特性、系统的频率偏差量与储能系统的调差系数共同决定，MW/Hz；f 为电网的实际频率，Hz；f_n 为额定频率，50 或 60 Hz；db 为一次调频的死区上限，通常将其设置为 0.05；R_p 为一次调频中储能系统的最大释放 / 吸收功率。

如图 5-9 所示，储能系统的调节死区对应的频率分别为 f_b、f_c，储能系统的最大释放和吸收功率对应的频率分别为 f_a、f_d，则储能系统有三种状态。

（1）当 $f_a < f < f_b$ 时，储能系统处于放电状态，对电网释放有功功率。

（2）当 $f_b \leqslant f \leqslant f_c$ 时，储能系统处于频率波动死区，既不充电，也不放电。

（3）当 $f_c < f < f_d$ 时，储能系统处于充电状态，吸收电网的有功功率。

2. 二次调频

二次调频原理图如图 5-10 所示。传统机组参与电网二次调频的特性曲线如图 5-10（a）所示，在 O 点运行时负荷突增 ΔP_{D0}，则发电机在同步器的作用下，功频特性曲线从 $P_G(f)$ 向右平移至 $P'_G(f)$，其与负荷的频率调节特性共同作用使系统到达新的运行点 O_3，此时系统频率由 f_0 下降到 f_3。在二次调频过程中，传统机组和负荷的功率调节效应可描述为

$$\Delta P_{D0} - \Delta P_G = -(K_G + K_D)(f_3 - f_0) \tag{5-8}$$

式中：ΔP_G 为由二次调频而得到的发电机组的功率增量；

储能系统辅助传统机组参与电网二次调频的过程如图 5-10（b）所示，当负荷增加 ΔP_{D0} 时，储能系统具有类似于减负荷的变化，即负荷的功频特性曲线从 $P_{D1}(f)$ 向下移动至 $P_{D3}(f)$。这样，储能系统、传统机组以及负荷的共同作用使得系统达到新的稳定运行点 O_4，系统频率由 f_0 下降到 f_4。储能系统、传统机组和负荷的功率调节效应可描述为

$$\Delta P_{D0} - \Delta P_G - \Delta P_{EESS} = -(K_G + K_D)(f_4 - f_0) \tag{5-9}$$

由图 5-10 可见，储能系统参与二次调频后，系统频率的变化量比不含储能系统的频率变化量减小了。与传统机组相比，储能系统的调节速度更快，调节功率更加平滑，这有利于提高二次调频的速度和精度。

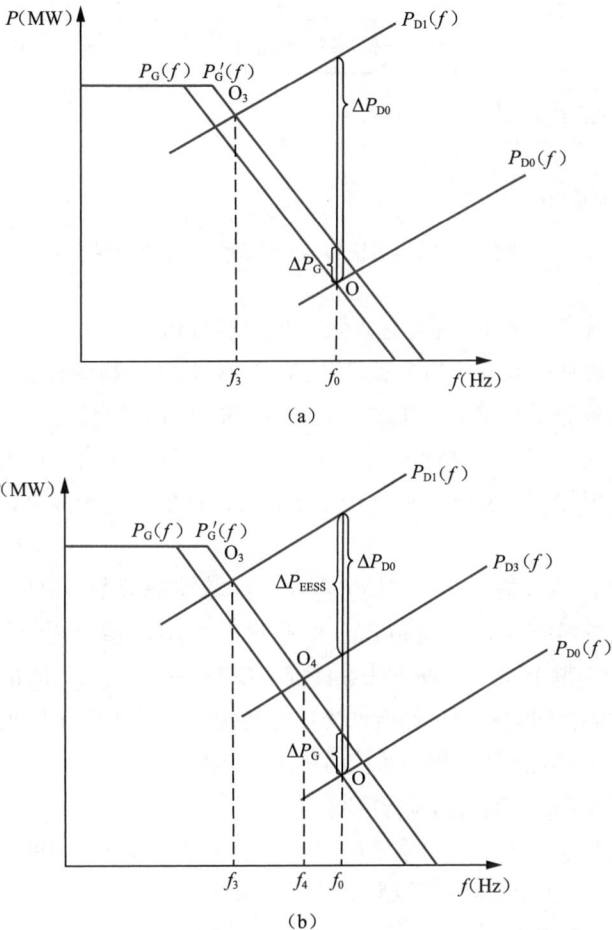

图 5-10　二次调频原理图
（a）不含储能电站；（b）含有储能电站

通常情况下，二次调频由调度通过自动发电控制 AGC 软件来执行。AGC 根据互联系统的潮流和测量频率计算区域控制误差（Area Control Error，ACE），再将功率调

节信号发送至所有辅助调频的电源（发电机、储能系统、用户侧需求响应）。

当电网需要有功功率时，功率调节信号发送到运行控制系统，一部分分配给传统机组，一部分分配给电能存储设备和 PCS 进行控制。储能系统参与二次调频的控制原理图如图 5-11 所示。当电网需要储能系统释放有功功率时，功率调节信号发送到运行控制系统，并分配给 PCS，储能系统释放电能到电网。同时，储能系统的运行信息通过远动装置同步发给调度中心。

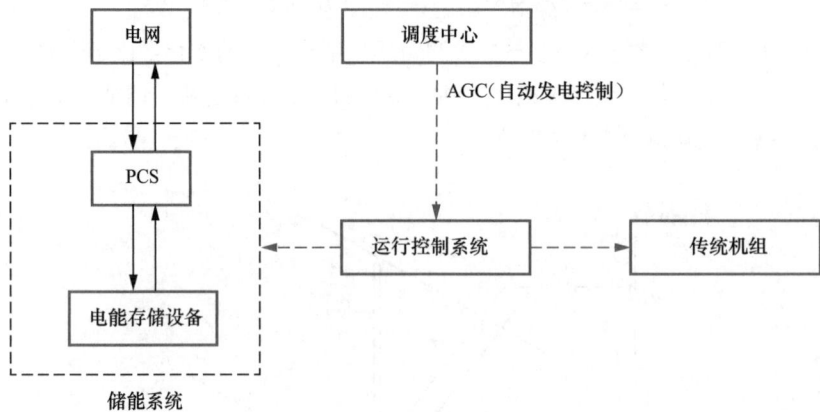

图 5-11　储能系统参与二次调频的控制原理图

当前储能系统参与 AGC 控制主要有两种控制思路。

（1）利用离散傅里叶变换的方法，通过滤波器将 AGC 指令分解成分钟级的低频分量以及秒级的高频分量。储能系统承担高频分量的快速调频任务，而传统发电机组则响应低频分量的调频需求。这种方法可以充分发挥两种调频资源的各自优势，取得更好的调频效果，但储能装置会长期处于工作状态，充放电过于频繁，使用寿命一定程度上受到影响。

（2）采用比例调节的方式，按照电网实时区域控制指令，根据备用容量的大小、发电机额定容量或爬坡速率（Ramp Rate），通过设置 AGC 参与因子分配各传统机组和储能系统间的功率调节量。这种方法在储能 AGC 调频容量充足的情况下可充分发挥其快速调频的优势，同时考虑了储能系统在控制死区状态以及与其他发电机组的配合，这样可有效减少充放电次数，提高系统的整体经济性。

5.2.3　辅助新能源接入的运行控制

新能源的大规模接入给电力系统的安全稳定运行带来不小的挑战。储能系统可以通过在适当的时间吸收或释放电能来平滑新能源发电的波动，或者跟踪发电计划，对于新能源顺利接入电网起到辅助作用。

1. 平滑新能源输出功率

以储能系统平滑风电输出功率为例，可分为两种情况进行控制：

（1）当风电输出功率大于该时刻经平滑后的实际并网功率时，储能系统快速吸收电能，消耗多余的功率。

（2）当风电输出功率小于该时刻经平滑后的实际并网功率时，储能系统快速补充相应的功率缺额。

储能系统平滑风电输出功率的基本流程如图 5-12 所示。

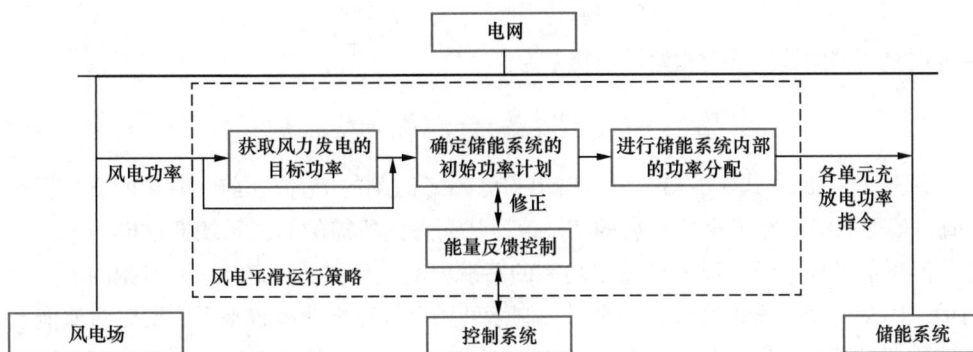

图 5-12　储能系统平滑风电输出功率的基本流程

首先，获取风力发电的目标功率。然后，综合风电功率和目标功率确定储能系统的初始计划功率，并通过能量状态反馈控制进行修正，避免储能系统过充过放。最后，在储能系统内部单元之间进行功率分配，确定各单元的充放电功率指令。其中，获取风电目标功率和能量状态反馈控制是储能系统平滑风电输出功率的核心。

风电目标功率是指储能系统平滑后期望得到的风电功率，其获取方法与储能系统的风电平滑策略密切相关。目前，风电平滑策略可分为两类：直接平滑策略与间接平滑策略。两者区别在于平滑后能否实现风电调度，其中风电调度是指风电功率在给定时间窗口内为一定值。基于此，风电目标功率的获取方法也分为两类，直接平滑策略的风电目标功率获取方法包括一阶滤波、卡尔曼滤波和小波滤波等滤波控制算法，滑动平均、加权移动平均和模型预测控制等其他控制算法。间接平滑策略的风电目标功率获取方法包括风电功率平均值法、恒定值法、最值法及优化模型法。

以一阶滤波为例，获取风电目标功率和储能系统初始计划功率的控制原理如图 5-13 所示。

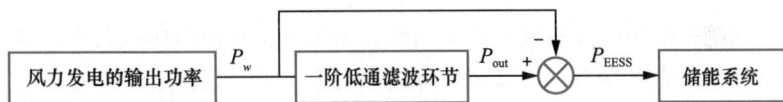

图 5-13　储能系统平滑风电输出功率的控制原理

一阶低通滤波可表示为

$$\tau \frac{\mathrm{d}P_{\text{out}}}{\mathrm{d}t} + P_{\text{out}} = P_{\text{w}} \tag{5-10}$$

式中，P_{w} 为风力发电的输出功率，P_{out} 为风力发电的目标功率，τ 为滤波时间常数。对上式进行离散化，设 T_{c} 为平滑控制周期，在 $t_{\text{k}} = kT_{\text{c}}$ $(k=1,2,3,\cdots,n)$ 时刻，则有

$$\tau \frac{P_{\text{out}.k} - P_{\text{out}.k-1}}{T_c} + P_{\text{out}.k} = P_{\text{w}.k} \qquad (5\text{-}11)$$

求解得到

$$P_{\text{out}.k} = \frac{\tau}{\tau + T_c} P_{\text{out}.k-1} + \frac{T_c}{\tau + T_c} P_{\text{w},k} \qquad (5\text{-}12)$$

在 t_k 时刻所需的储能系统初始计划功率为

$$P_{\text{EESS}.k} = P_{\text{w}.k} - P_{\text{out}.k} = \frac{\tau}{\tau + T_c}(P_{\text{w}.k} - P_{\text{out}.k-1}) \qquad (5\text{-}13)$$

从式（5-12）、式（5-13）可以看出，已知 t_k 时刻的 P_w 值、前一时刻的 P_{out} 值和 τ 值，就可以得到经平滑控制后的 P_{out} 值，从而得到所需的储能系统充放电功率。其中 τ 值决定了经平滑后风电场输出功率的平滑程度，显然 τ 值越大，t_k 时刻的 P_{out} 值与前一时刻的 P_{out} 值越接近，经平滑控制后的风电场输出功率越平滑，同时对储能系统能力要求越高，所需储能容量也越大。而当 $\tau = 0$ 时，储能系统对风电功率无平滑作用。

一阶滤波算法原理简单、运算速度快，但在实际运行过程中难以选取滤波时间常数，容易引起过补偿，增大储能配置容量。

储能系统用于平滑光伏输出功率的控制策略与平滑风电输出功率的控制策略相似，在此不再赘述。

2. 跟踪计划输出功率

在电力系统的运行调度过程中，电力调度中心需要为各个发电厂制定日发电计划。新能源场站的输出功率具有随机性和间歇性，可以通过储能系统跟踪补偿新能源输出功率与计划输出功率的差值，同时，考虑储能系统的 SOC 限制进行反馈控制，以满足运行调度要求。储能系统跟踪计划输出功率的控制原理如图 5-14 所示。

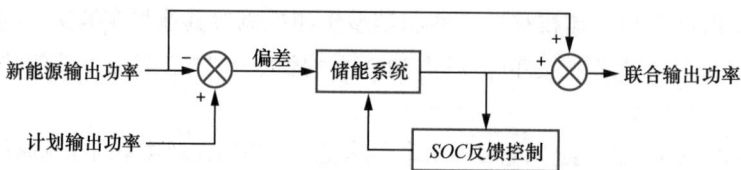

图 5-14　储能系统跟踪计划输出功率的控制原理图

以储能系统跟踪风电计划输出功率为例，当风电实际输出功率大于计划输出功率时，储能系统进入充电状态；当风电实际输出功率小于计划输出功率时，储能系统进入放电状态，尽可能逼近风电计划曲线。若按照偏差值直接进行补偿，则会导致储能系统充放电状态频繁切换，同时也不利于储能系统的寿命与经济效益。因此，需要有效的控制策略来解决控制效果、储能寿命与经济效益之间的矛盾。

例如，首先通过风电功率预测（风电短期预测功率或超短期预测功率）确定计划输出功率曲线，然后划分储能系统的 SOC 区间，判断风电实际输出功率与计划输出功率上下限的关系，从而建立实时控制和优化储能系统充放电功率的储能控制策略。

根据企业标准 Q/GDW 588—2011《风电功率预测功能规范》对计划输出功率曲线最大误差的要求，确定允许误差内的计划输出功率上限和计划输出功率下限

$$P_{up} = P_{plan} + \varepsilon \times Cap \qquad （5-14）$$

$$P_{down} = P_{plan} - \varepsilon \times Cap \qquad （5-15）$$

式中：P_{up} 为计划输出功率上限；P_{down} 为计划输出功率下限；P_{plan} 为计划输出功率值；ε 为计划输出功率曲线的允许误差；Cap 为风电场总装机容量。

由于建立了风电计划输出功率的允许偏差带，使得每一时刻储能的充放电功率不是唯一值，而是一个区间。根据储能系统的 SOC 未来的变化情况，在这个区间内可以适当增加或者减少储能系统的充放电功率，改变储能系统的 SOC 的变化情况，从而达到储能系统的 SOC 优化控制的目的。

某一时刻的储能功率优化区间由以下两个条件确定：①风电场实际输出功率 P_W 与计划输出功率上、下限 P_{up}、P_{down} 的大小关系。②此时储能系统的 SOC 是否在允许运行范围内。根据上述两个条件可以确定在不同情况下储能系统的功率优化区间。储能系统充放电功率优化控制策略图如图 5-15 所示。具体的控制策略如下。

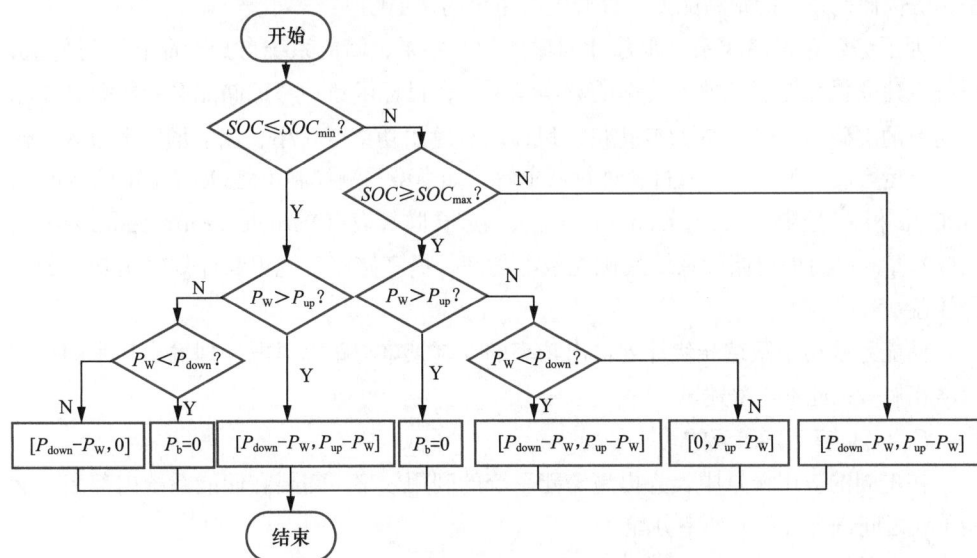

图 5-15　储能系统充放电功率优化控制策略图

首先判断储能系统的 SOC 是否小于其最小值。当 SOC 小于 SOC_{min} 时，表示储能系统处于荷电状态较低的时段，此时储能系统的放电能力极弱，充电能力极强。此时接着判断风电实际功率 P_W 是否大于计划输出功率上限值 P_{up}，如果大于，则此时需要将多余的电量存储到储能系统中，储能系统的输出功率区间为 $[P_{down} - P_W, P_{up} - P_W]$；如果风电实际功率 P_W 小于计划输出功率上限值 P_{up}，判断风电实际功率 P_W 是否小于计划输出功率下限值 P_{down}，如果小于，则此时没有多余的电能存储到储能系统中，储能不动

作；如果风电实际功率 P_W 大于计划输出功率下限值 P_{down}，此时可适当存储一部分电能到储能系统中，储能的输出功率区间为 $[P_{down}-P_W,0]$。

当储能系统的 SOC 大于其最小值 SOC_{min} 时，接着判断 SOC 是否大于最大值 SOC_{max}，如果大于，表示储能系统的荷电状态处于较高时段，此时储能系统的充电能力极弱，放电能力极强，再判断风电实际功率 P_W 是否大于计划输出功率上限值 P_{up}，如果大于，此时不需要储能系统放电，储能系统不动作；如果小于，最后判断风电实际功率 P_W 是否小于计划输出功率上限值 P_{down}，如果小于，表示此时需要储能放电来弥补风电误差，则储能的输出功率区间为 $[P_{down}-P_W,P_{up}-P_W]$，否则，说明实际输出功率满足误差要求，储能系统可选择适当放电，则储能的输出功率区间为 $[0,P_{up}-P_W]$。

当储能系统的 SOC 处于 SOC_{min} 与 SOC_{max} 之间的时候，表示储能的 SOC 处在一个适当的范围内，储能的输出功率区间为 $[P_{down}-P_W,P_{up}-P_W]$。

为使储能系统更好地根据自身荷电状态情况适应输出功率，可以将 SOC 的区间划分得更细。如采用控制系数将 SOC 划分为 SOC 过小区间、SOC 较小区间、SOC 适宜区间、SOC 较大区间及 SOC 过大区间等，也可通过引入控制系数，将计划输出功率划分为更多区间。然后通过建立目标函数，求解控制系数，得到储能系统最优充放电功率，提高储能系统的跟踪能力，提升电力系统的稳定性。

为了综合考虑储能系统跟踪计划输出功率效果、储能系统自身寿命和运行效益，还可以建立优化储能充放电功率的数学模型，在目标函数中考虑储能系统跟踪计划输出功率的准确率、储能 SOC 变化量、风储联合输出功率变化率、风电场发电收入、储能系统运行成本等变量，通过各种算法求解，如模型预测控制（Model Predict Control，MPC）、模糊控制（Fuzzy Control，FC）、粒子群算法（Particle swarm optimization，PSO）等，从而得到储能系统最优充放电功率，提高储能系统跟踪计划输出功率的综合效益。

储能系统用于跟踪光伏计划输出功率的控制策略与跟踪风电计划输出功率的控制策略相似，在此不再赘述。

5.2.4 多储能单元的功率分配

在不同的应用场景中，为提高储能系统的利用效率，需要在储能系统内部多个储能单元之间进行合理的功率分配。

在对储能系统内部的各个储能单元进行功率分配时，需要考虑每个储能单元的 SOC、需要的充放电功率等因素的影响。根据这些因素的不同，主要可以分为以下几种情况。

1. 各储能单元额定功率相等，SOC 也相等

在各储能单元的额定功率和 SOC 均相等的情况下，可以采用均分法对每个储能单元的充放电功率进行分配

$$P_{Ek}=\frac{P_{EESS}}{m},\ k=1,2,\cdots,m \tag{5-16}$$

式中：P_{Ek} 为第 k 个储能单元的充放电功率；P_{EESS} 为储能系统需要的充放电功率；m 为

储能单元的个数。

2. 各储能单元的额定功率不等，SOC 相等

在各储能单元的额定功率不同时，可以采用比例法对每个储能单元的充放电功率进行分配

$$P_{Ek} = \frac{P_{nk}}{P_{n1} + P_{n2} + \cdots + P_{nm}} P_{EESS}, \quad k = 1, 2, \cdots, m \qquad （5-17）$$

式中：P_{nk} 为第 k 个储能单元的额定功率。

3. 各储能单元的额定功率不等，SOC 不等

在各储能单元的 SOC 不同时，应以 SOC 为约束条件进行功率分配。一般可以将每个储能单元的 SOC 划分为五个区间，再根据它们的充放电特性曲线及 SOC 值，确定每个区间内的充放电功率。将储能单元 SOC 的上、下限值分别记为 SOC_{max}、SOC_{min}，储能单元 SOC 的高、低限值分别记为 SOC_{high}、SOC_{low}。

（1）SOC 越上限区：$SOC \geqslant SOC_{max}$ 时，限制该储能单元充电，允许其正常放电。

（2）SOC 高限值区：$SOC_{high} \leqslant SOC < SOC_{max}$ 时，储能单元应以少充多放为原则运行，尽量减缓 SOC 的增加。

（3）SOC 正常工作区：$SOC_{low} \leqslant SOC < SOC_{high}$ 时，储能单元可正常充放电。

（4）SOC 低限值区：$SOC_{min} \leqslant SOC < SOC_{low}$ 时，储能单元应以少放多充为原则运行，尽量减缓 SOC 的下降。

（5）SOC 越下限区：$SOC < SOC_{min}$ 时，限制储能单元放电，允许其正常充电。

在上述原则下，可进一步按照下列公式确定每个储能单元的充放电功率

$$P_{cki} = \alpha P_{nk} \qquad （5-18）$$

$$P_{dki} = \beta P_{nk} \qquad （5-19）$$

$$\sum_{k=1}^{n} P_{cki} = P_{Tci} \qquad （5-20）$$

$$\sum_{k=1}^{n} P_{dki} = P_{Tdi} \qquad （5-21）$$

$$\sum_{k=1}^{n} P_{cki} T_c = \sum_{k=1}^{n} P_{dki} T_d \leqslant S_{nk} \qquad （5-22）$$

式中：S_{nk} 为第 k 个储能单元的额定容量；P_{cki} 为第 k 个储能单元在第 i 时刻的充电功率；P_{dki} 为第 k 个储能单元在第 i 时刻的放电功率；P_{Tci} 为储能系统在第 i 时刻的总充电功率；P_{Tdi} 为储能系统在第 i 时刻的总放电功率；T_c 为第 k 个储能单元的充电时间；T_d 为第 k 个储能单元的放电时间；α 为储能单元的充电调节系数；β 为储能单元的放电调节系数。

5.3 电力储能系统的运行维护

电力储能系统的运行维护能够有效延长设备寿命，实现对储能系统的统一管理和

优化调度，保持系统高效运行，是保障其安全可靠运行的重要手段。通过有效的运行维护措施，还可以快速响应和处理异常和故障情况，减少系统故障和停机时间，从而提高系统的可靠性和稳定性。通过定期检查、故障处理、性能优化，可以显著提升储能电站的整体性能和经济效益。

以电池储能系统为例，其运行包括正常运行、异常运行和故障处理。

1. 正常运行

储能电站可分为自动发电控制（AGC）、自动电压控制（AVC）、计划曲线控制、功率定值控制等运行模式，也可以多种模式同时运行。储能电站储能系统运行工况可分为启动、充电、放电、停机、热备用等。

储能电站正常运行时应对储能电站设备进行运行监视、运行操作和巡视检查。

（1）运行监视。运行监视即实时监视电站运行工况。可采用就地监视和远程监视。监视内容主要包括以下方面。

1）运行模式和运行工况。

2）全站有功功率、无功功率、功率因数、电压、电流、频率、全站上、下网电量，储能系统充放电量等。

3）电池、电池管理系统（BMS）、储能变流器（PCS）、监控系统、继电保护及安全自动装置、通信系统等设备的运行工况和实时数据。

4）变压器分接头挡位、断路器、隔离开关、熔断器等位置状态。

5）异常告警信号、故障信号、保护动作信号等。

6）视频监控系统实时监控情况等。

7）消防系统、二次安防系统、环境控制系统等状态及信号。

（2）运行操作。操作项目主要包括如下方面。

1）储能系统并网和解列操作：纳入电网调度机构管理的储能电站储能系统的并网、解列，应获得电网调度机构同意；储能电站因故障解列，应通过电网调度机构许可后方可并网。

2）储能系统运行模式选择：储能系统各种运行模式和优先级均可进行选择，并保持各储能系统运行模式和优先级的一致性。

3）储能系统运行工况切换：储能系统各种运行工况可以相互切换。

（3）巡视检查。储能电站的巡视检查可分为日常巡检和专项巡检。

日常巡检项目包括电池及电池管理系统（BMS）、储能变流器（PCS）、储能监控系统、消防系统、空调系统等。

1）电池及电池管理系统：电池系统主回路、二次回路各连接处连接可靠；电池外观完好无破损、膨胀，无变形、漏液等现象；电池无短路，接地、熔断器正常；电池管理系统参数显示正常，电池电压、温度在合格范围内，无告警信号，装置指示灯显示正常。

2）储能变流器：操作方式、开关位置正常；交、直流侧电压、电流正常；冷却系统和不间断电源工作正常；液晶屏显示清晰、正确，监视、指示灯、表计指示正确正常，通信正常，时钟准确，无异常告警、报文。

3）储能监控系统：服务器运行正常，功能界面切换正常；与其他系统通信正常，无异常告警信息。

4）消防系统：火灾报警控制器各指示灯显示正常，无异常报警，备用电源正常；灭火装置外观完好、压力正常，试验合格；火灾自动报警系统触发装置安装牢固，外观完好；工作指示灯正常。

5）空调系统：空调工作正常，无异响、震动，室内温湿度在设定范围内。

对特殊季节和异常天气（如雨季、极寒、极热、台风等）应进行专项巡检工作。专项巡检项目包括极端天气、异常及故障后、新设备投运或大修后再投运等。

1）极端天气：检查电池运行环境温度、湿度是否正常；检查电池、储能变流器导线有无发热等现象；严寒天气检查导线有无过紧、接头无开裂等现象；高温天气增加红外测温频次，检查电池仓内部凝露；雷雨季节前后检查接地是否正常。

2）异常及故障后：重点检查信号、保护、录波及自动装置动作情况；检查事故范围内的设备情况，如导线有无烧伤、断股。

3）新设备投运或大修后再投运：检查设备有无异声、接头是否发热等。

2. 异常运行

储能电站设备异常运行时，运行人员应加强监视和巡视检查。

设备异常包括储能电池、电池管理系统、储能变流器、消防和环境控制系统的异常，设备出现异常后均需填写缺陷记录，填报检修计划。具体异常运行情况及处理方法如下。

（1）储能电池。

1）电池单体温度偏高但未超过告警值：与BMS信号比对，持续监测电池温度。

2）电池单体间可用容量偏差大但未超过告警值：在电池充满状态进行容量校准，持续监测电池容量，进行维护充电。

3）电池单体间电压一致性超过限值：与BMS信号比对，调整储能系统运行计划，退出储能系统自动功率控制，投入电池管理系统电池均衡功能，并持续监测电池电压，更换缺陷电池。

4）电池单体欠压、过压告警：与BMS信号比对，调整储能系统停机计划，测量电池内阻并进行充放电维护，更换缺陷电池。

（2）电池管理系统。

1）BMS与监控系统通信异常，数据刷新不及时：检查通信线缆、交换机和规约转换器状态，检查BMS通信服务状态，重启异常网络通信设备。

2）BMS电压、温度信号采集错误：紧固电池电压/温度探头接线，检查电压/温度采集线与BMS采集器回路。

（3）储能变流器。

1）指示偏高但未超过告警值：检查变流器本体多个温度测点指示值，操作降低变流器功率输出，调整储能系统停机计划，进行变流器内部检查，按照运行规程将变流器的工作状态由运行改为检修并断开储能系统内电气连接，检查超温部件和测温探头。

2）变流器通信异常、遥测遥信数据刷新不及时：检查通信线缆、交换机和规约转换器状态,检查 PCS 通信服务状态;调整储能系统停机计划,进行变流器内部检查,按照运行规程将变流器的工作状态由运行改为检修,重新启动变流器通信卡、规约转换器。

3)运行参数(功率控制精度、谐波、三相功率不平衡)偏高但未触发告警:检查控制器内部信号及故障码,调整储能系统停机计划,进行变流器内部检查,按照运行规程将变流器的工作状态由运行改为检修,检查变流器电压/电流传感器等内部信号连接线缆。

(4)消防和环境控制系统。

1)火灾告警探测器、可燃气体探测器探头失效:操作消防系统自动改手动,火灾告警探测器、可燃气体探测器有效性。

2)空调制冷异常:检查清洗空调滤网,检查补充空调冷却介质,检查空调压缩机是否启动。

3)电池室通风异常:检查风机工作电源,检查风机控制启动回路。

3. 故障处理

储能电站设备发生故障时,运行人员应立即停运故障设备,隔离故障现场,并汇报调度值班人员和相关管理部门。

故障设备包括储能电池、电池管理系统和储能变流器,设备出现故障后均需填写故障记录,填报检修计划,更换故障设备,具体故障情况及处理方法如下。

(1)储能电池。

1)电池单体欠压、过压,BMS 保护动作:操作退出储能系统,切断系统内电气连接,测量电池电压并与 BMS 信号比对。

2)电池壳体破损、泄压阀破裂、电解液泄露:立即操作退出储能系统,切断系统内电气连接,在故障电池周边加装防火隔板和防渗漏托盘,对同储能系统电池进行抽检,故障电池更换完成后需进行电池簇检测。

3)电池温度高、电池泄压阀打开、释放大量刺鼻烟气、出现明火:立即操作退出储能系统,切断系统内电气连接;人员立即从电池室撤离并封闭,关闭全部电池室防火门;确认电池室消防系统启动自动灭火;立即停运整个储能电站,并远程操作跳开电站全部电气连接;按应急预案采取隔离和防护措施,防止故障扩大并及时上报。

(2)电池管理系统。

BMS 主机死机、BMS 测量数据不刷新:检查 BMS 主机环境温度、BMS 电源、通信线缆等,调整储能系统停机计划,进行 BMS 屏柜内部检查,按照运行规程将 BMS 改检修,重启 BMS 主机,检查 BMS 主机告警信号。

(3)储能变流器。

1)运行参数(功率控制精度、谐波、三相功率不平衡)偏高触发告警:操作退出储能系统,切断系统内电气连接,检查控制器本体告警信号,检查校验变流器电压/电流传感器。

2)接地告警、绝缘告警:操作退出储能系统,切断系统内电气连接;检查控制器本体告警信号；检查变流器安保接地、中性点接地是否连接可靠，接地电阻值是否正常；测量变流器直流侧绝缘电阻。

3）交流侧电流保护动作：操作退出储能系统，切断系统内电气连接；切断储能系统交流侧并网汇集线路，配合检修人员进行故障抢险。

4）直流侧电流保护动作：操作退出储能系统，切断系统内电气连接；检查电池簇和电池状态，检查 BMS 与变流器之间的保护跳闸节点是否正常；配合检修人员进行变流器和电池检测。

以电池储能系统为例，其维护应结合设备运行状态、异常及故障处理情况，通过智能分析确定维护方案，并采取安全防护措施。在维护前完成所需备品备件的采购、验收和存放管理工作，维护工作包括电池、电池管理系统、储能变流器的清扫、紧固、润滑及软件备份等。

1）电池及电池管理系统：检查电池柜或集装箱内烟雾、温度探测器工作是否正常（周期不大于 6 个月），定期对锂离子电池进行均衡维护（周期不大于 12 个月）、定期对低电量存放的电池进行充放电（周期不大于 6 个月）、定期对电池管理系统的数据进行读取保存，并进行软件更新（周期不大于 6 个月）。

2）储能变流器：定期检查储能变流器电缆接线是否松动，连接端子和绝缘是否有变色或者脱落，并对损坏或者腐蚀的连接端子进行更换（周期不大于 12 个月）；定期对变流器的冷却系统进行检查，对活动部件进行润滑（周期不大于 12 个月）；定期读取和保存储能变流器运行数据（周期不大于 6 个月）。

3）空调系统：定期检查、补充空调冷却介质（周期不大于 6 个月）；定期清洗空调滤网（周期不大于 12 个月）。

5.4　电力储能系统的运行案例

5.4.1　电源侧储能电站运行案例

1. 用于黑启动的储能电站（储能电站 1）

储能电站采用电池储能系统配合燃气轮机电厂的燃气机组，提供黑启动功能。燃气轮机电厂装备有 $2 \times 390MW$ 燃气–蒸汽联合循环机组，机组采用双抽布置方式，每套机组设 6.3kV 高压厂用电，厂用电经高压厂变压器取自燃机主变压器低压侧绕组，两套机组间互为备用。

电力储能系统配置容量为 22 MW/20.49MWh，包含磷酸铁锂电池和钛酸锂电池。储能系统分 12MW 和 10MW 两个子系统，子系统输出经变流升压后汇集至储能 A、B 段母线，储能 A、B 段母线输出分别接入每台机组的 6kV A/B 段母线，提高储能系统的稳定性。储能电站的储能系统接线图如图 5-16 所示。

储能系统采用"三层两网"式控制架构，储能电站 1 的储能控制系统如图 5-17 所示，由上到下分别为能量管理系统、功率协调控制系统、储能变流系统，两网均基于 IEC 61850，分别为常规监控网和快速控制网。

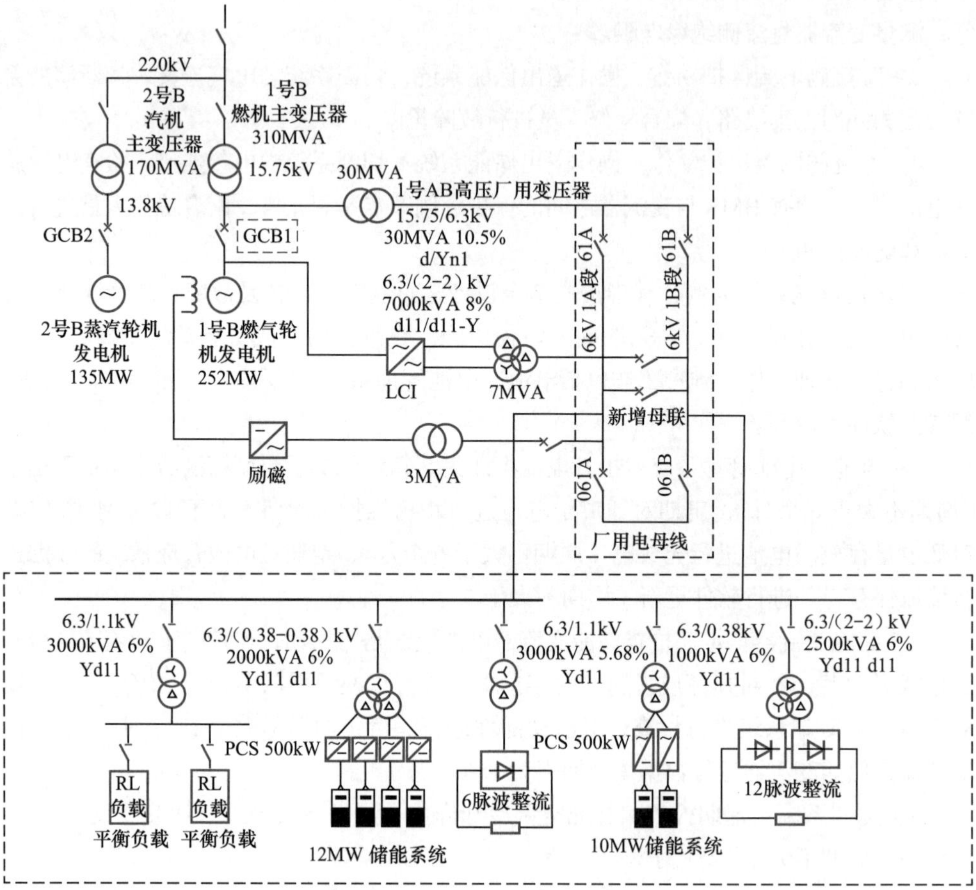

图 5-16　储能电站 1 的储能系统接线图

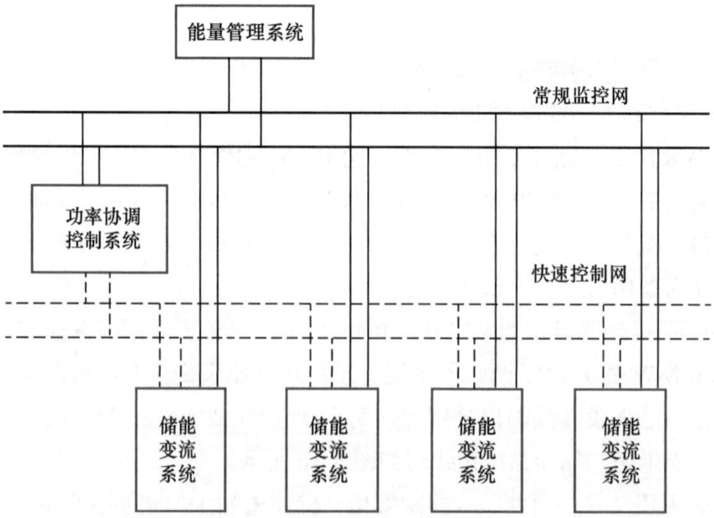

图 5-17　储能电站 1 的储能控制系统

在三层配置中，能量管理系统处理数据监控、存储、人机交互及计划曲线等，功率协调控制系统协调各储能变流器的输出功率，储能变流器负责功率变换，执行功率协调控制系统指令，黑启动时完成厂用电的软启动，建立并稳定厂用电的频率和电压。

若该电厂接入电网发生故障，燃机主变压器、汽机主变压器全停，厂用电中断。此时，储能系统将提供机组启动所需的电源，采用零起升压方式恢复所启动机组的厂用电。

储能系统有两种黑启动方案，具体如下。

< 方案 1 > 厂用电恢复范围为所启动机组 6kV 及 380V 厂用电。厂用电恢复后，机组按正常方式启动，燃机负载换相变频器（Load Commutated Inverter，LCI）将燃机拖至全速空载后，选择"死母线"（即无电压的母线）方式合燃机发电机出口断路器 GCB1。

燃机励磁对"燃机发电机 - 燃机主变压器 - 汽机主变压器 - 燃机高压厂用变压器"整体进行零起升压，升至额定电压后，储能系统带的厂用电负荷接入燃机高压厂用变压器，并网点为 6kV 母线工作电源开关，即 61A 和 61B 的同步装置。

< 方案 2 > 与方案 1 不同的是，厂用电恢复范围除启动机组 6kV 及 380V 厂用电外，还包括启动机组"燃机主变压器 - 汽机主变压器 - 燃机高压厂用变压器"。厂用电恢复后，机组按正常方式启动，LCI 将燃机拖至全转速后，采用检同期方式合发电机出口断路器，并网点为燃机发电机出口断路器 GCB1。

在储能控制系统中，黑启动时 PCS 一般采用下垂或 VSG 控制模式作为电压源运行。PCS 采用 VSG 控制策略，通过虚拟阻抗补偿及二次调频调压，可实现黑启动过程中系统频率、电压的稳定控制。

黑启动试验时电压瞬时值的波形如图 5-18 所示、电压有效值的波形如图 5-19 所示，储能系统的有功功率如图 5-20 所示，储能系统的无功功率如图 5-21 所示。

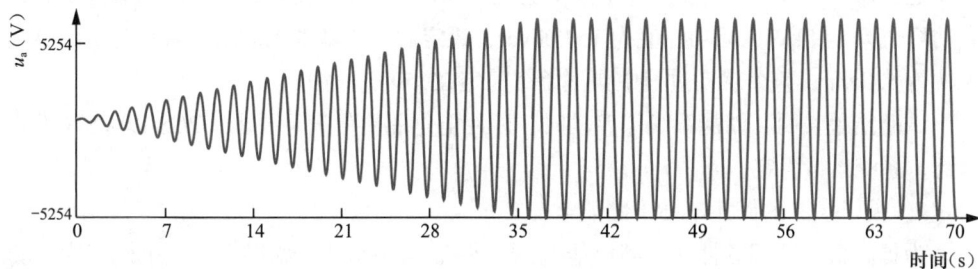

图 5-18 黑启动试验时电压瞬时值的波形图

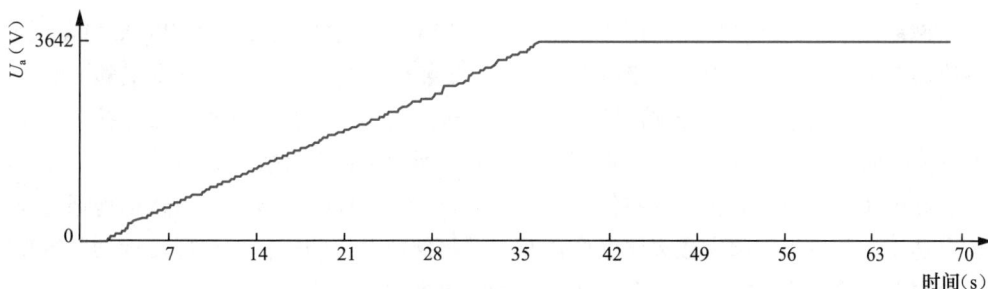

图 5-19 黑启动试验时电压有效值的波形图

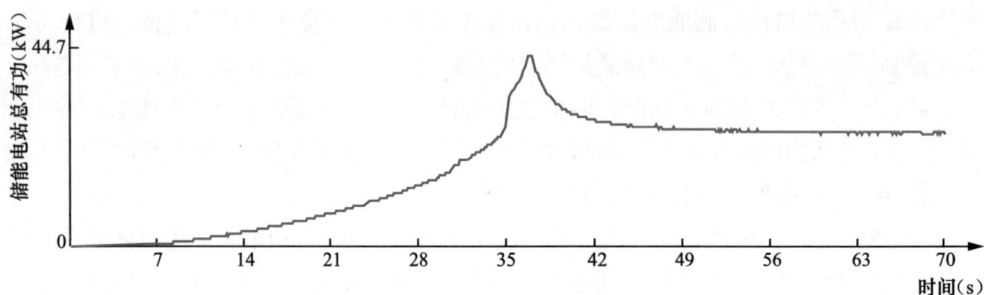

图 5-20 黑启动试验时储能系统的有功功率波形图

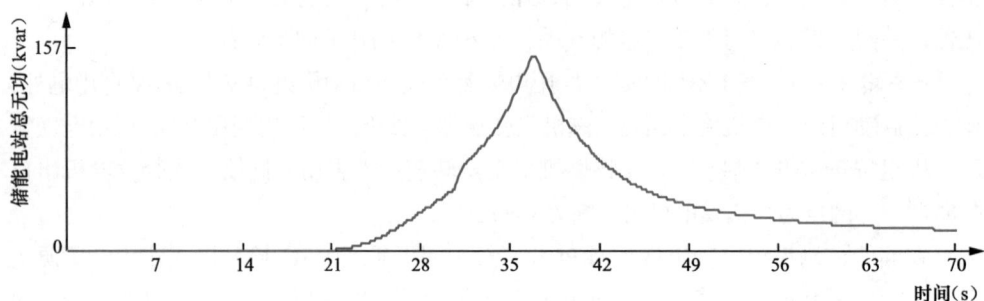

图 5-21 黑启动试验时储能系统的无功功率波形图

　　储能 EMS 下发黑启动指令后，储能 6kV A/B 段逐渐上升至额定电压，6kV 厂用母线电压在 33s 内由 0 线性上升至额定电压 6.3kV；上升过程中储能峰值电流为 173A、有功峰值为 44.7kW、无功峰值为 157.0kvar；稳定后电压基本无波动，有功为 24.8kW、无功为 5.4kvar；整个启动过程中频率始终稳定在 (50±0.1)Hz。

　　试验结果表明，储能系统黑启动时，厂用电电能质量满足要求，PCS 以 VSG 模式运行，系统运行稳定。

　　2. 用于调频的储能电站（储能电站 2）

　　为提高机组的调频性能，某储能电站安装在 2×600MW 燃煤发电机组侧，为一套 16MW/8MWh 磷酸铁锂和 4MW/0.67MWh 超级电容器混合储能系统，接入 3 号、4 号机组 6kV 厂用电母线工作段，用于火储联合参与电网二次调频。

　　储能系统分为 3 个模块，即 2 个 7.5MW/3.75MWh 锂电池、1 个 1MW/0.5MWh 锂电池和 1 个 4MW/0.67MWh 超级电容器，采用集装箱形式，共配置 20 个集装箱。每个模块均采用两路电力电缆分别连接至电厂两台机组的 6kV 厂用工作母线段，接入厂用电系统。储能电站 2 的储能系统接线图如图 5-22 所示（见文后插页）。

　　储能系统通过调频控制器在储能 EMS 响应调度的 AGC 指令，实时快速地通过充放电功率，与机组一起完成火储联合调频，并将储能系统的运行信息通过远动装置反馈给调度。储能系统参与二次调频的控制原理如图 5-23 所示。

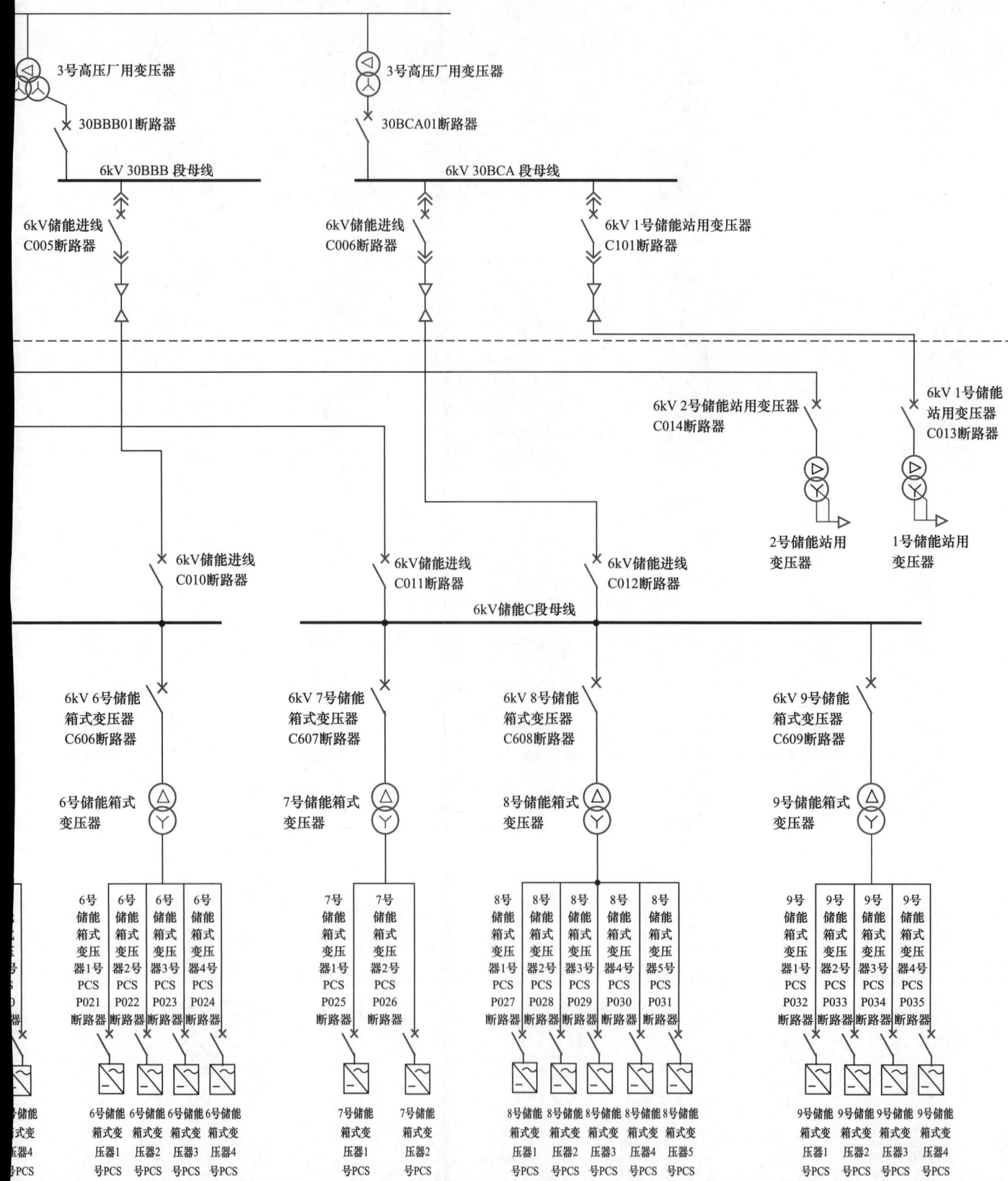

储能系统接线图

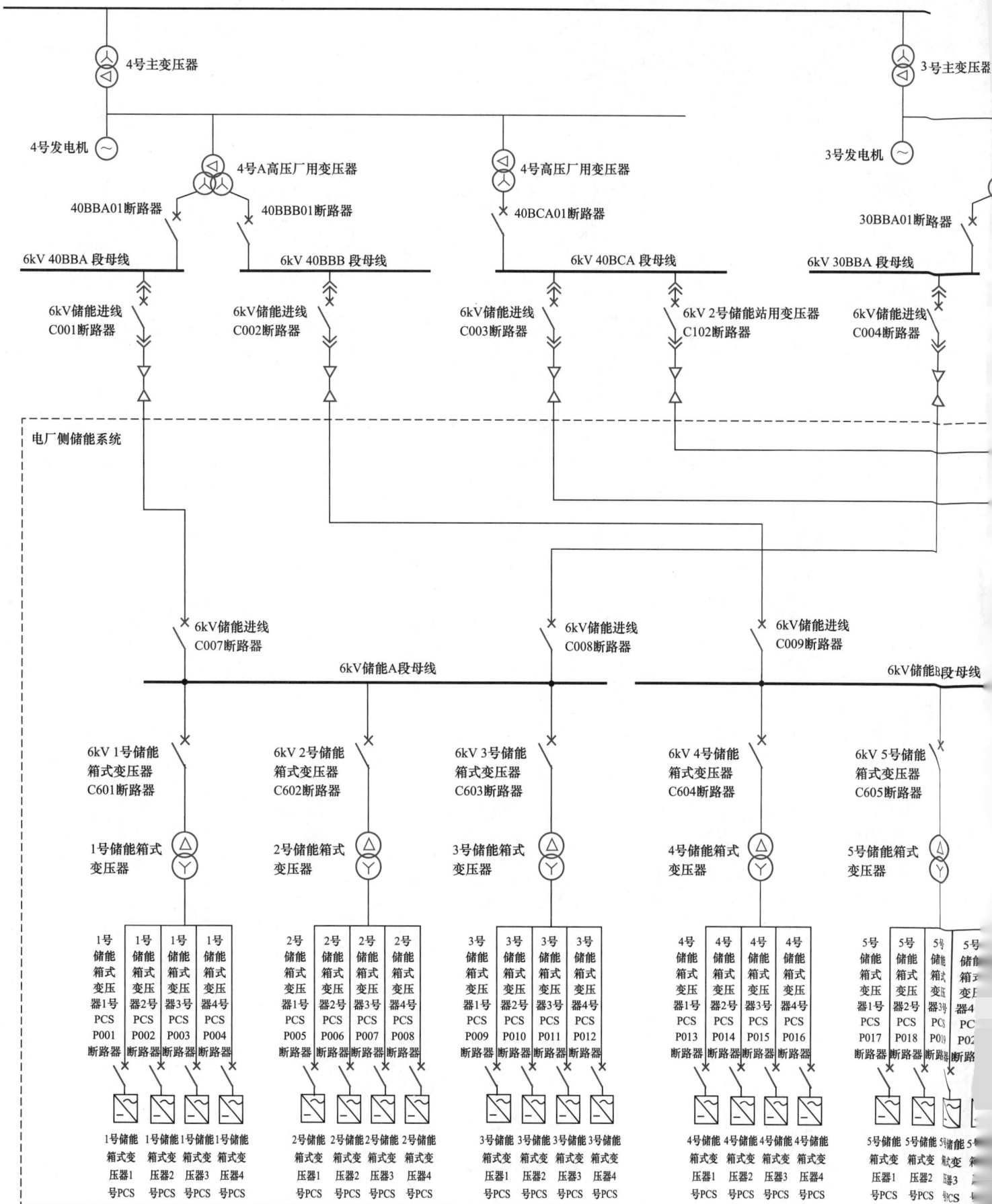

图 5-22 储能电站1 的

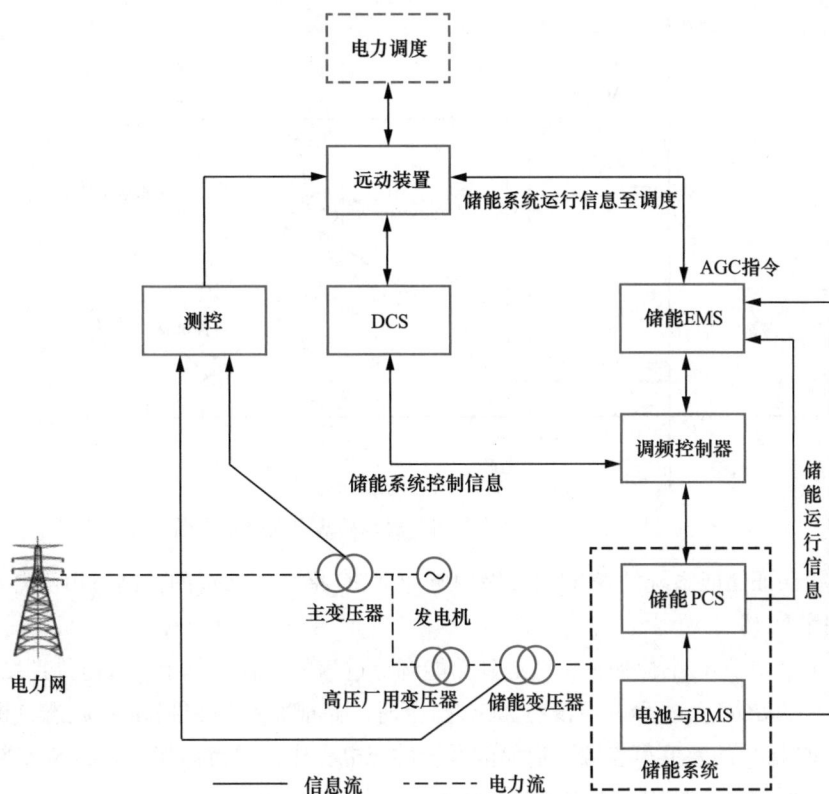

图 5-23　储能系统参与二次调频的控制原理图

在调频过程中，机组为 AGC 指令响应主体，储能系统在响应过程中辅助机组 AGC 响应，优化调频性能。目前 AGC 响应为爬坡式，即机组输出功率与本次 AGC 目标值输出功率差距较大时储能系统将以小功率输出功率，接着储能系统将以一定速率上升至额定输出功率。当机组与储能的联合输出功率接近 AGC 指令功率后，储能系统将实时调节输出功率使得联合输出功率与 AGC 指令一致，若储能系统已达到最大输出功率，则可与机组协调减少输出功率至停止输出功率，储能系统参与二次调频的输出功率示意图如图 5-24 所示。

这种控制策略使得储能与机组响应 AGC 延时大大减少，保证了储能与机组联合调频速度的最大化，同时也确保了储能系统不至于频繁动作而导致寿命缩短。

储能系统的综合调节性能指标

$$K = K_1 \times K_2 \times K_3$$

式中：K_1 为调节速度，MW/min，其计算时间段为联合输出功率实际功率变化量第一次达到规定值至联合输出功率达到 AGC 指令变化量的 70% 之间的时间；K_2 为响应时间，即延时时间，s；K_3 为调节精度，每次采样联合输出功率与 AGC 指令的差值与机组额定功率的比值；当联合输出功率与 AGC 指令的差值首次达到机组额定功率的 0.5% 时开始计时，经过规定时间（如 40s）后，按 $K_3 = \dfrac{\sum \Delta P / 40}{P_n}$ 计算出 K_3（ΔP 为联合输出功率与 AGC 指令的差值）。

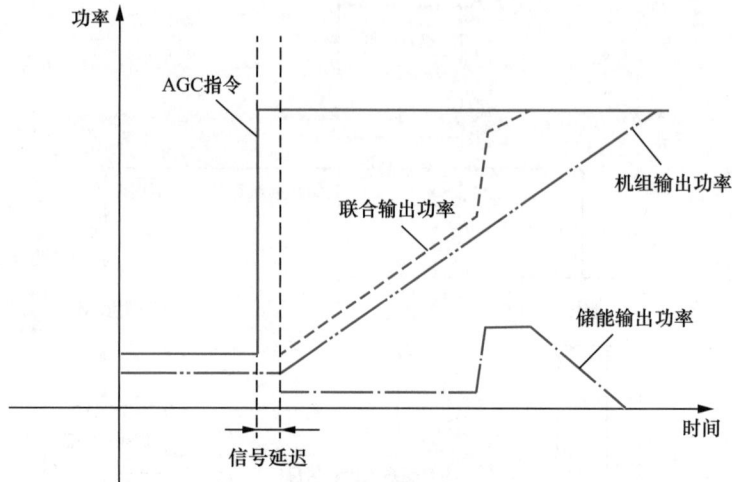

图 5-24　储能系统参与二次调频输出功率示意图

为了保证储能系统的 SOC 可以及时响应 AGC 指令，SOC 的控制与均衡需要考虑的重要因素如下。

（1）全站 SOC 中位保持：考虑到储能调节过程的损耗，一个充放电周期结束后，储能系统的 SOC 会减少。当没有 AGC 指令时，储能系统应根据 SOC 状态、机组功率与 AGC 指令的差值等参数开启储能系统的充电程序，保持储能系统的 SOC 维持在 $50\% \sim 60\%$ 之间，使得下一次调频的裕度足够大。

（2）储能单元间 SOC 均衡：当储能系统充放电时，控制系统会根据每个储能单元的 SOC 值差异，在平均分配指令的基础上叠加一个较小的储能指令修正。这样可实现 SOC 高的单元少充多放，SOC 低的单元多充少放，使得储能系统各个储能单元的 SOC 水平接近，从而杜绝控制过程的短板效应，提升储能系统的调频利用率。

火储联合调频的功率曲线如图 5-25 所示。

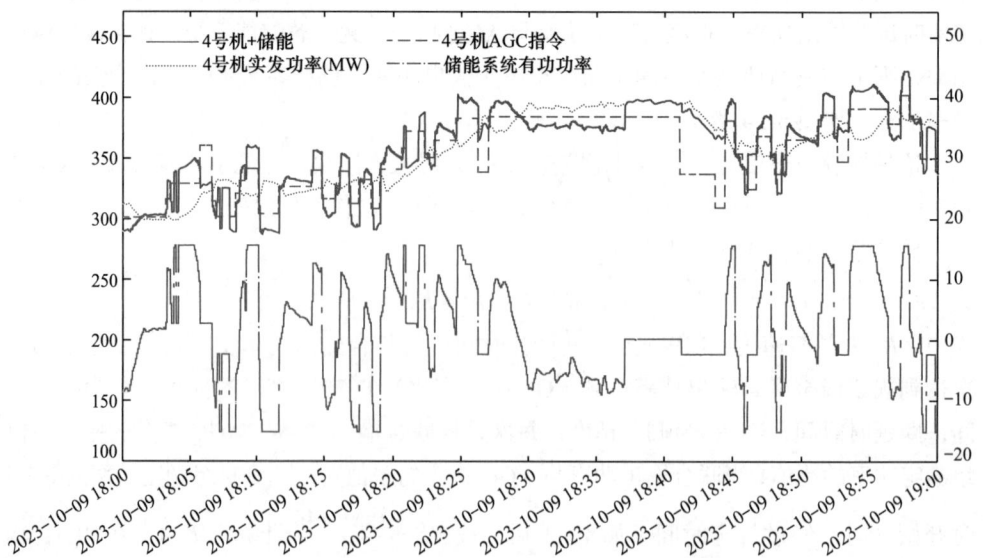

图 5-25　火储联合调频的功率曲线

同时，储能系统还可以提供一次调频功能。储能系统参与一次调频的控制示意图如图 5-26 所示。

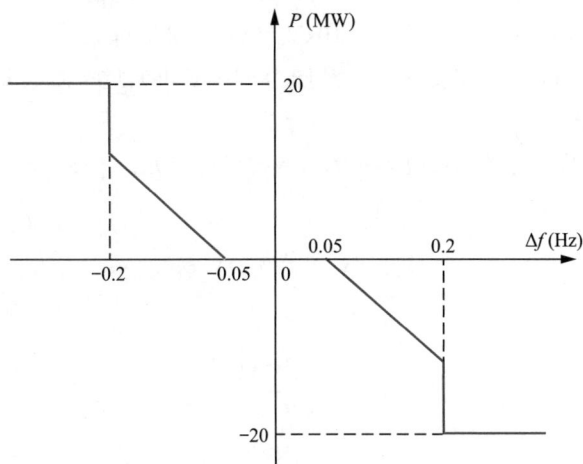

图 5-26　储能系统参与一次调频的控制示意图

由图 5-26 可见，一次调频死区为 ±0.05Hz，且当系统频差超过 0.2Hz 时（频率小于 49.8Hz 或大于 50.2Hz），储能系统的输出功率直接达到额定的充放电功率。

储能系统参与一次调频的充放电功率和频率曲线如图 5-27 所示，可见储能系统参与一次调频响应迅速、方向正确，得到了较好的调节效果。

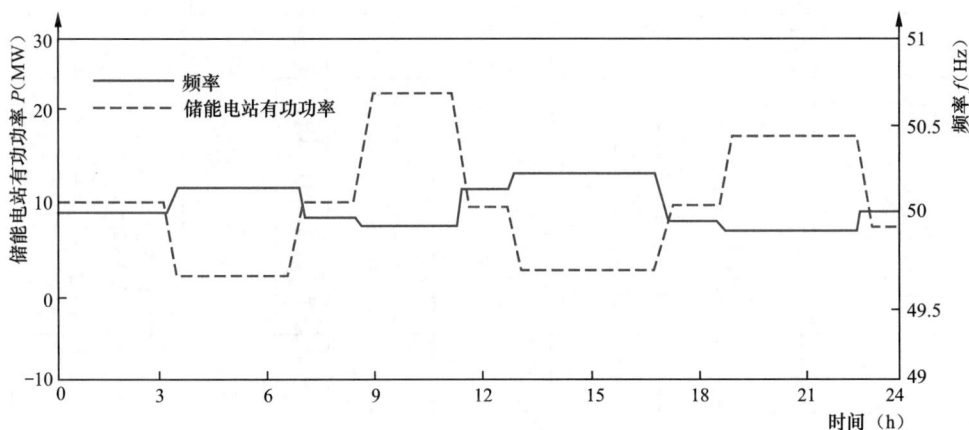

图 5-27　储能系统参与一次调频的充放电功率和频率曲线

5.4.2　电网侧储能电站运行案例

1. 用于调峰调频的储能电站（储能电站 3）

该储能电站是一个储能系统应用在电网侧独立储能的案例，电站规模为 70MW/140MWh，以 110kV 电压等级接入变电站。储能系统分为两种技术路线，110MWh 采用风冷电池系统，30MWh 采用浸没式液冷电池系统。

储能电站采用 280Ah 磷酸铁锂电池，设有 28 个储能单元，单个储能单元为 2.5MW/5MWh，其中，22 个风冷储能单元、6 个液冷储能单元。

储能系统采用低压升压方案，电池簇低压直流经 PCS 转换为交流，再通过储能变压器升压至 10kV，经 10kV 电缆接入 10kV 母线；10kV 母线采用单母线分段接线形式，出线 2 回接入 80MVA 主变压器，升压至 110kV 再通过 1 回电缆接入变电站扩建的 110kV 出线间隔。

储能系统接入电网分为风冷储能单元和液冷储能单元，风冷储能单元接线如图 5-28 所示，液冷储能单元接线如图 5-29 所示。

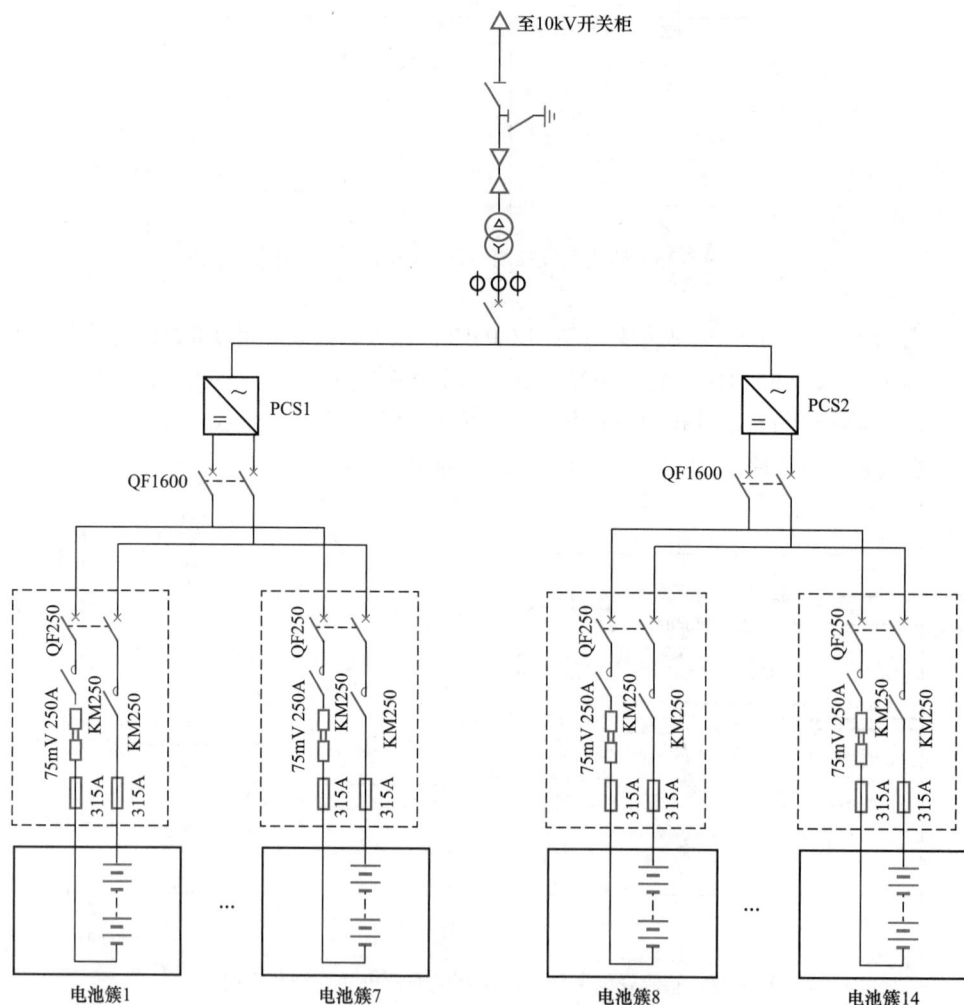

图 5-28　风冷储能单元接线图

储能系统的控制方式分为调峰运行方式和调频运行方式，具体如下所示。

（1）调峰运行：调度将提前下发次日输出功率曲线报文，EMS 将报文解析后形成次日运行曲线，于次日控制相应的 PCS 按照曲线运行。

（2）调频运行：EMS 直接接收调度下发的 AGC 指令报文，控制相应的 PCS 响应指令。次日输出功率曲线报文及 AGC 指令报文均通过 104 协议下发。

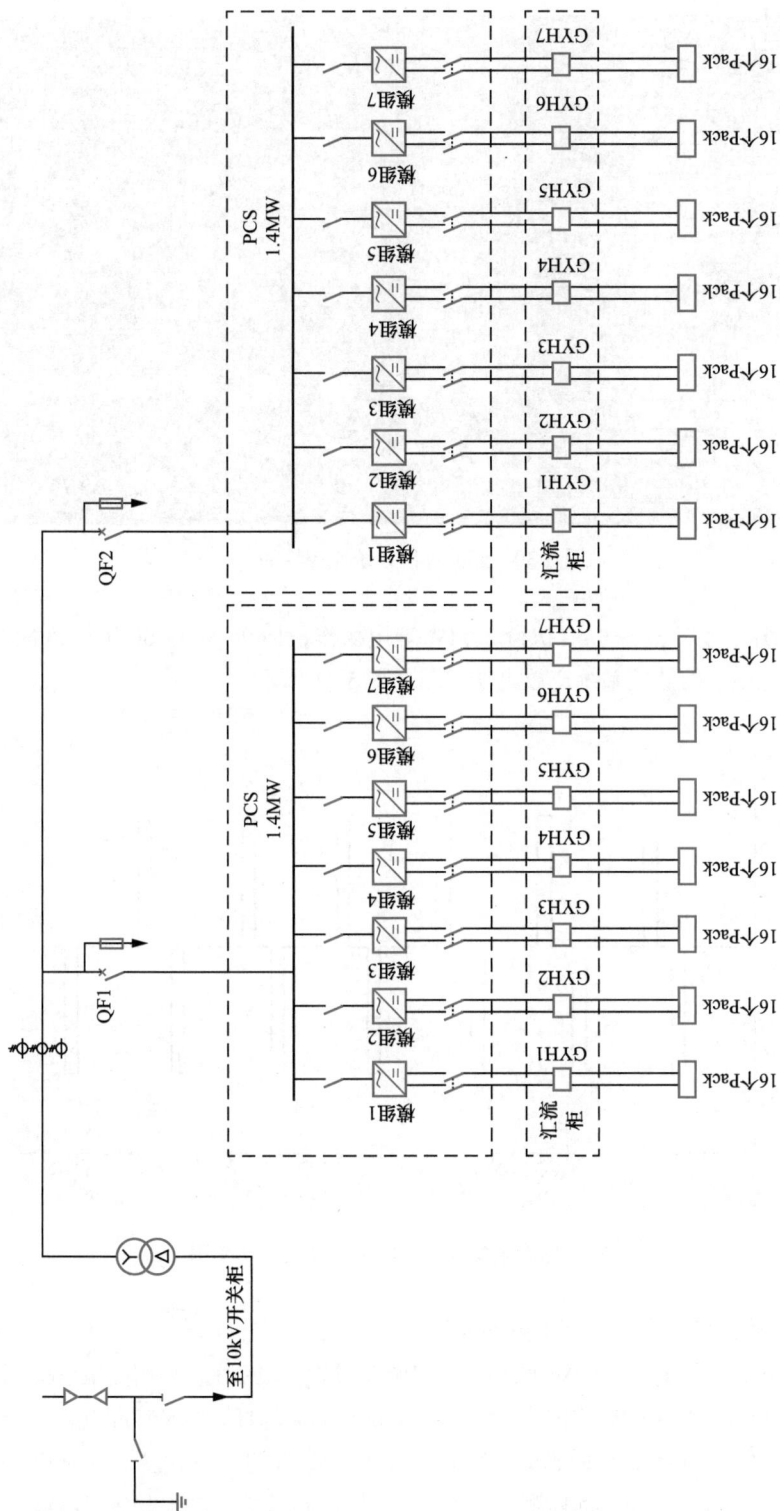

图 5-29　液冷储能单元接线图

储能控制系统监控界面如图 5-30 所示。

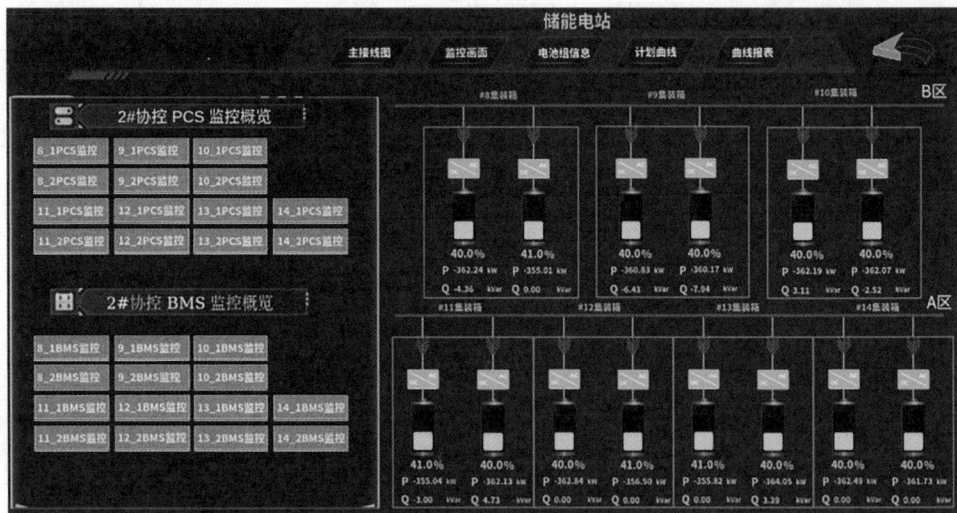

图 5-30　储能控制系统监控界面

储能系统每日 7:30 ～ 9:30 执行 20MW 充电操作，15:00 ～ 17:00 执行 20MW 放电操作，储能电站 3 的储能系统充放电功率图如图 5-31 所示。

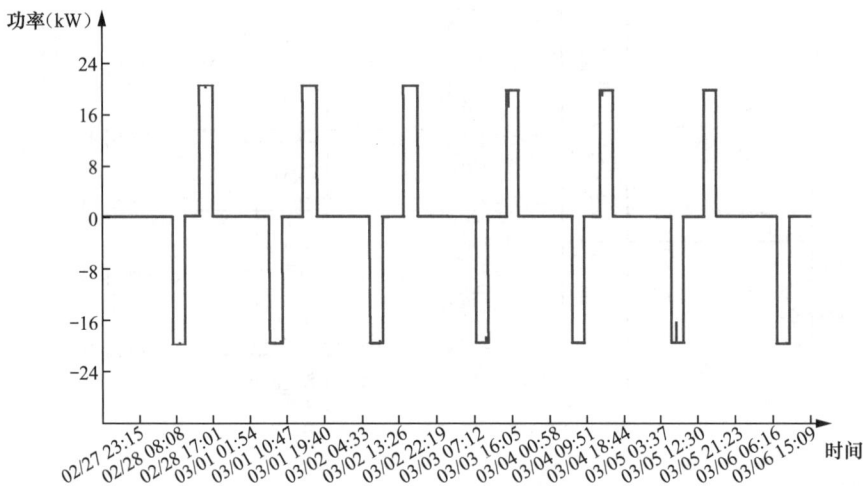

图 5-31　储能电站 3 的储能系统充放电功率图

2. 多功能的储能电站（储能电站 4）

某储能电站总容量为 200MW/400MWh，为磷酸铁锂电池系统，采用高压级联、液冷方案，分为 10 套 20MW/40MWh 储能单元，单套储能单元接至升压站 35kV 配电装置，升压站升至 220kV 出线。监控系统（EMS）放置在升压站电气继电室内，通过采集电池组、PCS 的实时数据，实现储能系统的实时监测和控制，满足电网调峰调频、安全稳定等需求。

储能电站 4 的储能系统接线图如图 5-32 所示。

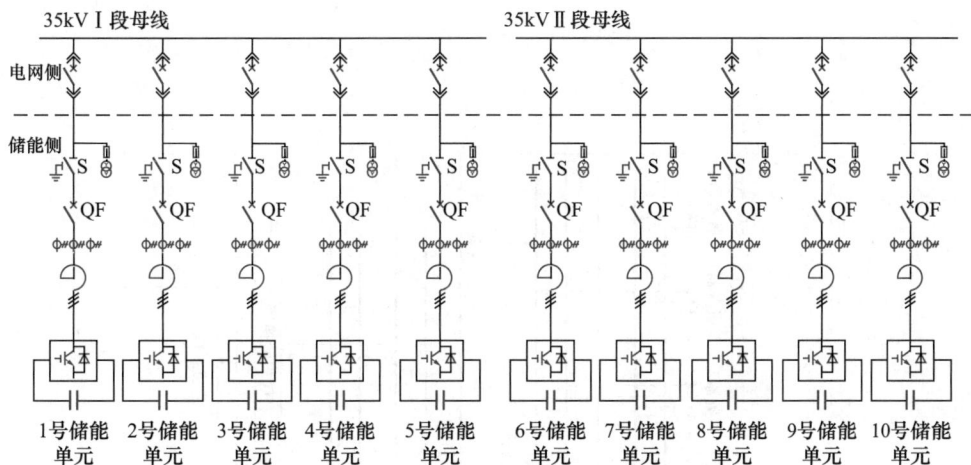

图 5-32　储能电站 4 的储能系统接线图

储能系统 EMS 采用模块化、功能集成的设计思想，分为站控层、间隔层和设备层三层结构。设备层、间隔层和站控层之间的通信采用网线或光纤通信，星形网络结构。设备层下行设备通过 61850 协议与通信管理机和控制器通信，通信管理机通过网络将非标准化协议设备数据及信息传送给监控主机，控制器采集 PCS 和 BMS 的数据信息传送给监控主机，同时储存和执行 EMS 制定的控制策略。储能电站 4 的储能系统 EMS 拓扑结构如图 5-33 所示。

储能系统提供如下功能。

（1）一次调频、跟踪计划输出功率：具备接受电网指令实现辅助服务的功能。

（2）黑启动：满足调度下发黑启动要求，自动启动储能站内设备，频率和电压控制遵守电网调度规程的规定。

（3）削峰填谷：按照专用工具自定义储能系统的充放电时段及其对应的充放电功率，也可以根据电价和系统状态，实时调节储能系统充放电功率，实现经济运行。

储能电站 4 的储能系统的充放电功率曲线如图 5-34 所示。

5.4.3　用户侧储能电站运行案例（储能电站 5）

该储能电站由 2 套容量为 5MW/10MWh 的磷酸铁锂电池系统组成，总容量为 10MW/20MWh，接入 10kV 母线，采用 3 个电池集装箱和 1 个中控集装箱。每个电池集装箱内部配置安装 18 个电池架，中控集装箱包含开关柜、BMS、EMS 柜、交流配电柜、UPS、空调、照明、消防等辅助设备。储能电站 5 的储能系统接线图如图 5-35 所示。

储能系统 EMS 分为系统层和设备层两层结构。设备层和系统层之间的通信采用网线或光纤通信，星形网络结构，设备层下行设备通过 RS485 或网线与通信管理机和中央控制器通信，通信管理机通过网络将非标准化协议设备数据及信息传送给监控主机，中央控制器采集 PCS 及 BMS 数据信息传送给监控主机，同时储存和执行 EMS 制定的控制策略。储能电站 5 的储能系统 EMS 拓扑结构图如图 5-36 所示。

储能系统提供如下两种功能。

（1）削峰填谷。根据电价对储能系统的充放电控制策略进行优化，以降低负荷峰值和电力成本。

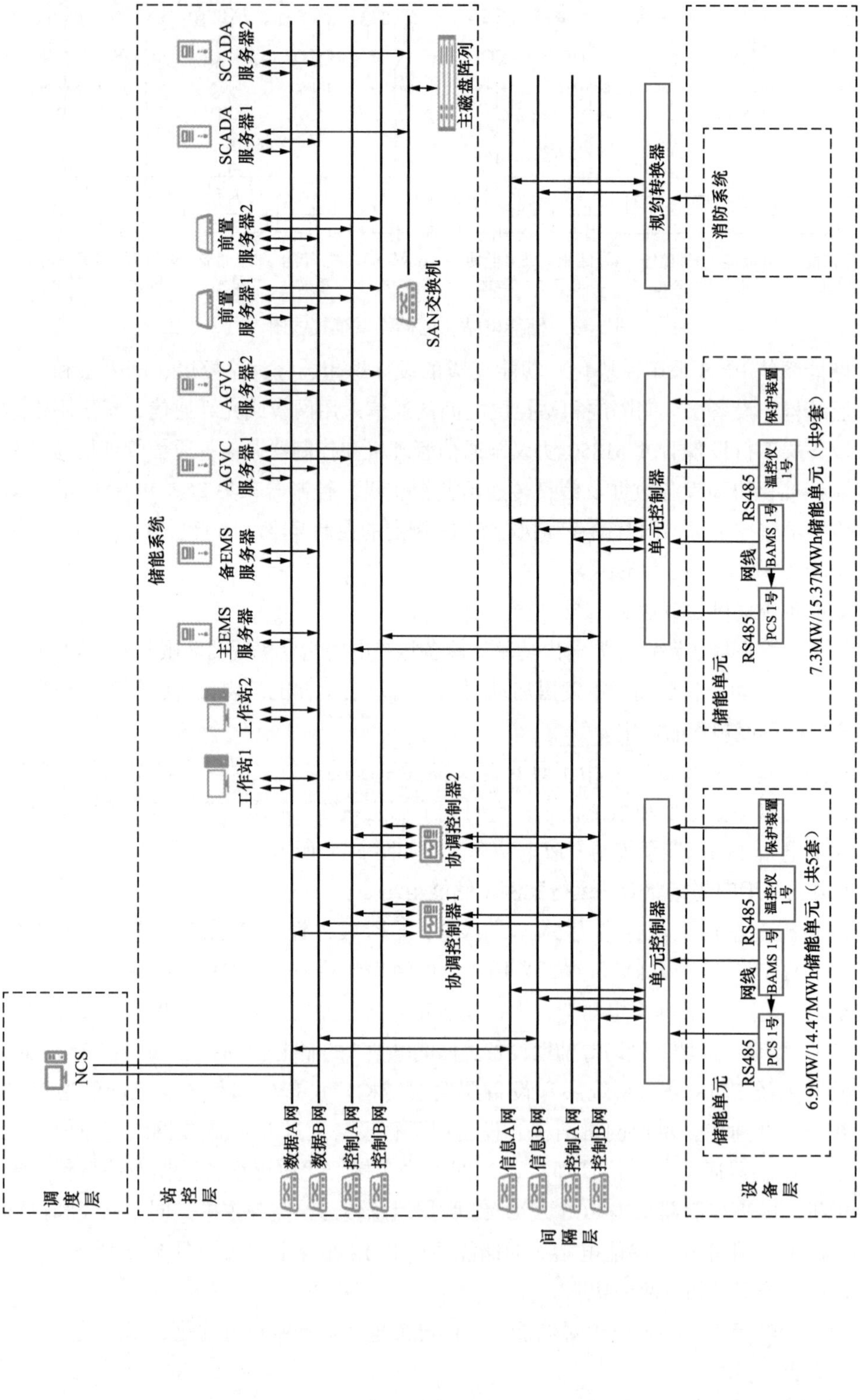

图 5-33　储能电站 4 的储能系统 EMS 拓扑结构图

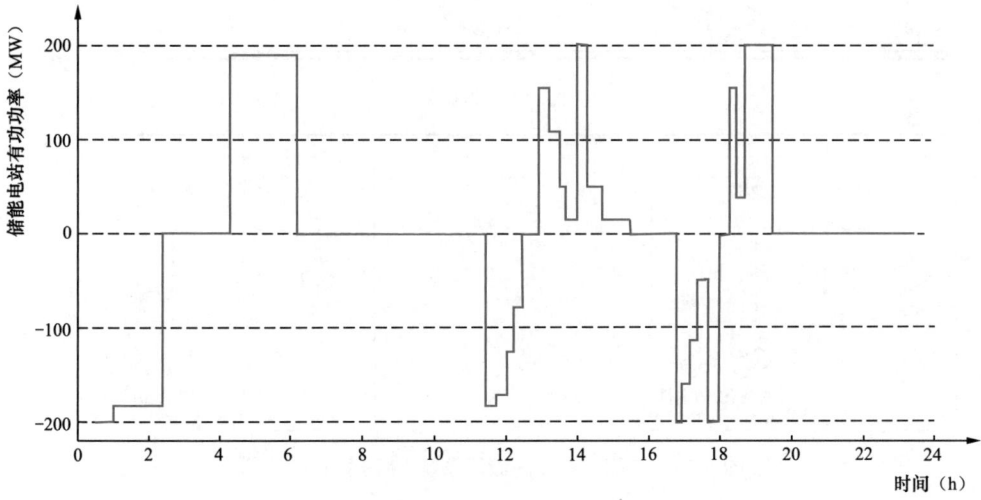

图 5-34 储能电站 4 的储能系统充放电功率曲线

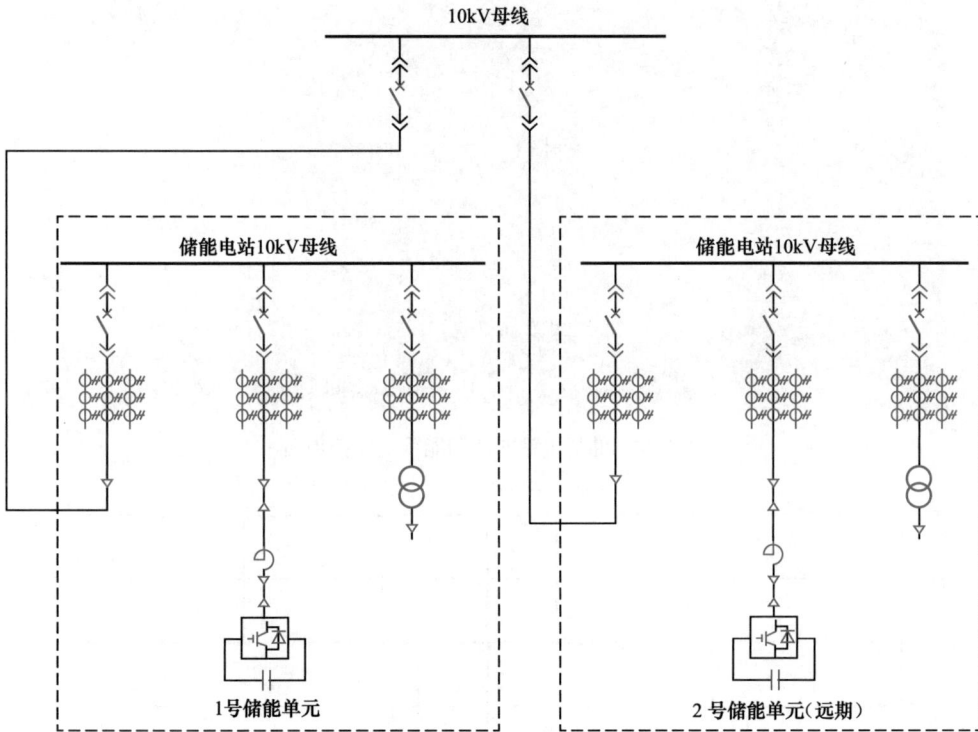

图 5-35 储能电站 5 的储能系统接线图

167

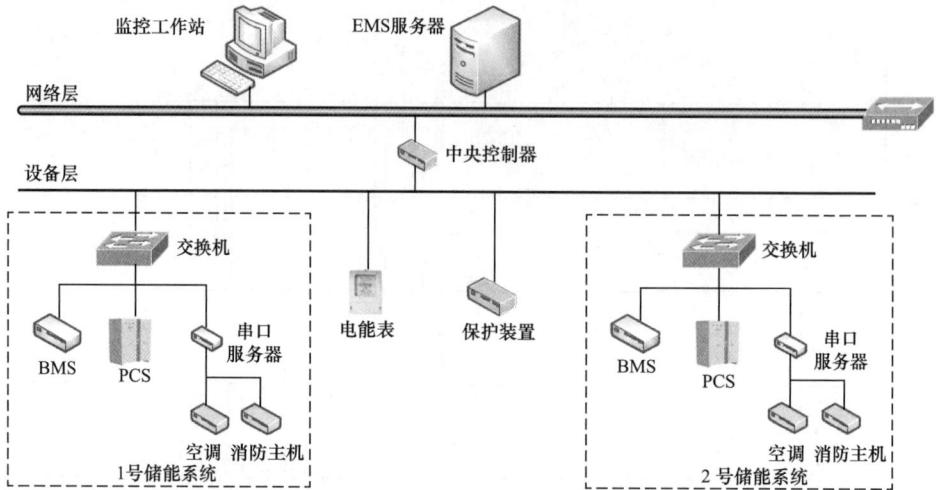

图 5-36 储能电站 5 的储能系统 EMS 拓扑结构图

（2）需方用电管理。当负荷即将达到最大值时，通过储能系统自动调节放电功率，从而减小负荷需求，确保供电可靠性。

储能电站 5 的储能系统监控界面如图 5-37 所示，储能电站 5 的储能系统充放电功率图如图 5-38 所示。

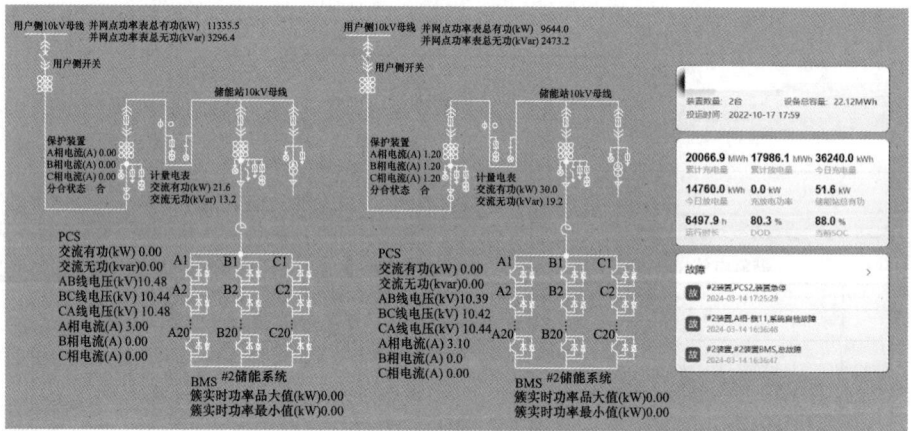

图 5-37 储能电站 5 的储能系统监控界面

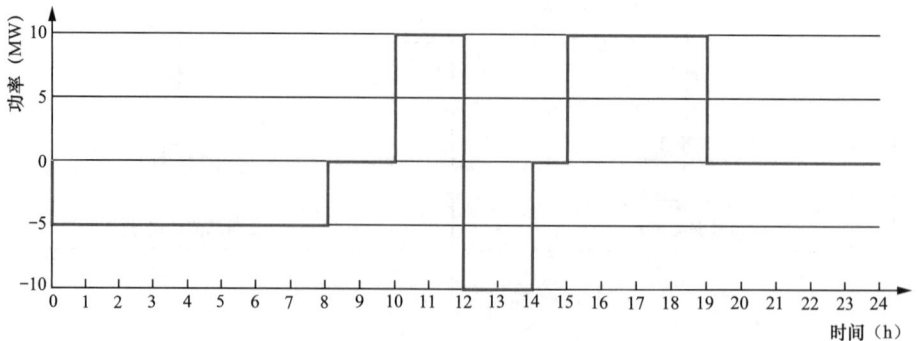

图 5-38 储能电站 5 的储能系统充放电功率图

思考题

5-1　电力储能系统接入电网前的相关条件分析包括什么？

5-2　电力储能系统接入电网的电压等级由什么决定？大致是怎么确定的？

5-3　电力储能系统的低电压穿越和高电压穿越指什么？

5-4　接入电网的电力储能系统的频率运行要求是什么？

5-5　电力储能系统在提供削峰填谷功能时，有哪几种控制方式？

5-6　一次调频的下垂控制模式原理如何？试画图说明。

5-7　电力储能系统对于新能源接入可以起到什么作用？

5-8　多储能单元的功率可以怎么进行分配？

5-9　在储能电站的运行案例中，火储联合调频的性能指标 K_1、K_2、K_3 的含义是什么？怎么计算？

第6章 电力储能系统的性能检测与评估

安全是电力储能系统的生命线。在电力储能系统的规划设计、设备选型、安装竣工、并网验收、运维管理、梯次利用至停运报废的全生命周期里，都应按照相关标准，对电池、电池管理系统、储能变流器、能量管理系统等关键电气设备及系统进行规范统一的检测和评估，在安全性、成本、性能等各方面实现均衡。评估是对运行中的电力储能系统进行安全性、可靠性、经济性、环保性等方面的评价，目的是为电力储能系统的运行管理提供科学有效的指导，促进产业健康有序发展。

本章首先介绍电力储能系统性能检测的相关概念、标准等，然后分别介绍储能装置和储能系统接入电网的主要测试流程，最后从多个角度介绍电力储能系统评估的方法。

6.1 性 能 检 测

质量检测一般包括如下方法。

（1）型式试验。型式试验是指验证产品符合一项技术规范（如质量水平、性能、安全要求、环境条件等）一般采取从制造单位一个或多个具有生产代表性的最终产品中随机抽取封存检测的方式。型式检验主要用于达到认证目的，由质量技术监督部门或检验机构进行检测并出具报告。

（2）常规试验（又称出厂试验）。常规试验检查产品材料和加工的质量缺陷，并检测产品固有性能，常包括功能试验和安全试验项目，可以采取全数检验或抽样检测的方式。出厂检验的目的包括控制产品质量、监督生产工艺、改进质量等，由企业组织内部质检部门进行检验或邀请其他第三方检测机构检查并出具报告。

（3）抽样试验。在有关产品标准中有此项要求时进行抽样试验，同样是用来验证产品规定的性能和特性。这些规定可由制造方提出或由制造方与用户协商。

（4）特殊试验。特殊试验可根据有关产品标准及制造方与用户协议进行，以满足市场对产品的多样化需求。

电力储能系统在设备选型阶段，选用的设备及系统应当符合有关法律法规、国家（行业）标准要求，并通过具备储能专业检测检验资质的机构检验合格；在并网验收前，要完成主要设备及系统的型式试验、整站调试试验和并网检测。有厂址变更、停产超过一年后复产、结构/工艺/材料有重大改变或合同约定等情况之一的，也应进行型式试验。

6.1.1　储能装置的检测

1.　检测标准及相关机构

除国标和行标以外，目前国内的储能电池认证主要还有 UL、TÜV、CB、CE 等。

标准对于电力储能系统而言，具有至关重要的技术引领及规范约束作用。目前，我国储能标准体系建设正在进行中，电化学储能产品的检测认证尚无统一明确的标准，国际市场中普遍执行的多是欧美相关标准。储能产业的健康发展，一方面需要进一步完善储能标准体系，包括行业质量评估和国际标准等；另一方面也需要发展更先进的检测评估手段，同时建设标准化检测认证公共服务平台，实现不同厂商之间的互换互认。

与电力储能系统的检测与认证相关的标准可分为两类：一类是对装置和系统的性能、技术等做出规定，如 GB/T 34120—2023《电化学储能系统储能变流器技术要求》、GB/T 36547—2024《电化学储能系统接入电网技术规定》等；另一类是对用于装置和系统检测的设备、项目、技术等做出规定，如 GB/T 34133—2023《储能变流器检测技术规程》、GB/T 36548—2024《电化学储能电站接入电网测试规范》等。GB/T 36276—2023《电力储能用锂离子电池》则是二者兼而有之。本章讨论的标准多为第二类。

（1）国标认证及相关机构。

GB/T 36276—2023《电力储能用锂离子电池》由全国电力储能标准化技术委员会（SAC/TC 550）归口管理，是锂电池在电力领域应用的首个国家推荐性标准。该标准针对中国电网特殊的工况设置了很多细节方面的规定，对电力储能电池专用标准有了进一步的明确：以功率-能量（Wh）参数为基本测试评价条件，取代传统的电流-容量（Ah）参数体系；将电池的充电和放电性能置于同等重要位置，分别提出技术要求；强化对电池单体、模块的热特性评价，最大程度上保证电池的本体安全；设定电池单体、模块、簇递进的产品层级，对其分别进行测试评价，三者之间既相互独立又互为补充。

GB/T 34133—2023《储能变流器检测技术规程》根据储能逆变器的不同工作模式详细规定了其充放电检测、并离网切换检测、效率检测等测试内容。

中国质量认证中心（China Quality Certification Centre，CQC）是由中国政府批准设立并广受认可的第三方认证机构。CQC 标志认证涉及产品安全、性能、环保、有机产品等类型，是中国质量认证中心开展的自愿性产品认证项目，与中国强制性认证（China Compulsory Certification，CCC）的法定强制性安全认证性质不同。

（2）UL 认证。

UL 9540A 是业内公认最严苛的储能电池和系统国际认证检测标准，用以评估储能电池和系统大规模热失控带来的火灾特性。UL 9540A 将储能产品检测分为四个级别：电芯级别、模组级别，单元（机柜）级别和安装级别。

在安全试验和鉴定领域，美国保险商试验所（Underwriter Laboratories Inc.，UL）是美国及世界知名的民间机构。除 UL 9540A 外，UL 与储能相关的标准还有 UL 9540 储能系统、UL 1974 蓄电池梯次利用、UL 1741SA 储能逆变器、UL 2743 移动式电源系统等。很多储能产品的国际制造商依据 UL 标准来评估电池性能和安全风险。

（3）TÜV 认证。

德国技术监督协会（Technischer Uberwachüngs Verein，TÜV）专为元器件产品定制的安全认证标志，得到全球广泛认可。TÜV SÜD（南德意志集团）在 2014 年发布了针对户用储能系统的技术标准 PPP 59034A-2014，主要覆盖了新能源储能系统（Renewable Energy Storage System，RESS）系统的电气安全、并网符合性和储能电池的三方面的安全要求。2015 年 TÜV SÜD 又发布了针对大型储能系统的技术标准 PPP 59044-2015，对包含集装箱、电池系统、暖通系统、照明系统、储能变流器、监控管理系统、电气装置 / 成套设备、气体报警系统、安防系统、消防系统、门禁系统等在内的子系统以及储能系统整机提出技术要求，为控制零部件的技术风险，提出设计要求减低电气风险、电能风险、火灾风险和机械风险的措施和具体要求。

（4）CB 认证。

CB 体系是由国际电工委员会电工产品合格测试与认证组织（IEC System for Conformity Testing and Certification of Electrical Equipment，IECEE）运营的国际互认合格评定体系，旨在减少因必须满足不同国家认证或批准准则而产生的国际贸易壁垒。IECE 各成员国认证机构以 IEC 标准为基础对电工产品安全性能进行测试，目前已涵盖 22 种电气和电子设备及测试服务类别。根据 CB 体系的规则，CB 测试证书只有在与 CB 测试报告一起提供时才有效。CB 认证在 IEC 成员国互相认可，可在满足一定条件（如工厂审核）的情况下转换为成员国当地的准入证书，全球已有包括中国、美国、日本在内的超过 50 个国家有认证机构和实验室参与了这一互认体系。

（5）CE 认证。

CE 认证是欧盟的安全认证，加贴 CE 标志的产品可在欧盟 27 个成员国、欧洲贸易自由区的 4 个国家，以及英国和土耳其合法上市销售。CE 认证属强制性认证标志，只要想在欧盟市场上售卖、流通的电子电气产品，就必须加贴 CE 标志。

按照欧盟规定，不同产品采用不同的评价方式加贴 CE 标志，主要有两种方式：绝大部分产品是制造商采取自我符合性声明方式，就可以加贴 CE 标志；部分风险相对更高的产品需要经过欧盟授权的第三方机构，即公告机构进行符合性评定后，方可加贴 CE 标志。

2. 检测项目及流程

（1）储能电池。

国内外标准一般将储能电池的检测分为电池单体、电池模块、电池簇三个层级，常规的检测项目包括厂家标注、电气性能、机械性能、安全性能等。其中厂家标注检测主要包含外观、极性、外形尺寸以及重量等项目，其他检测项目则根据每个层级的不同性能要求，具体内容有所区别。

为叙述方便，先将储能电池检测常用的部分术语解释如下。

1）额定功率充放电循环次数：规定条件下，电池以额定功率循环充放电时，充放电能量衰减至额定充放电能量时的循环次数保证值。

2）初始化充放电：规定条件下，电池充放电至充放电截止条件后，再放充电至放充电截止条件的过程。

3）充放电倍率：充放电倍率是充放电快慢的一种量度，在数值上等于电池额定容量的倍数，即"充放电电流 / 电池额定容量 ＝ 充放电倍率"。

4）荷电保持能力：电池在规定的温度下搁置规定的时间，在没有再次充电的条件下能够输出的容量与额定容量的比值，常用百分数表示。

5）浮充电：电池连续承受长时间、小电流的恒电压充电。

6）循环寿命：电池容量连续三次充放电循环低于规定的容量值，则认为电池寿命终止。此时最后一次达到或超过规定容量值的充放电循环次数即为电池的循环寿命。

储能电池的检测项目众多，流程复杂，本节仅对其中的一部分进行展开说明：

1）电性能试验。

① 初始充放电性能试验（25℃ /45℃ /5℃）。首先要对试验样品（电池单体 / 模块 / 簇）进行初始化放电：将样品在（25±2）℃下静置 5h。然后以额定充电功率 P_{rc} 恒功率充电至样品的充电截止条件，静置 10min，记录相关参数。再以额定放电功率 P_{rd} 恒功率放电至样品的放电截止条件，静置 10min，记录相关参数，初始化放电结束。后续每次执行的充放电都是恒功率充电，且都要达到充放电截止条件，最后静置 10min 并记录相关参数，不再重复说明。

设置环境温度为指定值（25℃ /45℃ /5℃），并静置几小时。再次执行以 P_{rc} 充电和 P_{rd} 放电，最后断开试验样品和充放电装置的连接，拆除数据采样线，取出试验样品。以第二次充电的初始充电能量和第二次放电的初始放电能量计算初始充放电能量效率，完成所有样品试验后计算能量效率等相关参数。

后续试验或操作默认在环境模拟装置温度 25℃ 下进行，并需要先将试验样品在（25±2）℃下静置 5h。

② 功率特性试验。对试验样品依次执行以 $100\%P_{rd}$ 放电、$100\%P_{rc}$ 充电和 $100\%P_{rd}$ 放电。在后两个步骤中，记录充放电能量用于计算每个样品在不同功率下的充放电能量效率。并在完成所有样品的试验后，计算所有样品在同一功率条件下的充放电能量效率平均值、充放电能量平均值。充放电能量平均值与额定充放电能量的百分比作为不同功率条件下的充放电特性特征值。

以额定充放电功率的 5% 为步长，逐次递减充放电功率至 5% 额定充放电功率，重复上述充放电步骤。以额定功率的百分数为横轴，以充放电特性特征值、充放电能量效率平均值为纵轴，绘制功率特性曲线图。

③ 倍率充放电性能试验。试验样品初始化放电后，依次执行以 P_{rc} 充电、P_{rd} 放电、$2P_{rc}$ 充电、P_{rc} 充电、$2P_{rd}$ 放电、P_{rd} 放电、$2P_{rc}$ 充电、$2P_{rd}$ 放电。

根据第一次以 P_{rc} 充电和第一次以 $2P_{rc}$ 充电的充电能量，计算 $2P_{rc}$ 充电能量相对于 P_{rc} 充电能量的能量保持率。同理，根据第一次以 P_{rd} 和第一次以 $2P_{rd}$ 的放电能量，计算 $2P_{rd}$ 相对于 P_{rd} 放电能量的能量保持率。以最后两步的充放电能量计算 $2P_{rc}$、$2P_{rd}$ 充放电能量效率。

④ 能量保持与能量恢复能力试验。首先对试验样品进行初始化充电：对试验样品执行以 P_{rd} 放电和 P_{rc} 充电，初始化充电结束。

依次在 45℃ 下静置 30 天、25℃ 下静置 5h。在 25℃ 下，依次执行以 P_{rd} 放电、P_{rc} 充电、P_{rd} 放电。以 25℃ 初始放电能量和第一次以 P_{rd} 放电的放电能量计算样品的能量保持率。

2）环境适应性试验。环境适应性试验包括高温和低温适应性试验。

在高温适应性试验中，将样品依次在 50℃下静置 24h、25℃下静置 5h。然后在 25℃下，依次执行以 P_{rd} 放电、P_{rc} 充电、P_{rd} 放电，记录最后两步中的充放电能量，据此计算样品的能量效率。

低温适应性试验与高温适应性试验的操作类似，只是在第一步设置环境模拟装置温度时设置为低温 -30℃。

3）耐久性能试验。耐久性能包括储存和循环性能。

在储存性能试验中，样品初始化充电后，在 P_{rd} 下放电至放电能量达到初始放电能量的 50%。然后两次分别在 50℃下静置 30 天、25℃下静置 5h。接下来在 25℃下，依次执行以 P_{rd} 放电、P_{rc} 充电、P_{rd} 放电，以 25℃初始充放电能量和最后两步中记录的充放电能量计算试验样品的放电能量恢复率。

4）安全性能试验。

① 电气安全性能试验。电气安全性能包含过充、过放、过载、短路、绝缘和耐压等性能。

过充性能试验是以 $I=P_{rc}/U_{nom}$ 恒流充电至电压达到充电截止电压的 1.5 倍或时间达到 1h，停止充电并观察样品的膨胀、漏液、冒烟、起火、爆炸、外壳破裂等现象。式中的 U_{nom} 指样本的标称电压。

过放性能试验是以 $I=P_{rd}/U_{nom}$ 恒流放电至电压 0 或时间达到 1h，停止放电并观察样品的膨胀、漏液、冒烟、起火、爆炸、外壳破裂等现象。

过载性能试验是在 $4P_{rc}$ 下充电和 $4P_{rd}$ 下放电，观察样品的膨胀、漏液、冒烟、起火、爆炸、外壳破裂等现象。

短路性能试验首先需要调节试验装置电阻至 [0.8, 1.0]mΩ，试验装置电阻是指短路试验装置与样品正、负极连接处中心位置之间的电阻。然后分别测量正、负极接触电阻。正、负极接触电阻分别指样品正、负极从极柱中心点到连接处中心位置之间的接触电阻。样品的外部线路电阻为试验线路电阻与正、负极接触电阻三者之和。最后启动短路试验装置，在样品正极和负极之间形成电流回路，保持 10min，断开电流回路，观察样品的膨胀、漏液、冒烟、起火、爆炸、外壳破裂等现象。

绝缘性能试验只在电池模块和电池簇上进行。试验样品初始化充电后，将正极、外部裸露可导电部分与绝缘耐压试验装置连接，关闭样品的绝缘电阻监测功能。施加不同等级的试验电压并持续 1min，记录正极与外部裸露可导电部分绝缘电阻、试验电压，然后断开连接。对样品的负极重复上述操作。分别计算正负极与外部裸露可导电部分绝缘电阻和标称电压的比值。

耐压性能试验分为两步：第一步首先将试验样品的正极、外部裸露可导电部分与绝缘耐压试验装置连接。然后施加不同等级的直流试验电压，以小于或等于 50% 试验电压开始，10s 之内增加至试验电压并保持 60s，记录试验电压、漏电流，以及击穿、闪络等试验现象，最后断开连接。对样品的负极重复上述操作。第二步的步骤与第一步相似，只是施加的试验电压为不同等级的交流试验电压。

②机械安全性能试验。机械安全性能包含挤压、跌落、振动等性能。

挤压性能试验首先将初始化充电的试验样品放置于挤压试验装置的挤压台，面积最大的外表面正对挤压头。然后选取半径为 75mm、长度 L 大于样品被挤压面尺寸的半圆形挤压头，将挤压速度设置为 5mm/s，然后启动挤压装置，挤压力达到 50kN 时保持该挤压力 10min，停止挤压，观察样品的膨胀、漏液、冒烟、起火、爆炸、外壳破裂等现象。挤压头和试验样品挤压如图 6-1 所示。

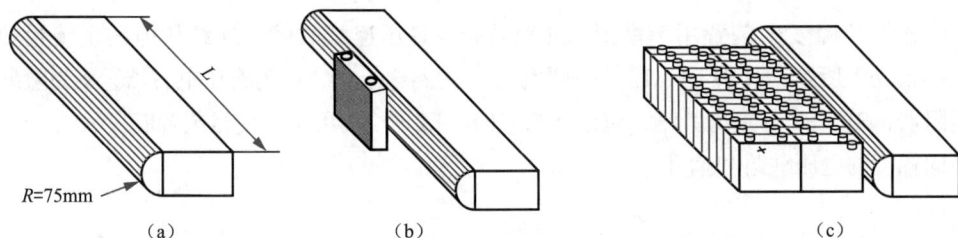

图 6-1　挤压头和试验样品挤压示意图
（a）挤压头示意图；（b）电池单体挤压示意图；（c）电池模块挤压示意图

③热安全性能试验。热安全性能包含绝热温升、热失控、热失控扩散等性能。

在热失控性能试验中，首先将加热部件和温度传感器布置于样品表面，设定连续监测到三个温升速率值均不小于 3℃/s 或起火、爆炸则判定为热失控。以 $I=P_{rc}/U_N$ 恒流充电，启动加热，记录试验数据和现象。当达到热失控判定条件、温度达到 300℃、试验时间达到 4h，这三个条件中至少有一个达到时，停止充电和加热，记录试验数据和现象。

对于储能电池的检验分类和检验规则，可按以下规则进行。

a. 出厂检验。所有试验样品进行的检测项目全部满足要求，判定为出厂检验合格；任一试验样品的任一检验项目不满足要求，判定为出厂检验不合格。

b. 型式检验。有下列情形之一应进行型式检验：新产品投产，厂址变更，停产超过一年后复产，结构、工艺或材料有重大改变，合同约定。电池簇型式检验前应完成电池模块型式检验，电池模块形式检验前应先完成电池单体型式检验。

c. 抽样检验。有下列情形之一应进行抽样检验：验证工程实际适用产品与对应型式检验产品关键性能的一致性，验证批次产品与对应型式检验产品关键性能的一致性，验证更换产品与对应型式检验产品关键性能的一致性，合同约定。电池簇抽样检验前完成电池模块抽样检验，电池模块抽样检验前完成电池单体抽样检验。不同型号产品均单独进行抽样检验。

（2）储能变流器。

储能变流器的检测项目所用到的检测仪器设备有电压/电流传感器、温湿度计、声级计、数据采集装置、电网模拟装置、电压故障发生装置、电池模拟装置、交流负载、可调电阻、电磁兼容检测设备等。其中电压故障发生装置包括低电压、高电压故障发生装置和连续故障发生装置。电压故障发生装置如图 6-2 所示。

低电压故障发生装置用于模拟三相电压、相间电压和单相电压的跌落，低电压故障发生装置如图 6-2（a）所示，其中 L1、L2 分别为限流、短路电抗器，S1、S2 分别为旁路、短路开关。L1、L2 可调，使得装置能在 A 点产生不同深度的电压跌落，跌落范围为（0% ～ 90%）U_N。

高电压故障发生装置用于模拟三相对称的电压抬升，高电压故障发生装置如图 6-2（b）所示，其中 L 为限流电抗器，C 为升压电容器，R 为阻尼电阻器，S1、S2 分别为旁路、短路开关。L 和 C 可调，使得装置能在 A 点产生不同幅度的电压抬升，抬升范围为（110% ～ 130%）U_N。

连续故障发生装置用于模拟三相对称低 - 高压连续故障，连续故障发生装置如图 6-2（c）所示，其中 L1、L2 分别为限流、短路电抗器，C 为升压电容器，R 为阻尼电阻器，S1、S2 分别为旁路、短路开关。L1、L2、C 均可调，使得装置能在 A 点产生不同幅度的电压跌落和抬升。

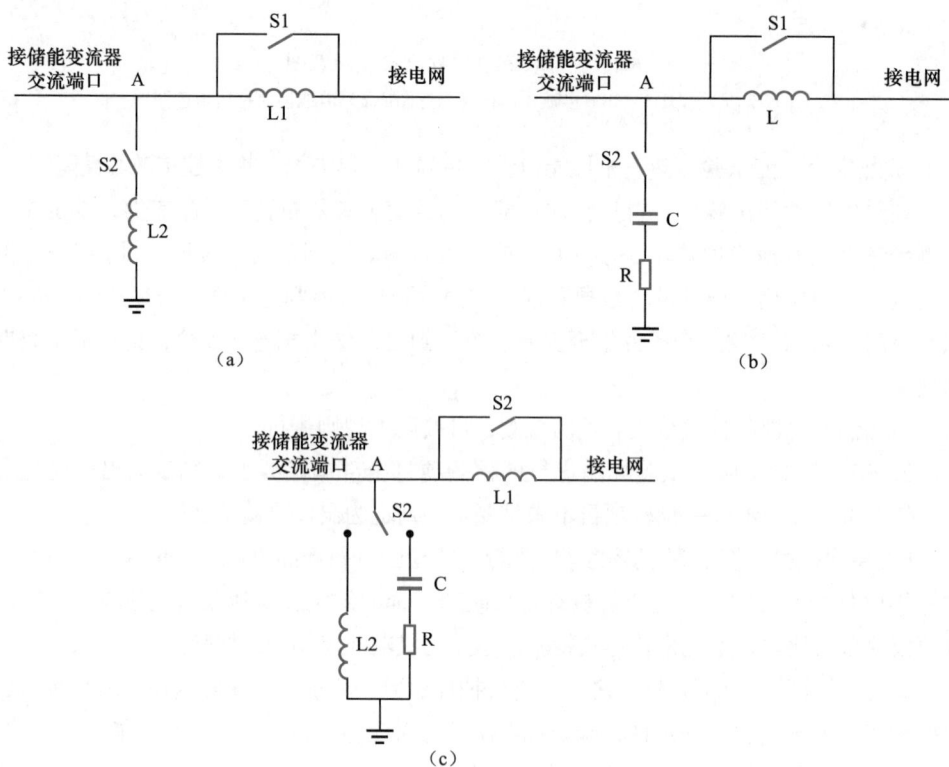

图 6-2　电压故障发生装置图
（a）低电压故障发生装置；（b）高电压故障发生装置；（c）连续故障发生装置

储能变流器并网检测电路图如图 6-3 所示。检测项目包括基本功能检测、电气性能检测、安全性能检测等。基本功能检测的内容包括启停机、报警与保护、绝缘电阻监测、通信与运行信息监测、数据显示、统计与存储等。

电气性能检测包括功率输出范围、有功功率控制、一次调频、惯量响应、无功功率控制、功率因数控制、恒无功功率控制、过载能力、充放电转换时间、并离网切换时间、电压电流纹波、电能质量、故障穿越、运行适应性、防孤岛保护、效率、损耗、噪声等内容。此处将部分检测内容展开说明如下。

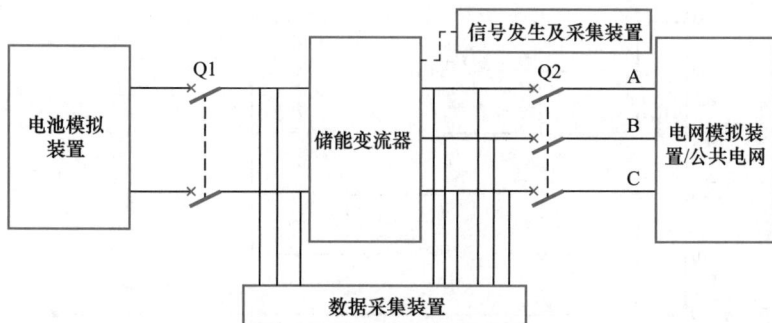

图 6-3　储能变流器并网检测电路图

1）功率输出范围。功率输出范围检测首先按照图 6-3 连接检测电路，闭合开关 Q1 和 Q2，从储能变流器交流端口有功功率最大充电功率开始，以 $10\%P_N$ 为步长（P_N 为额定功率），设置交流端口有功功率到最大放电功率，在每个有功功率设置值，先后设置变流器输出的最大感性和无功功率，在每个无功功率点运行 2min。然后利用数据采集装置，以 20ms 为周期记录交流端口无功和有功功率有效值，取每个 2min 数据的最后 1min 数据计算有功和无功功率平均值 P_{60s}、Q_{60s}，据此计算每个对应的无功功率参考值 Q_{ref}。计算每个有功功率设置值的无功功率平均值与参考值的差值。若在第一、二象限，差值为正，或在第三、四象限，差值为负，则判定功率输出满足要求。

2）有功功率控制。有功功率控制检测首先按照图 6-3 连接检测电路，闭合开关 Q1 和 Q2。第一步设置储能变流器以放电模式运行，按照放电模式如图 6-4（a）所示，设置交流端口输出有功功率，在每个功率设置值持续运行 2min。记录功率控制指令下发时间，以 20ms 为周期记录变流器交流端口有功功率有效值，据此计算每个功率设置值的有功功率控制响应时间、调节时间和控制偏差。第二步设置变流器为充电模式运行，充电模式如图 6-4（b）所示，设置交流端口输出有功功率，然后重复第一步的其余步骤。

3）惯量响应。惯量响应检测按连接检测电路，闭合开关 Q1 和 Q2。第一步设置储能变流器以放电模式运行，调节电网模拟装置输出电压和频率为变流器交流端口额定电压和频率。第二步设置变流器有功功率在（10% ～ 30%）P_N 范围内运行，惯性时间常数在 4 ～ 12s 范围内，死区值在 ±（0.03 ～ 0.05Hz）范围内。按照储能变流器频率设定曲线，如图 6-5 所示的曲线调节电网模拟装置，使得其输出频率变化率在 $t_0 \sim t_1$、$t_2 \sim t_3$、$t_4 \sim t_5$、$t_6 \sim t_7$ 四个时间段内保持为 0.5Hz/s，并满足 $t_4-t_3 \geqslant 2min$、$t_2-t_1=2min$、$t_6-t_5=2min$。以 20ms 为周期记录变流器交流端口的频率和有功功率有效值，据此计算每个频率设置值的响应时间、调节时间和控制偏差。第三步设置变流器有功功率在（70% ～ 100%）P_N 范围内运行，重复第二步的全部步骤。第四步设置变流器以充电模式运行，重复第一步的后续全部步骤。

4）故障穿越。故障穿越的检测内容包含低电压穿越、高电压穿越、连续故障穿越，其中每种故障穿越检测还包含空载和负载检测。

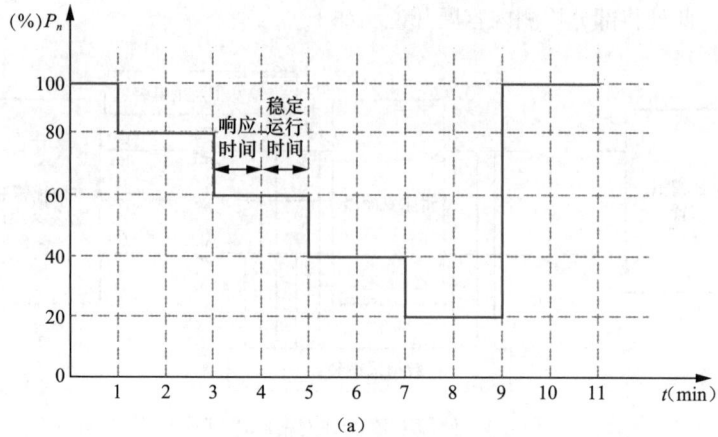

（a）

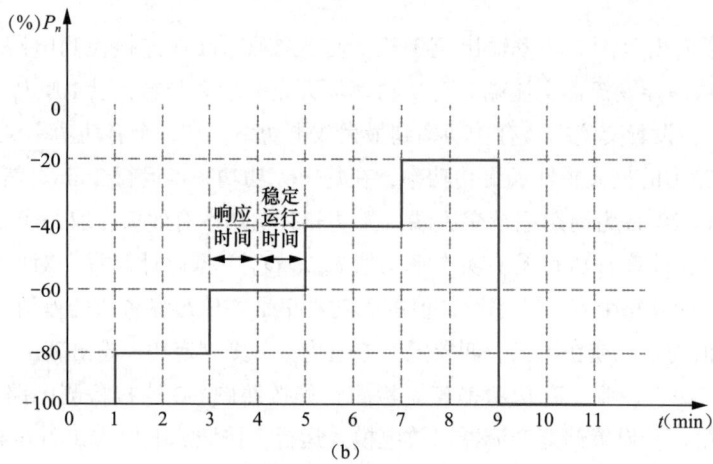

（b）

图 6-4　储能变流器有功功率控制曲线
（a）放电模式；（b）充电模式

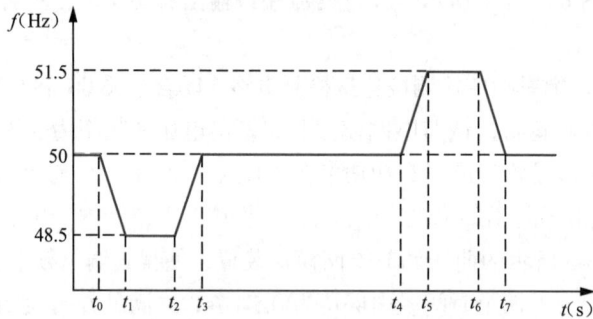

图 6-5　储能变流器频率设定曲线

其中，高电压穿越的检测步骤为：按照储能变流器故障穿越检测图如图 6-6 所示，连接检测电路，闭合 Q1 和 Q2。检测至少选取 3 个电压抬升点，其中应包含 130%U_N，另外两个抬升点应在（110% ～ 120%）U_N 和（120% ～ 125%）U_N 两个区间内分布，并按照储能变流器高电压穿越曲线如图 6-7 所示的曲线要求选取抬升时间。

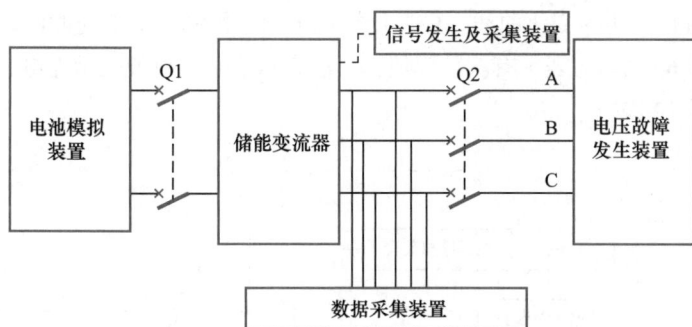

图 6-6　储能变流器故障穿越检测图

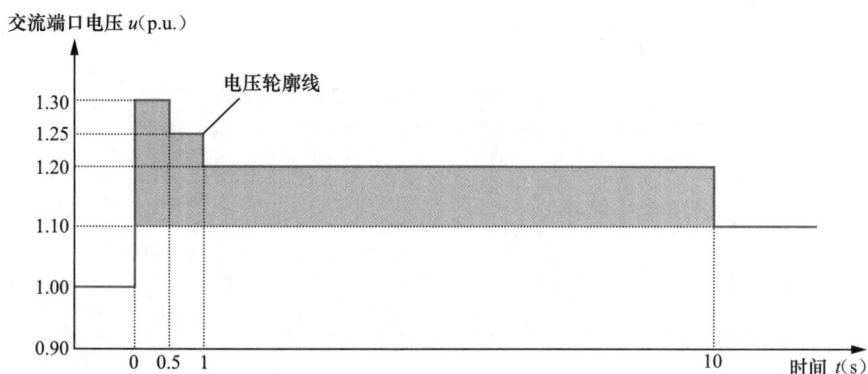

图 6-7　储能变流器高电压穿越曲线

安全性能检测包括电气间隙和爬电距离、绝缘电阻、工频耐压、冲击耐压、保护连接、电容残余能量危险防护、温升、环境适应性、机械防护等内容。

电磁兼容检测包括传导骚扰、抗扰度等内容。

6.1.2　储能系统接入电网的测试

以电化学储能系统为例，其接入电网测试前应收集技术资料，编制测试方案，在并网运行 3 个月内完成接入电网测试，且在测试前进行预充电或预放电，能量状态宜为额定放电能量的 30% ～ 80%。

储能系统的测试内容包含功率控制、充放电时间、额定能量、额定能量效率、电能质量、运行适应性、故障穿越等。

以储能系统为对象进行测试时，电网模拟装置与被测储能系统串联，数据采集装置接在被测系统变压器高压侧的电压互感器（TV）和电流互感器（TA）上，记录测试点的电压、电流、功率和频率。储能系统接入电网测试接线方法如图 6-8 所示。

1.　功率控制

（1）有功功率控制。有功功率控制包括充电状态和放电状态。

首先，设置储能系统以 0、25%P_N、50%P_N、75%P_N、P_N、75%P_N、50%P_N、25%P_N、0 逐级充电或放电，每个功率控制点持续运行 30s，充电状态下有功功率测试曲线如图 6-9 所示，放电状态下有功功率测试曲线如图 6-10 所示。然后，利用数据采集装置记录每个功率控制点的电压和电流，以 20ms 为周期计算每个功率控制点后 15s 的有功功率平均值，绘制有功功率变化曲线。最后计算每个功率控制点的响应时间、调节时间和控制偏差。图 6-9 中 P_N 表示有功功率值，正值表示放电，负值表示充电，单位为千瓦（kW）或兆瓦（MW）。

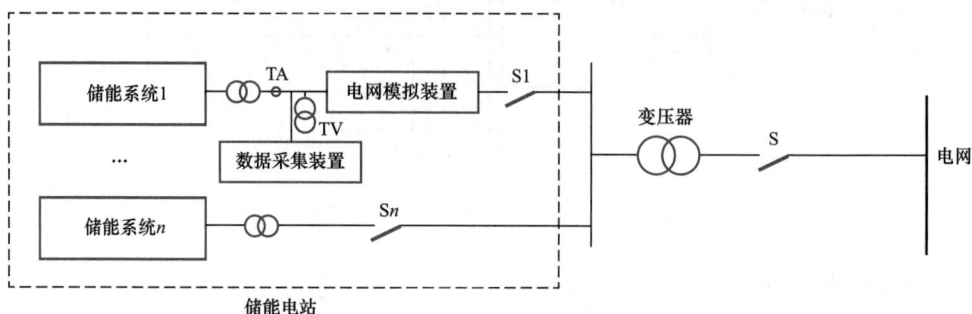

图 6-8　储能系统接入电网测试接线方法

S1，…，Sn—储能系统的并网开关；S—储能电站并网开关

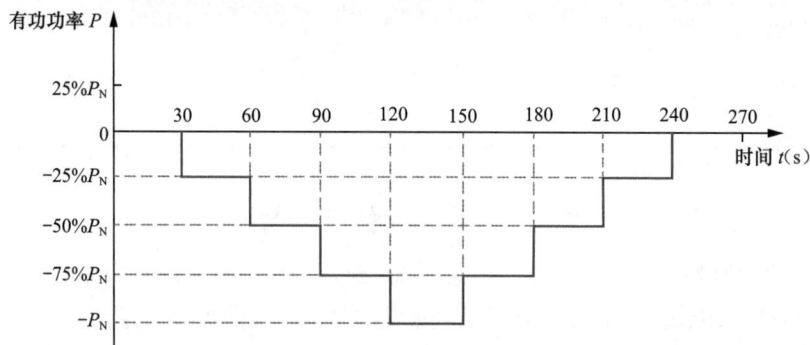

图 6-9　充电状态下有功功率测试曲线

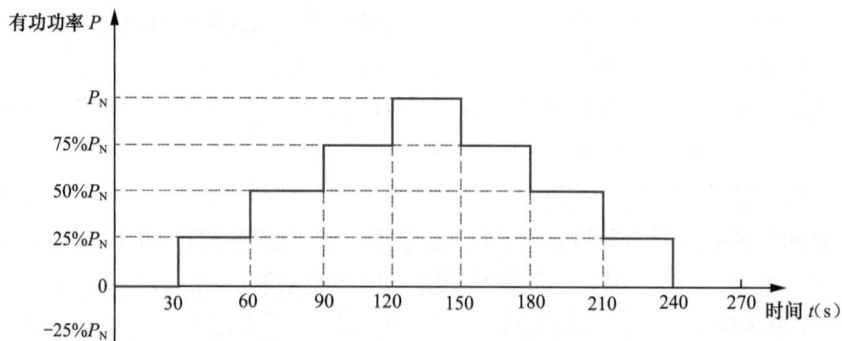

图 6-10　放电状态下有功功率测试曲线

（2）无功功率控制。无功功率控制包括充电状态和放电状态。

充电状态下的无功功率控制测试为：首先，设置储能系统以 P_N 充电，设置储能系统感性无功功率从 0 开始，以 10%P_N 的幅度逐级递增，直至储能系统感性无功功率达到最大，则停止增大感性无功功率，每个无功功率控制点持续运行 30s。然后，记录每个无功功率控制点的电压和电流，以 20ms 为周期计算每个无功功率控制点后 15s 的无功功率平均值和无功功率偏差。最后，依次设置储能系统以 90%P_N、80%P_N、70%P_N、60%P_N、50%P_N、40%P_N、30%P_N、20%P_N、10%P_N 充电，重复以上感性无功功率控制步骤。容性无功功率控制测试与感性无功功率控制测试类似，不再赘述。

放电状态下的无功功率控制也包括感性无功功率和容性无功功率控制，与充电状态类似，不再赘述。

（3）功率因素调节能力。功率因素调节包括储能系统放电和充电两种类型。

首先，设置储能系统以 P_N 放电，持续运行 2min。接着，设置储能系统并网点功率因数由 1.0 逐级调节至超前 0.90，调节幅度为 0.01，再由超前 0.90 调节至 1.0，调节幅度为 0.01，每个功率因数控制点持续运行 2min；然后，设置储能系统并网点功率因数由 1.0 逐级调节至滞后 0.90，再由滞后 0.90 调节至 1.0，与之前步骤类似。调节过程中，出现并网点电压达到限值时，则停止功率因数调节。最后，利用数据采集装置记录每个功率因数控制点的功率因数值。

设置储能系统以 P_N 充电后的测试步骤与放电的步骤类似，不再赘述。

2. 充放电时间

储能系统充放电时间测试包括充电响应时间、放电响应时间、充电调节时间、放电调节时间、充电到放电转换时间和放电到充电转换时间等测试，充放电时间测试曲线如图 6-11 所示。

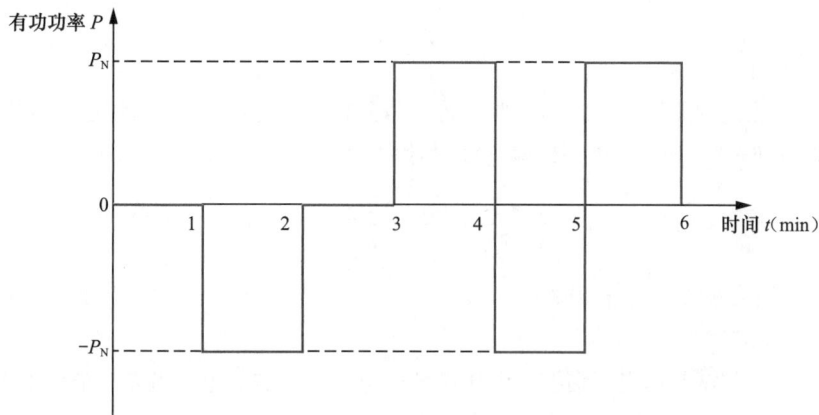

图 6-11　充放电时间测试曲线

首先，设置储能系统有功功率与测试曲线一致，分别为 0、以 P_N 充电、0、以 P_N 放电、以 P_N 充电、以 P_N 放电、0，各持续运行 1min。接着，利用数据采集装置记录每个功率控制点的电压、电流和有功功率，绘制有功功率曲线。然后，计算充电响应时间、充电调节时间、放电响应时间、放电调节时间、放电到充电转换时间和充电到放电转换时间。最后，重复上述测试步骤两次，取三次测试的最大值作为测试结果。

3. 额定能量

储能系统额定能量测试包括额定充电能量测试和额定放电能量测试。

首先，设置储能系统以 P_N 充电至充电终止条件时停止充电。利用数据采集装置记录此次储能系统充电能量 E_{c1} 和辅助能耗 W_{c1}。接着，设置储能系统以 P_N 放电至放电终止条件时停止放电，记录此次储能系统放电能量 E_{d1} 和辅助能耗 W_{d1}。按式（6-1）和式（6-2）计算储能系统此次充放电过程中的额定充电能量 E_{rc1} 和额定放电能量 E_{rd1}

$$E_{rc1} = E_{c1} + W_{c1} \qquad (6-1)$$

$$E_{rd1} = E_{d1} - W_{d1} \qquad (6-2)$$

式中：E_{rc1} 为储能系统第一次充电过程的额定充电能量；E_{c1} 为储能系统第一次充电过程的充电能量；W_{c1} 为储能系统第一次充电过程的辅助能耗；E_{rd1} 为储能系统第一次放电过程的额定放电能量；E_{d1} 为储能系统第一次放电过程的放电能量；W_{d1} 为储能系统第一次放电过程的辅助能耗。

然后，静置不少于 2h，重复以上步骤，记录每次试验时的储能系统额定充电能量 E_{rc2} 和 E_{rc3}，储能系统额定放电能量 E_{rd2} 和 E_{rd3}，取三次试验的平均值作为额定充电能量 E_{rc} 和额定放电能量 E_{rd}

$$E_{rc} = \frac{1}{3}(E_{rc1} + E_{rc2} + E_{rc3}) \qquad (6-3)$$

$$E_{rd} = \frac{1}{3}(E_{rd1} + E_{rd2} + E_{rd3}) \qquad (6-4)$$

式中：E_{rc} 为储能系统的额定充电能量；E_{rc2} 为储能系统第二次充电过程的额定充电能量；E_{rc3} 为储能系统第三次充电过程的额定充电能量；E_{rd} 为储能系统的额定放电能量；E_{rd2} 为储能系统第二次放电过程的额定放电能量；E_{rd3} 为储能系统第三次放电过程的额定放电能量。

4. 额定能量效率

以额定能量的测试步骤进行试验，计算得到额定充电能量 E_{rc} 和额定放电能量 E_{rd}，然后，按式（6-5）计算储能系统额定能量效率

$$\eta = \frac{1}{3}\left(\frac{E_{rd1}}{E_{rc1}} + \frac{E_{rd2}}{E_{rc2}} + \frac{E_{rd3}}{E_{rc3}}\right) \times 100\% \qquad (6-5)$$

式中：η 为储能系统额定能量效率，%。

5. 电能质量

电能质量测试包括电流谐波、电压谐波、电压间谐波、电压偏差、电压不平衡度、电压波动和闪变测试，测试方法应符合相应标准的规定。

6. 运行适应性

（1）电压适应性。首先，储能系统接入电网进行测试，电网模拟装置与被测储能系统串联，设置电网模拟装置的输出电压和频率为被测储能系统的额定电压和额定频率，具体接线如图 6-8 所示。接着，设置被测储能系统以 $20\%P_N$ 放电，设置电网模拟装置的电压从 U_N 分别阶跃至 $91\%U_N$、$95\%U_N$、$99\%U_N$、$101\%U_N$、$105\%U_N$ 和 $109\%U_N$，每个控制点持续运行至少 1min 后恢复到 U_N，记录储能系统测试点电压和储能系统运行状态。最后，设置被测储能系统分别以 $20\%P_N$ 充电、$80\%P_N$ 放电、$80\%P_N$ 充电，重复以上步骤。

（2）频率适应性。首先，储能系统接入电网进行测试，电网模拟装置与被测储能系统串联，设置电网模拟装置的输出电压和频率为被测储能系统的标称电压和额定频率，具体接线如图 6-8 所示。接着，设置被测储能系统以 $20\%P_N$ 放电，设置电网模拟装置输出频率从 50Hz 分别阶跃至 46.45、46.55、47、48.45Hz 等频率值点持续运行至少 1min 后恢复到 50Hz，记录储能系统测试点频率和储能系统运行状态。最后，设置被测储能系统分别以 $20\%P_N$ 充电、$80\%P_N$ 放电、$80\%P_N$ 充电，重复以上步骤。

7. 故障穿越

（1）低电压故障穿越。低电压穿越测试包括测试准备、空载测试和负载测试。

测试准备时，电网模拟装置与被测储能系统串联，数据采集装置接在测试点的电压互感器（TV）和电流互感器（TA）上，具体接线如图 6-8 所示。测试应至少选取 5 个跌落点，其中应包含 $0\%U_N$ 和 $20\%U_N$ 跌落点，其他跌落点应在（30% ～ 50%）U_N、（50% ～ 70%）U_N、（70% ～ 90%）U_N 三个区间内均有分布，各跌落点的跌落时间选取如图 5-2 所示。

低电压穿越测试前应先进行空载测试。首先，断开被测储能系统与电网模拟装置之间的开关，设置电网模拟装置的输出电压模拟线路三相对称故障和任一种不对称故障，电压跌落点按测试准备时的要求选取。然后，采集电压跌落前 3s 到电压恢复正常后 6s 之间的储能系统测试点电压和电流，并记录。

在空载测试结果满足要求的情况下，进行低电压故障穿越负载测试。首先设置被测储能系统以（10% ～ 30%）P_N 范围内的功率值放电，设置电网模拟装置的输出电压模拟线路三相对称故障和任一种不对称故障，电压跌落点按测试准备时的要求选取。然后，采集电压跌落前 3s 到电压恢复正常后 6s 之间的储能系统测试点电压和电流，并记录。最后设置被测储能系统以（10% ～ 30%）P_N 范围内的功率值充电、（70% ～ 100%）P_N 范围内的功率值放电和充电，重复前述步骤。

（2）高电压故障穿越。高电压穿越测试包括测试准备、空载测试和负载测试。

测试准备时，电网模拟装置与被测储能系统串联，数据采集装置接在测试点的电压互感器（TV）和电流互感器（TA）上，具体接线如图 6-8 所示。测试应至少选取 3 个抬升点，分别为 $120\%U_N$、$125\%U_N$ 和 $130\%U_N$，各抬升点的抬升时间选取如图 5-3 所示。

高电压穿越测试前应先进行空载测试。首先，断开被测储能系统与电网模拟装置之间的开关，设置电网模拟装置的输出电压模拟线路三相电压抬升，电压抬升点按测试准备时的要求选取。然后，采集电压抬升前 3s 到电压恢复正常后 6s 之间的储能系统测试点电压和电流，并记录。

在空载测试结果满足要求的情况下，进行高电压故障穿越负载测试。首先设置被测储能系统以（10% ～ 30%）P_N 范围内的功率值放电，设置电网模拟装置的输出电压模拟线路三相电压抬升，电压抬升点按测试准备时的要求选取。然后，采集电压抬升前 3s 到电压恢复正常后 6s 之间的储能系统测试点电压、电流和功率，并记录。最后设置被测储能系统以（10% ～ 30%）P_N 范围内的功率值充电、（70% ～ 100%）P_N 范围内的功率值放电和充电，重复前述步骤。

（3）连续低电压故障穿越。连续低电压故障穿越测试包括测试准备、空载测试和负载测试。

测试准备时，电网模拟装置与被测储能系统串联，数据采集装置接在测试点的电压互感器（TV）和电流互感器（TA）上，具体接线如图6-8所示。连续低电压故障穿越测试故障区间见表6-1。

表 6-1　　　　　　　　　　　连续低电压故障穿越测试故障区间

低压穿越阶段	电压跌落点			
低电压故障穿越阶段 1	$0\%U_N$		$20\%U_N$	
低电压故障穿越阶段 2	$0\%U_N$	$20\%U_N$	$0\%U_N$	$20\%U_N$

后续空载测试和负载测试设置电网模拟装置的输出电压，模拟连续两次线路三相对称电压跌落故障，测试步骤与低电压故障穿越测试类似，不再赘述。

（4）连续低-高电压故障穿越。连续低—高电压故障穿越测试包括测试准备、空载测试和负载测试。

测试准备时，电网模拟装置与被测储能系统串联，数据采集装置接在测试点的电压互感器（TV）和电流互感器（TA）上，具体接线如图6-8所示。连续低—高电压故障穿越测试故障区间见表6-2。

表 6-2　　　　　　　　　　　连续低—高电压穿越测试故障区间

低压穿越阶段	电压跌落点 / 抬升点					
低电压故障穿越阶段	$0\%U_N$			$20\%U_N$		
高电压故障穿越阶段	$120\%U_N$	$125\%U_N$	$130\%U_N$	$120\%U_N$	$125\%U_N$	$130\%U_N$

后续空载测试和负载测试设置电网模拟装置的输出电压，模拟电压连续低—高三相对称故障无间隔重复三次，测试步骤与低电压故障穿越测试类似，不再赘述。

6.2 系 统 评 估

储能系统评估是指对储能系统的性能、效果及潜力进行定量和定性的评价与分析的过程。这一过程涵盖了多个维度，是一个综合性的评价过程。在评估工作中，全面、科学、统一的评价指标体系和评价方法是非常重要的，相关的标准有 GB/T 36549—2018《电化学储能电站运行指标及评价》、GB/T 42318—2023《电化学储能电站环境影响评价导则》、DL/T 1815—2018《电化学储能电站设备可靠性评价规程》和 DB 61/T 1757—2023《电化学储能电站安全风险评估规范》等。

1. 技术性能评估

在储能技术日新月异与应用场景不断丰富的今天，对储能系统进行技术性能评估的重要性愈发显著。技术多元化要求深入剖析各技术路线的特点与优劣，而应用场景的多元化则强调需精准匹配不同场景下的性能需求。因此，技术性能评估成为优化储能配置、确保系统高效运行的关键环节。评估指标通常包括以下五种。

（1）能量密度：评估单位容积或质量的储能本体所储存的能量。高能量密度意味着系统能在有限的空间或质量内储存更多的能量。

（2）功率密度：评估单位容积或质量的储能本体在放电时以何种速率进行能量输出。衡量储能系统充放电的速率和能力，直接影响系统的响应速度和调节能力。

（3）充放电能力：包括储能电站实际可放电功率、实际可放电量以及储能单元能量保持率指标。

1）储能电站实际可放电功率：为储能电站最近 15 个运行工作日内实际可连续运行 15min 及以上的最大功率值。

2）储能电站实际可放电量：为储能电站最近 15 个运行工作日内实际可放电量的最大值。

3）储能单元能量保持率：应为评价周期内，储能电站实际可放电能量与电站铭牌标识的额定能量的比值，其计算公式为

$$\delta = \frac{E_\mathrm{p}}{E_\mathrm{f}} \qquad (6\text{-}6)$$

式中：δ 为储能单元能量保持率；E_p 为评价周期内储能单元实际可放电量，kWh；E_f 为储能单元铭牌标识的额定能量，kWh。

（4）负荷调节性能：评价储能系统根据用能需求调节能量释放大小的能力，良好的负荷调节性能有助于提高系统的灵活性和稳定性。

（5）循环寿命：通过实验或模拟评估储能系统在经历一定数量充电 / 放电循环后性能降低的程度，循环寿命越长，系统经济性越好。

2. 经济性评估

随着储能示范项目的不断建设，储能在不同应用场景的定位逐步清晰，但离规模化应用尚有较大差距。究其原因，主要是储能的发展依赖于政策补贴，纯商业化项目的经济性难以保障。

储能的经济性评估可以明晰储能项目的成本与收益情况，为储能的推广应用提供依据。比如，可以帮助储能从业者评估储能项目在运营周期内的收益水平，判断是否部署以及如何部署；可以获得储能的各项经济指标，为储能政策、补贴标准、价格机制等的制定提供参考；能够明晰储能的价值流向，提高储能的综合效益，切实推动储能产业发展。评估指标通常包括以下三种。

（1）净现值 NPV（Net Present Value）：衡量项目长期经济效益的关键指标，通过折现率将未来的现金流入和流出转换为现值，并计算其差额，其计算公式如下

$$NPV(r) = \sum_{n=0}^{N} (CI - CO)_n (1+r)^{-n} \qquad (6\text{-}7)$$

式中：CI 表示为每一期现金的流入量；CO 表示每一期现金的流出量；r 为基准折现率，一般按照企业的最低的投资收益率来确定；n 为储能系统运行年份。

在获得某一储能项目的净现值后，可通过以下准则判别该项目的经济性。

1）$NPV \geqslant 0$，表明该项目获得的收益高于或等于基准收益，即项目可行。

2）$NPV<0$，表明该项目获得的收益低于基准收益，即项目不可行。

【例 6-1】 对于一个寿命周期为 5 年的小型储能项目，其初始投资为 10000 元，前 4 年中每年年末的收益为 3000 元，第 5 年年末的收益为 5000 元。假定可以在定期存款中获得 10% 的利率，试判断该储能项目的经济性。

解：利用级和公式，计算 NPV，有

$$NPV = -10000 + 3000 \times \frac{(1+10\%)^4 - 1}{10\% \times (1+10\%)^4} + 5000 \times \frac{1}{(1+10\%)^5}$$
$$= -10000 + 3000 \times 3.1699 + 5000 \times 0.6209$$
$$= 2614.2(元)$$

由于 $NPV>0$，说明除能达到所要求的 10% 的收益率外，还能获得超额收益，应该投资该储能项目。

（2）内部收益率 IRR（Internal Rate of Return）：就是资金流入现值总额与资金流出现值总额相等即净现值等于零时的折现率，反映项目本身的盈利能力。其计算公式如下

$$NPV(IRR) = \sum_{n=0}^{N} (CI - CO)_n (1 + IRR)^{-n} = 0 \qquad (6\text{-}8)$$

直接用上式求解 IRR 较为困难。因此，在实际应用中通常采用近似求法求取 IRR 的近似值。

判断储能项目的经济性，需将计算求得的内部收益率 IRR 与项目的基准收益率 r 相比较：

1）当 $IRR \geqslant r$ 时，表明项目的收益率大于或等于基准收益率，项目可行。

2）当 $IRR<r$ 时，表明项目的收益率小于基准收益率，项目不可行。

（3）度电成本 $LCOE$（Levelized Cost of Storage）：储能系统的全生命周期成本与其寿命周期内的总发电量之比。其计算公式如下

$$LCOE = \frac{C_{\text{total}}}{E_{\text{total}}} \qquad (6\text{-}9)$$

$$E_{\text{total}} = \sum_{n=1}^{N} \frac{E_n}{(1+r)^n} \qquad (6\text{-}10)$$

式中：C_{total} 为储能技术全寿命周期总成本现值，元；E_{total} 为储能技术全寿命周期发电量现值，kWh；E_n 表示第 n 年储能电站年发电量，kWh。

3. 可靠性评估

评估储能系统可靠性能的重要性不言而喻。它直接关系到能源供应的稳定性、安全性和经济性。一个可靠的储能系统能够在电网需求波动时迅速响应，确保电力供应的连续性和稳定性，减少因停电或供电不足带来的损失。同时，通过评估，可以及时发现并修复系统中的潜在故障，降低故障率，提高系统的整体运行效率。评估指标通常包括以下两种。

（1）故障率与失效率：评估系统在运行过程中的故障发生频率和失效概率，低故障率和失效率意味着系统更可靠。可用储能单元电池簇相对故障次数进行评估，在评估周期内，电池簇故障次数与储能系统中总的电池簇数量比值，其计算公式为

$$RTOP = \frac{FTOP}{BPN} \times 100\%$$ （6-11）

式中：$RTOP$ 为评价周期内失效的电池簇相对故障次数，%；$FTOP$ 为电池簇故障次数，次；BPN 为单元中总的电池簇数量，簇。

（2）长期运行稳定性：考察系统在不同工况和环境下的长期运行表现，包括温度、湿度、振动等因素对系统性能的影响。

4. 安全性评估

安全评估应以被评估对象的具体情况为基础，以国家安全法规及有关技术标准为依据，遵循权威性、科学性、公正性、综合性和适用性原则。储能电站安全评估内容一般包括站址选择与平面布置、电池储能系统、消防系统、运行维护与应急管理等方面。

（1）站址选择与平面布置：评估电站站址的选择是否合理，平面布置是否满足安全要求。

（2）电池储能系统：评估电池系统的安全性，包括电池类型、容量、配置、管理等方面。

（3）消防系统：评估消防设施的配备、布局和有效性，确保在紧急情况下能够及时有效地进行灭火和救援。

（4）运行维护与应急管理：评估电站的运行维护管理水平，包括日常维护、故障处理、应急演练等方面。

5. 环境友好性评估

随着全球对环境保护意识的增强和气候变化问题的日益严峻，减少温室气体排放、降低环境污染已成为国际社会的共识。储能系统作为能源体系中的重要组成部分，其环境友好性直接关系到能源生产和消费过程中的环境影响。

评估储能系统的环境友好性，可以全面考量其在生产、运行、废弃等全生命周期内的环境表现，包括材料选择、能源消耗、排放物控制、可回收性等多个方面。通过评估，可以识别并优化那些对环境造成负面影响的环节，推动储能技术的绿色创新，促进资源的高效利用和循环利用。评估内容通常包括以下几个方面。

（1）环境现状调查：需要对储能电站所在区域的环境背景特征和现存的环境问题进行详细调查，包括自然环境现状（如地形地貌、地层岩性、植被分布等）和社会环境现状（如社会经济情况、可能受影响的住宅、医院、学校等）。

（2）环境影响因素识别：明确储能电站在建设期、运行期和服务期满后可能对环境产生的各种影响，包括大气、地表水、地下水、土壤、声、电磁和生态环境等方面的因素。

（3）预测评价：基于环境影响因素识别结果，进行预测评价，分析储能电站对各环境要素可能产生的污染影响与生态影响，包括有利与不利影响、长期与短期影响、可逆与不可逆影响等。

概括而言，储能系统的全面评估至关重要，它需涵盖技术性能、经济性、可靠性、安全性及环境友好性等多个维度。这些评估指标紧密相连，互为支撑，共同构建了一个综合考量储能系统优劣的完整框架。通过这一框架，可以确保储能系统不仅技术先进、经济高效，还能在复杂多变的运行环境中保持高度可靠与安全，同时促进能源利用的环保与可持续性。

思考题

6-1 对电力储能系统的质量检测一般有哪几种方法？

6-2 储能系统接入电网的测试一般有哪些测试内容？需要用到哪些仪器仪表？

6-3 储能系统评估一般考虑哪些方面？各有什么主要指标？

参 考 文 献

[1] 李建林，惠东，靳文涛，等.大规模储能技术 [M]. 北京：机械工业出版社，2016.

[2] 李建林，房凯，黄际元，等.电池储能系统调频技术 [M]. 北京：机械工业出版社，2018.

[3] 李建林，徐少华，刘超群，等.储能技术及应用 [M]. 北京：机械工业出版社，2018.

[4] 梅生伟，李建林，朱建全，等.储能技术 [M]. 北京：机械工业出版社，2022.

[5] 唐西胜，齐智平，孔力.电力储能技术及应用 [M]. 北京：机械工业出版社，2020.

[6] 李建林，修晓青，惠东，等.储能系统关键技术及其在微网中的应用 [M]. 北京：中国电力出版社，2016.

[7] 王松岑，中国电力科学研究院编.大规模储能技术及其在电力系统中的应用 [M]. 北京：中国电力出版社，2016.

[8] 苏伟，刘世念，钟国彬，等.化学储能技术及其在电力系统中的应用 [M]. 北京：科学出版社，2013.

[9] 刘宗浩，邹毅，高素军，等.电力储能用液流电池技术 [M]. 北京：机械工业出版社，2021.

[10] 牟道槐.发电厂变电站电气部分 [M]. 4 版.重庆：重庆大学出版社，2017.

[11] 左然，徐谦，杨卫卫.可再生能源概论 [M]. 3 版.北京：机械工业出版社，2021.

[12] 韦钢.电力系统分析基础 [M]. 2 版.北京：中国电力出版社，2021.

[13] 何仰赞，温增银.电力系统分析（上）（下）[M]. 4 版.武汉：华中科技大学出版社，2016.

[14] HATZIARGYRIOU N, MILANOVIC J, RAHMANN C, et al. Definition and classification of power system stability - revisited & extended[J]. IEEE Transactions on Power Systems, 2021, 36:3271-3281.

[15] 孙华东，徐式蕴，许涛，等.电力系统安全稳定性的定义与分类探析 [J]. 中国电机工程学报，2022，42(21)：7796-7809.

[16] GB/T 19963—2011，风电场接入电力系统技术规定 [S].

[17] GB/T 43462—2023，电化学储能黑启动技术导则 [S].

[18] IEC TS 62933-3-2:2023，Electrical energy storage (EES) systems – Part 3-2: Planning and performance assessment of electrical energy storage systems – Additional requirements for power intensive and renewable energy sources integration related applications[S].

[19] 李建林，靳文涛，徐少华，等.用户侧分布式储能系统接入方式及控制策略分析 [J]. 储能科学与技术，2018，7(1)：80-89.

[20] 汪顺生.抽水蓄能技术发展与应用研究 [M]. 北京：科学出版社，2016.

[21] 梅祖彦.抽水蓄能发电技术 [M]. 北京：机械工业出版社，2000.

[22] T/CNESA 1008—2023，构网型储能变流器技术规范 [S].

[23] 詹长江，吴恒，王雄飞，等.构网型变流器稳定性研究综述 [J]. 中国电机工程学报，2023，43(6)：2339-2358.

[24] 许谐翊，刘威，刘树，等.电力系统变流器构网控制技术的现状与发展趋势 [J]. 电网技术，2022，46(9)：3586-3595.

[25] 李建林，丁子洋，刘海涛，等．构网型储能变流器及控制策略研究 [J]. 发电技术，2022，43(5)：679-686.

[26] 迟永宁，江炳蔚，胡家兵，等．构网型变流器：物理本质与特征 [J]. 高电压技术，2024，50(2)：590-604.

[27] 马宁宁，谢小荣，贺静波，等．高比例新能源和电力电子设备电力系统的宽频振荡研究综述 [J]. 中国电机工程学报，2020，40(15)：4720-4732.

[28] 闫昊．构网型储能变流器控制策略研究 [D]. 北京：北方工业大学，2023.

[29] 张兴．战祥对，吴孟泽，等．高渗透新能源发电并网变流器跟网构网混合模式控制综述 [J]. 电力系统自动化，2024，48(21)：1-15.

[30] 刘辉，于思奇，孙大卫，吴林林，李蕴红，王潇．构网型变流器控制技术及原理综述 [J]. 中国电机工程学报，2025，45(1)：277-296.

[31] 刘钊汛，秦亮，杨诗琦，等．面向新型电力系统的电力电子变流器虚拟同步控制方法评述 [J]. 电网技术，2023，47(1)：1-16.

[32] 雷锦涛．计及阻尼效应的构网型变流器功角暂态特性量化理论研究 [D]. 杭州：浙江大学，2023.

[33] 王新宝，葛景，韩连山，等．构网型储能支撑新型电力系统建设的思考与实践 [J]. 电力系统保护与控制，2023，51(5)：172-179.

[34] 彭志强，卜强生，袁宇波，等．电网侧储能电站监控系统体系架构及关键技术 [J]. 电力系统保护与控制，2020，48(10)：61-70.

[35] Q/GDW 10769—2017，电化学储能电站技术导则 [S].

[36] T/JSEE 001—2022，电网侧储能项目规划设计技术导则 [S].

[37] 张澄，黄强，胡泽春，等．大规模储能系统优化规划与运行技术 [M]. 北京：中国电力出版社，2022.

[38] GB 51048—2014，电化学储能电站设计规范 [S].

[39] 李宏仲，段建民，王承民．智能电网中蓄电池储能技术及其价值评估 [M]. 北京：机械工业出版社，2012.

[40] 白桦，王正用，李晨，等．面向电网侧、新能源侧及用户侧的储能容量配置方法研究 [J]. 电气技术，2021，22(1)：8-13.

[41] 电力工业部成都勘测设计院．水能设计 [M]. 北京：电力工业出版社，1981.

[42] 王丽萍．水利工程经济学 [M]. 北京：中国水利水电出版社，2008.

[43] 施熙灿．水利工程经济学 [M]. 北京：中国水利水电出版社，2010.

[44] 索克兰，程林，许鹤麟，等．提升电池储能系统经济性研究方法综述 [J]. 全球能源互联网，2023，6(2)：163-178.

[45] 周钰，李涛，鲁丽娟，等．大容量电池储能站监控与保护系统应用研究 [J]. 电工技术，2013(5)：43-44+46.

[46] Q/GDW 1887—2013，电网配置储能系统监控及通信技术规范 [S].

[47] 刘建国，王刚，吴聪萍．可再生能源导论 [M]. 北京：中国轻工业出版社，2017.

[48] 龚培娇，黄辉，肖飞，等．Modbus 协议在储能系统中的实现与应用 [J]. 自动化技术与应用，2020，39(11)：48-54.

[49] 蒋腾龙.基于IEC60870-5-104协议的电力监控系统设计[J].电子技术与软件工程，2021，(8)：13-15.

[50] 杜龙，施鲁宁，杨晋柏.基于TCP/IP的IEC60870-5-104远动通信协议在直调厂站中的应用[J].电力系统保护与控制，2008，(17)：51-55.

[51] 孙威，李建林，王明旺，等.能源互联网：储能系统商业运行模式及典型案例分析[M].北京：中国电力出版社，2016.

[52] 严亚兵，余斌，徐浩，等.电池储能电站设计实用技术[M].北京：中国电力出版社，2020.

[53] 余勇，年珩.电池储能系统集成技术与应用[M].北京：机械工业出版社，2021.

[54] 万军，王学宽，朱俊杰，等.电池储能电站削峰填谷算法分析[J].上海电力，2015，28(3)：37-39+43.

[55] 宇航.利用储能系统平抑风电功率波动的仿真研究[D].吉林：东北电力大学，2010.

[56] 舒军.风光储系统中储能单元的平滑控制方法研究[D].成都：电子科技大学，2012.

[57] 徐国栋，程浩忠，马紫峰，等.用于平滑风电出力的储能系统运行与配置综述[J].电网技术，2017，41(11)：3470-3479.

[58] 王贺娜.储能系统跟踪风电计划出力控制方法研究[D].北京：华北电力大学，2022.

[59] 闫鹤鸣，李相俊，麻秀范，等.基于超短期风电预测功率的储能系统跟踪风电计划出力控制方法[J].电网技术，2015，39(2)：432-439.

[60] 杨婷婷.用于跟踪光伏发电计划出力的储能系统控制策略研究[D].北京：华北电力大学，2016.

[61] 白临泉.储能系统规划设计方法与软件开发[D].天津：天津大学，2012.

[62] 李建林，李福，惠东.智能电网中的风光储关键技术[M].北京：机械工业出版社，2013.

[63] 田丛.基于风能和太阳能下混合储能系统的优化研究[D].吉林：吉林大学，2021.

[64] 符叶晔.风光互补发电系统优化配置与仿真建模研究[D].杭州：浙江工业大学，2017.

[65] 俞秦博.分布式储能在电网中的接入与典型运行方案研究[D].北京：华北电力大学，2019.

[66] DL/T 5810—2020 电化学储能电站接入电网设计规范[S].

[67] GB/T 36547—2024 电化学储能系统接入电网技术规定[S].

[68] 王锋.规模化储能技术在电力系统辅助AGC调频中的应用研究[D].北京：华北电力大学，2020.

[69] GB/T 40090—2021，储能电站运行维护规程[S].

[70] 刘阳，滕卫军，谷青发，等.规模化多元电化学储能度电成本及其经济性分析[J].储能科学与技术，2023，12(1)：312-318.

[71] DB 31/T 817—2014，智能电网用储能电池性能测试技术规范[S].

[72] GB/T 36548—2024，电化学储能系统接入电网测试规范[S].

[73] GB/T 36549—2018，电化学储能电站运行指标及评价[S].

[74] GB/T 36558—2018，电力系统电化学储能系统通用技术条件[S].

[75] GB/T 42318—2023，电化学储能电站环境影响评价导则[S].

[76] DB 61/T 1757—2023，电化学储能电站安全风险评估规范[S].

[77] GB/T 12325—2008，电能质量供电电压偏差[S].

[78] GB/T 15945—2008，电能质量电力系统频率偏差[S].